国家自然科学基金项目(41661098)资助

资源环境承载力评价理论与实践

ZIYUAN HUANJING CHENGZAILI PINGJIA LILUN YU SHIJIAN

曾　毅　蒋星祥　项广鑫　李慎鹏　文　宁
麻战洪　张建新　符金豪　吕焕哲　邢旭东
张伟娜　黄栋良　易红超　何柯润
编著

湖南省国土资源规划院
国土资源评价与利用湖南省重点实验室

中国地质大学出版社
ZHONGGUO DIZHI DAXUE CHUBANSHE

图书在版编目(CIP)数据

资源环境承载力评价理论与实践/曾毅等编著. —武汉:中国地质大学出版社,2020.7

ISBN 978-7-5625-4785-3

Ⅰ.①资…
Ⅱ.①曾…
Ⅲ.①自然资源-环境承载力-评价-中国
Ⅳ.①X372

中国版本图书馆 CIP 数据核字(2020)第 097306 号

资源环境承载力评价理论与实践 曾 毅 **等编著**

责任编辑:舒立霞 选题策划:张瑞生 舒立霞 责任校对:徐蕾蕾

出版发行:中国地质大学出版社(武汉市洪山区鲁磨路 388 号) 邮 编:430074
电 话:(027)67883511 传 真:(027)67883580 E-mail:cbb@cug.edu.cn
经 销:全国新华书店 http://cugp.cug.edu.cn

开本:880 毫米×1 230 毫米 1/16 字数:586 千字 印张:18.5
版次:2020 年 7 月第 1 版 印次:2020 年 7 月第 1 次印刷
印刷:湖北睿智印务有限公司

ISBN 978-7-5625-4785-3 定价:198.00 元

序

建设生态文明，关乎人民福祉、关乎民族未来。中国生态文明建设是新时代的伟大长征，是举世瞩目的伟大实践。

湖南省国土资源规划院的同志们，基于近年完成的一系列资源环境承载评价研究成果，从理论思维高度，对资源环境承载力的概念内涵、理论方法和技术体系，进行了深入系统的研究思考，将区域资源环境承载力评价推上了一个新的高度。

中国生态文明建设，是以新体制、新机制和新法制体系的重塑为框架的。新组建的自然资源部、生态环境部被赋予崭新的职能。前者从源头统一管理各类自然资源开发利用，对山水林田湖草生命共同体实施整体保护、系统修复和综合治理，对资源保障、永续、治理负总责，对维护自然的宁静、和谐、美丽本质负总责。后者从结果统一监督各类自然资源开发利用，确保青山常在、碧水长流，是组织实施大气污染、水污染、土壤污染防治攻坚战的铁军。各地区各行业依据国家发展规划组织实施自然资源开发利用、生态环境保护治理。

新体制不仅要依据最严密的法律实施管理，而且要依据最科学民主的国土空间规划实施管制。湖南省国土资源规划院的同志们正是在这样的时代背景下，创造性地开展试点探索工作，取得了丰富的研究成果。本专著是他们根据自然资源管理面临的新形势与任务，以服务国土空间规划为目标，参考《资源环境承载能力和国土空间开发适宜性评价技术指南》（自然资源部，2019），以湖南为实证而编著完成的，可喜可贺。

通读全书，可以发现项目组的研究思路非常清晰。一是从资源环境承载力体系要素的相互制约与相互依赖出发，全面分析区域资源环境承载力影响因子，科学筛选主要因素，确定支撑区域发展的资源环境主要促进性因素和阻碍制约性瓶颈因素，建立评价要素的指标体系；二是构建资源环境承载力评价方法体系，建立资源环境承载力各级各要素评价模型；三是根据区域资源环境要素组合模式、国土空间开发适宜性及其承载能力，结合区域社会经济发展，按“生态优先、绿色发展”的原则，凝练形成划定“三区三线”建议。项目研究所提出的关于区域国土空间开发保护建议，是编制区域国土空间规划的坚实科技支撑。

本书最重分量是实证研究。项目组分别以湖南省、汨罗市（县级市）及城步县* 3个不同尺度为例，验证了他们提出的资源环境承载力评价技术方法体系，完成了“湖南省资源环境承载能力评价”“汨罗市资源环境承载力评价”“城步县资源环境承载力评价”；总结制定了《湖南省地方标准：自然资源环境承载能力评价和监测预警技术规程》《湖南省资源环境承载能力和国土空间开发适宜性评价技术指南（试行）》，实现了研究成果的推广和知识的传播。

审读该书，我建议读者特别关注以下3点：一是作者关于“双评价”概念内涵和基本逻辑的理论思考。作者认为，资源环境承载能力是指在保持良好生态系统的前提下，一定区

---

* 注：全称为城步苗族自治县，本书简称“城步县”。

域内自然条件对人类活动所需功能的支撑能力，人类活动所需功能包括生态功能、农业生产、建设开发，分为承载本底、承载状态两个维度，而国土空间开发适宜性是指国土空间对人类生态保护、建设开发、农业生产等开发利用保护方式的适宜程度。二是作者提供的研究案例，包括湖南省省级、县级“双评价”研究成果。这些案例给出了作者对“双评价”要素内容、指标体系、阈值设定等技术方法的一系列新见解、新认识和新处理建议。三是作者针对国土空间规划编制工作需要，依据“双评价”要求，进行了国土空间开发潜力、“三区三线”划定、功能分区和空间结构等科学分析技术方法的运用。

通读全书，也感觉到作者在新理论认知总结凝练方面还大有潜力可挖。然而，理论进步需要更多具体实践的支撑，需要业内同行的鼓励批评。这不仅是该书作者的未来使命，也是当代自然资源科技工作者的共同责任。

衷心祝愿自然资源科技创新取得不辜负伟大时代、伟大实践的辉煌成就，衷心祝愿项目组百尺竿头更进一步，取得更加丰硕的研究成果。

自然资源部国土整治中心
自然资源部土地科技创新中心
2019 年 12 月

前　言

国土空间是立国安邦之本。为了我们的家园更美好、人民更幸福、国家更富强，天更蓝、地更绿、水更净，自然资源得以更加科学利用，共享创新、协调、绿色、开放新理念，以资源环境承载能力为基础，进行国土空间规划，推动国土集聚开发和分类保护相适应，切实优化国土空间开发格局，是科学发展之必然，更是党和国家的战略部署。

湖南省国土资源规划院(以下简称“规划院”)是我国较早进行资源环境承载能力研究的单位之一，不仅早在2008年便开展了湖南省国土资源厅(现湖南省自然资源厅)科研项目“湖南省土地生态承载力研究”，更在2011年参加了由中国地质环境监测院牵头的中国地质调查局计划项目“全国资源环境承载力评价”，承担了其下的工作项目“长株潭资源环境承载力综合评价与区划”，对长株潭城市群地区，在系统分析资源禀赋与环境本底基础上，确定资源环境承载力综合评价对象，建立资源环境承载力综合评价指标体系与评价模型，以单因子评价为基础进行资源环境承载力综合评价，并对资源环境适宜性进行分析，提出长株潭地区国土资源优化配置的对策建议。该成果在评审中深获好评，为后来在全国开展的资源环境承载力评价工作提供了佐证和借鉴。

2016年3月，规划院向湖南省国土资源厅提出了“组织开展我省国土资源环境承载力评价监测预警工作的建议”；同年8月，湖南省国土资源厅审议通过了由规划院提交的《湖南省国土资源环境承载力评价和监测预警实施方案》。该方案提出：2018年底以前完成湖南省国土资源环境承载力评价与监测预警工作总体方案以及承载力评价监测预警试点，初步建立湖南省国土资源环境承载力评价监测预警方法体系；2025年完成湖南省国土资源环境承载力评价与监测预警工作机制和政策制度研究，提出国土资源环境承载力评价与监测预警相关工作和政策建议。至2019年4月底，规划院已经完成省级资源环境承载力评价、县级(汨罗市)承载力评价试点、县级国土空间规划之城步县“双评价”专题及湖南省地方标准制定等，支撑湖南省国土资源厅发布了《湖南省资源环境承载能力和国土空间开发适宜性评价技术指南(试行)》。本书即以上述成果为基础并参考自然资源部不断更新的《资源环境承载能力和国土空间开发适宜性评价技术指南(征求意见稿)》等编著完成。

在上述工作过程中，曾毅从2017年起作为负责人组织实施了研究工作，并主持了上述“双评价”技术指南的起草；蒋星祥作为书稿编著时期的院分管领导，对书稿进行了审核定稿，并参与编著；项广鑫作为主要研究者，是研究报告的主要执笔人；李慎鹏是研究时期的分管领导，组织制定了工作内容与思路，并主持了其中地方标准的编制；文宁和麻战洪对土地承载力研究提供了技术指导，并参与相关章节编著；张建新为该工作前期负责人，提出研究技术路线并对部分关键技术进行认定；符金豪为城步县“双评价”专题报告编写者；其他编著者参与了研究工作。本书由张建新统编，曾毅和蒋星祥定稿。

在本书的编著和研究报告的编制过程中得到中国地质调查环境监测院李瑞敏教授，中国土地勘测规划院贾克敬研究员等的指导和帮助；书稿完成后，承自然资源部国土整治中心研究员、自然资源部土地科技创新中心主任郧文聚先生审阅全书，并为之作序，在此一并致以诚挚的感谢！

编著者

2019年12月

目　录

第一篇

理论篇

第一章　资源环境承载力的内涵与发展

第一节　承载力概念的源起

承载力(Carrying Capacity)是从工程地质学领域里转借过来的概念,本意是指地基的强度对建筑物负重的能力。生态学最早将此概念转引到其研究领域内。此后,又逐渐被引入生物学和区域系统研究中,分别指某一生境(habitat)所能支持的某一物种的最大数量(Dhondt A A,1988;Cohen J E,1995;Price D,1999;Seidl I et al.,1999;Clarke A L,2002;Graymore M,2005)和区域系统对外部环境变化的最大承受能力。随着人类生产水平和生活水平的快速提高,承载力概念遂被正式提出,其内涵与外延随着社会经济的发展不断拓展,现已演变为对发展的限制程度进行描述的最常用概念之一。目前根据各种实际情况和研究对象,研究人员提出了各种各样资源环境承载力的概念和内涵。按照百度百科的定义,资源环境承载力(Resource Environmental Bear Capacity)是指在一定的时期和一定的区域范围内,在维持区域资源结构符合持续发展需要区域环境功能仍具有维持其稳态效应能力的条件下,区域资源环境系统所能承受人类各种社会经济活动的能力。总体而言,承载力是一个与资源禀赋、技术手段、社会选择和价值观念等密切相关且具有极限内涵和伦理特征的概念,具有不确定性和非线性(Arrow K et al.,1995;Cohen J E,1997)。从应用实践上,可主要归纳为自然资源或环境对人口或经济的承载力、某生境对特定生物种群的承载力以及娱乐旅游系统对游客的承载力等。

承载力概念的萌芽最早可以追溯到两百多年前马尔萨斯(Maltus T R,1798)发表的著名的《人口原理》。1838 年 Verhulst 根据马尔萨斯的基本理论提出著名的逻辑斯蒂方程,成为承载力概念最早的数学表达式(Verhulst P F,1838)。1921 年帕克和伯吉斯提出了生态承载力的概念,即某一特定环境条件下,主要指生存空间、营养物质、阳光等生态因子的组合,某种个体存在数量的最高极限(Park R F et al.,1921)。1922 年 Hawden 等从草地生态学角度提出承载力是草场上可以支持的不会损害草场的牲畜数量(Hadwen I A S et al.,1922)。1953 年,Odum 在《生态学原理》中,将对数增长方程赋予了承载力概念较精确的数学形式,即以 logistic 方程的上限定义种群数量增长的上限。承载力源起阶段的这一资源环境与种群数量之间关系的探讨,主要思想是将资源环境对种群的限制性用环境容纳能力表现,为后来的承载力研究起到了重要的奠基作用(Seidl I & Tisdell C A,1999)。

第二节　资源环境承载力的发展

作为描述发展限制的概念,资源环境承载力的承载力研究主题首先是自然资源。20 世纪 70 年代,随着世界范围内工业化和城市化进程的加速,资源耗竭和环境恶化等全球性问题的爆发,人们逐渐意识到资源、环境与人类之间的相互矛盾与依存关系,承载力研究范围迅速扩展,研究对象日趋复杂。承载力研究更多地考虑环境变化和人类活动对生态环境的影响(程国栋,2002)。承载理念由静态平衡转到动态变化，进而深化到系统可持续发展(王开运等，2007)。与可持续发展研究相适应，资源环境承载力研究已由单一的土地资源、水资源承载力研究发展到资源、环境、生态乃至资源环境综合承载力研究。1972 年，由 Meadows 等一批科学家和经济学家组成的“罗马俱乐部”发表了关于世界发展趋势的研究报告《增长的极限》，他们认为，人类社会的增长由 5 种相互影响、相互制约的发展趋势构成，即加速发展的工业化、人口剧增、粮食私有制、不可再生资源枯竭以及生态环境日益恶化，并且它们均以指数形式增长而非线性增长，全球的增长将会因为粮食短缺和环境破坏在某个时段内达到极限。他们不仅阐明了环境的重要性以及资源与人口之间的基本联系，还为可持续发展思想奠定了科学基础，使大家认识到在追求经济增长的同时必须关注资源环境承载力问题。至 20 世纪 90 年代，联合国粮农组织(FAO)、联合国教科文组织(UNESCO)、经济合作与发展组织(OECD)提出了资源承载力的概念(UNESCO & FAO，1985)，即一国或一地区的资源承载力是指在可以预见的时期内，利用该地区的能源及其他自然资源和智力、技术等条件，在保证符合其社会文化准则的物质生活条件下，能维持供养的人口数量，并提出了一系列承载力定义和量化方法。1995 年，诺贝尔经济学奖获得者 Arrow 等发表的《经济增长、承载力和环境》一文引发了人们对环境承载力相关问题的高度关注。Arrow 在文中提出经济社会不能超越资源环境的承载力，强调了资源、环境与经济的协调发展，在学界和政界均引起极大的反响。美国生态学会更是以此为主题，组织了国际性的研讨论坛，引起了承载力研究的新热潮。同年，美国人口学家科恩出版了专著《地球能养活多少人》，书中将人们对地球人口承载力的研究进行了总结。这是迄今为止有关地球土地资源人口承载力的最系统、全面、深入的一项总结性研究。当前，承载力研究在自然资源、区域、城市、生态系统管理以及环境管理等领域都得到了广泛的应用，同时也催生了诸如社会承载力等一系列概念模型(Daily G C et al.，1996)。

一、土地资源承载力研究

土地资源是人类赖以生存和发展的最基本的自然资源。随着土地、粮食与人口之间矛盾的日益加剧，土地生产能力与人类粮食需求能否平衡日益成为国际焦点。以现有土地可承载多少人口为着眼点，帕克等(Park R F et al.)在 1921 年首次提出了土地承载力概念，由此，土地资源承载力成为承载力研究中较早开始且最为成熟的研究领域。

国外早期土地承载力研究多是生态承载力定义基础上的直接延伸，其中较有影响的是威廉·福格特的《生存之路》和威廉·阿伦以粮食为标志的计算方法(William A，1965)。20 世纪 70 年代以来，以协调人地关系为中心的承载力研究再度兴起，其间较具影响的有 1977 年 FAO 开展的发展中国家土地的潜在人口支持能力研究(FAO，1982)，20 世纪 80 年代初 UNESCO 资助的基于 ECCO 模型的肯尼亚、毛里求斯、赞比亚等发展中国家资源承载力的研究等(UNESCO & FAO，1985)。除土地资源承载力之外，与之并用的概念还有区域人口承载量、土地负载力、地域容量、地域潜力等(王宁等，2004)。

鉴于生态系统中资源与环境很难严格区分，一种“虚拟土地”的“生态足迹(Ecological Footprint)”概念由加拿大生态经济学家 William 等于 1992 年提出。他指出，生态足迹是指能够持续地提供资源或消纳废物的、具有生物生产力的地域空间，人类对自然资本的占用可以定量衡量，由于自然资本与地球表面的紧密联系，故而可以用“生物生产性土地”(如耕地、林地、水域等)来表示，即虚拟土地。理论上，人类的所有消费都可以回溯到提供该消费品的原始物质和能量的土地上并折算出相应生物生产性土地面积，从而可以直观地反映出人类消费与自然资本之间的相互影响。生态足迹分析存在如下假设：①各类生物生产性土地在空间上是互斥的，因而其面积可以加和得到人类对自然系统的需求总量；②人类活动所消耗的资源、能源及其所产生的废弃物可以定量估算；③生产和消纳上述资源及废弃物所需的生物生产性土地面积可以定量折算。通过对维持人类社会所需的自然资源量和消纳废弃物所需的生物生产性空间的计算，并与区域生态承载力相比较，进而完成对区域可持续发展能力的评估。与过往的承载力不同的是，生态足迹法同时从供给和需求两方面出发评估区域生态承载力：一方面，对区域实际生物承载能力进行测算，作为衡量区域可持续发展水平的基础；另一方面，对承载一定生活质量人口所需生态空间（即生态足迹）进行测算，然后将两者对比确定区域的生态赤字或盈余量。通过这种简单的术语表达，使其成为全面分析人类对自然影响的有效工具之一。因此，生态足迹一经提出，便引起了世界范围内的关注，并迅速应用于不同尺度地域空间和学科领域中。然而，在生态足迹法迅速发展的同时，亦得到不少学者的质疑和争论，主要体现在：对假设中"各类土地空间互斥"和"将资源和废弃物等量折算为生产面积"太过理想化、与实际不符，而主要根据吸收 CO_2 排放量转化为对应土地面积的计算方法不够科学，同时忽视了不同国家和地区地理环境的差异以及人类社会对自然资产的储存等，所计算的结果多为一象征性的指向指标，对可持续发展的指导意义相对有限。

中国人口众多，土地、粮食与人口之间的矛盾尤为尖锐，受 FAO 的影响，土地资源承载力也是中国开展最早且应用最为广泛的资源环境承载力研究领域。1986 年以前，中国的土地资源承载力研究以理论引进和方法探索为主，研究工作主要集中于农业生产潜力方面，任美锷、竺可桢先生是中国承载力研究的先驱（任美锷，1950；竺可桢，1964）。中国土地资源承载力研究正式起步于 20 世纪 80 年代，至 2000 年先后进行过 3 次颇具代表性的、大规模的土地资源承载力研究工作：一是 1986—1990 年中国科学院自然资源综合考察委员会主持完成的"中国土地资源生产能力及人口承载量研究"，开创了国内土地资源承载力系统研究的先河（石玉林，1992）；二是 1989—1994 年国家土地管理局在联合国开发计划署和国家科学技术委员会的资助下，与 FAO 合作完成的"中国土地的食物生产潜力和人口承载潜力研究"；三是 1996—2000 年中国科学院地理科学与资源研究所主持完成的"中国农业资源综合生产能力与人口承载能力"研究，进一步拓展了土地资源承载力研究的领域和范围，其以综合性、协调性、持续性为原则，从土地、粮食（食物）与人口相互关系的角度出发，讨论了土地与食物的限制性；从可能性角度出发，回答了我国不同时期的食物生产力及其可供养的人口规模，并提出了提高土地承载力、缓解我国人地矛盾的主要措施（陈百明，2001）。3 次大规模的土地资源承载力研究均以生态区作为研究单元，着重评估了中国土地资源承载力的总量、地域类型和空间格局，为后来的土地资源承载力研究奠定了理论与方法基础。其间，还有很多专家学者对中小尺度的土地资源承载力进行了研究，丰富了区域层面土地资源承载力的研究内容并发展了研究方法。但必须指出的是，这一时期的研究在方法和标准上存在较大差异，相关研究成果难以互相利用并推广，且多注重承载力运算结果，对资源状况、平衡关系、生产过程的探讨有待深入，从而影响了研究的实用价值。

2000 年以后，随着人口、资源、环境与发展矛盾的日益加剧，尽管土地资源承载力研究限于其综合性、横断性的特点，且在研究对象、方法、前提和条件等方面各有差异，导致研究结果难以验证和比较，但总体而言土地资源承载力研究仍普遍被认为是认识土地、人口与食物之间关系和解决人口与资源、环境矛盾的主要途径。目前，"以多少土地、粮食，养活多少人口"仍是土地资源承载力研究的核心内容（封志明等，2014）。同时，土地资源研究重心正逐步由注重结果转向注重过程，在开放系统下，从区域资源、环境、生态与发展之间的关系出发进行实证分析成为土地资源承载力研究的重要发展方向。技术方法层面亦有重要突破，借助 3S 技术等获取准确的资源空间信息并实现基础数据的空间化，提高了研究的科学性和精确程度。

二、水资源承载力研究

水资源承载力研究是继土地资源承载力研究之后研究比较多的领域。国际上多将水资源承载力研究纳入可持续发展理论，将水资源与土地等其他因素作为可持续发展的重要因子来研究，尚未见到明确以水资源承载力为内容的系统研究成果。目前，国际上（Joardar S D，1998；Falkenmark M et al.，1998；Harris J M et al.，1999；Varis O et al.，2001）对水资源承载力的概念暂未取得广泛共识，通常用"可持续利用水量”“水资源的生态限度”“水资源系统的极限”或者“水资源紧缺程度”等来近似表述，且一般指天然水资源开发利用的极限量。

目前，随着承载力概念在人口、自然资源、生态及其环境领域的广泛应用，同时在经济和社会各个领域进行延伸，很多学者从不同角度对资源环境承载力进行界定和理论探索，取得了丰硕成果，资源环境承载力思想在全世界基本形成。

我国人口基数大、经济和科技水平都相对落后，使本来就已经短缺的资源和脆弱的环境面临更大的压力。因此，从理论上和方法技术上探讨如何评价资源环境与经济发展之间的关系逐渐被我国科学界和政府有关部门关注。20 世纪 80 年代初，宋子成等(1981)根据中国水资源量与人均耗水量等估算出中国百年后淡水资源可承载的人口数可认为是水资源承载力的早期探索研究。1992 年，施雅风和曲耀光界定了水资源承载力的范围，即在一定社会和科学技术发展阶段，在不破坏社会和生态系统的前提下，某一地区水资源最大可承载的农业、工业、城市规模和人口水平。它是一个随着社会、经济、科学技术发展而变化的综合目标。随后，我国学者把承载力研究扩展到矿产资源承载力等能源领域，并取得了一定的成果。

20 世纪 90 年代中期以后，国内水资源承载力研究取得空前进展，多个“九五”攻关项目和自然科学基金课题均涉及这一领域，水资源承载力的概念、内涵、特征、影响要素，以及相关研究理论和方法等得到快速发展。水资源承载力除反映可供养人口数量外，有学者从水资源开发规模或水资源开发容量角度，强调了水资源可利用量(许有鹏，1993；傅湘等，1999)。水资源承载力内涵更加重视水资源承载对象的多样性和综合性，将水资源承载力理解为对“社会-经济-生态”复合系统的一种支撑能力(冯尚友，1991；夏军等，2002；封志明等，2014)，但总体而言依旧存在着概念模糊、可操作性不强等问题；研究方法上，早期的供需平衡法、层次分析法、模糊综合评价等方法多偏重于静态研究(许新宜等，1997；高彦春等，1997；谢高地等，2005；任高珊等，2010)，忽略了人口发展、经济活动和水资源系统之间的动态反馈关系，因此，系统动力学、多目标情景规划等动态研究方法逐渐在水资源承载力研究中得到应用(李丽娟等，2000；贾嵘等，1998；徐中民等，2000；朱一中等，2004)。

20 世纪后期，水资源安全问题已成为国际社会关注的重点问题之一，世界各国都在努力探索应对水资源危机的新途径。20 世纪 90 年代初，“虚拟水”(Virtual Water)概念的提出为上述问题提供了一种新的研究与解决思路，并迅速成为水资源研究热点领域。1993 年，英国学者 Allan 首次提出“虚拟水”，并将其定义为生产农产品所需要的水资源量，在此之前，Allan 还曾经使用过“嵌入水”(Embeded Water)等近似概念。虚拟水概念提出的初衷是为贫水国家和地区维护其水资源安全提供一种新思路，即通过进口水资源密集型的农产品来减少水赤字。随着研究的不断深入，虚拟水概念逐步扩展到服务、加工、材料，以及服务过程中和材料形成过程中所消耗的水资源，从而也派生出了诸如虚拟水贸易(Virtual Water Trade)、虚拟水含量(Virtual Water Content)、虚拟水流(Virtual Water Flow)、虚拟水平衡(Virtual Water Balance)等子概念。受“生态足迹”理论启发，2002 年，Hoekstra 进一步提出了“水足迹”(Water Footprint)概念，即虚拟水，通过整合人类活动所消费产品和服务过程中对水资源的使用和污染状况，以对产品和服务的潜在水资源占用进行定量核算，以直观呈现人类消费和全球水资源占用之间的联系。水足迹主要由蓝水(Blue Water)、绿水(Green Water)和灰水(Grey Water)3 部分组成，从研究对象看，包括国家水足迹(Nation's Water Footprint)和个人水足迹(Individual Water Footprint)，分别用来估算国家、地区或个人生产或消费的产品和服务的水资源量。虽然当前水资源承载力尚未有统一的理论和方法框架，但水足迹的提出仍不失为其研究提供了很好的研究思路，即从消费角度入手，藉由虚拟水概念实现消费品与所含水资源之间的连通，进而用一定消费水平下可维持的区域人口数量作为水资源承载力的衡量指标，实现了评价指标的统一。此外，虚拟水概念的引入可进一步获得区域水资源自然承载力以及水资源的对外依存度等数据，有利于全面把握区域水资源安全状况。程国栋院士(2003)指出，虚拟水战略是缓解我国水资源短缺矛盾、保证我国水资源安全的新举措，特别对化解我国西北内陆干旱区水资源短缺具有重大意义。值得注意的是，相对于学术界的热议，“虚拟水”战略却很少能够在现实中得以实际应用。究其原因，在于传统的“虚拟水”战略只强调通过贸易的手段节约农业需水，但如果所节约的水量无法被二、三产业吸收以产生更大的效益，所节约的水资源反而成为了一种浪费。因此，只有通过发展二、三产业，使水资源能够在三次产业间流动起来，“虚拟水”战略才能得以顺利实施。

进入21世纪，因为水资源承载力研究的可操作性问题，如指标不统一、结果不可比、缺乏实用性等，受到了部分学者的质疑。针对这些问题，有关学者对水资源承载力研究重新进行了思考。王浩等(2004)在对西北内陆干旱区水资源承载力的研究中，按照经典的土地资源承载力研究思路，从确定人均消费水平入手，采用了农产品价格交换比的平衡分析方法，将其表征为一定生活水平下区域水资源能够承载的最大人口数量；姚治君等(2005)从承载力研究的根本性问题出发对水资源承载力本质进行了探讨，认为水资源承载力不再是一个客观内在的值，而是受区域发展目标所影响，并随之变化。

总体而言，水资源承载力是一个涉及资源、环境、经济和社会等多系统的综合概念，以水资源的可持续利用为中心，探讨影响区域水资源承载力的因素及其相互关系已成为相关研究的重点问题。同时，考虑到水资源具有动态性、随机性和不确定性等特点，在水资源承载力研究中亦需加强动态模拟研究，通过一套能反映其本质的模拟体系实现水资源承载力的估算与动态变化的预测。此外，水资源承载力研究要充分考虑水资源的调入、调出以及跨区占用问题，在开放系统下对区域水资源承载力进行评价也是水资源承载力研究的重要命题。

三、环境承载力研究

环境承载力概念由环境容量概念演化而来。环境容量是指区域自然环境和环境要素对人为干扰或污染物容纳的承受量或负荷量。该概念最早由比利时数学生物学家 Verhulst 于1838年提出：生物种群在环境中可以利用的食物量有一个最大值，动植物的增加相应也有一个极限，这个极限数值在生态学中被定义为环境容量。1968年，日本学者将其引入环境科学，并逐渐成为污染物总量控制的理论基础。与之相类似，欧美国家则多用“同化容量”“最大容许排污量”和“水体容许污染水平”等概念反映区域所能容纳的污染物最大负荷(Scherer C R,1975;Cairns Jr J et al.,1974)。环境承载力是区域环境与经济发展矛盾激化的结果。1974年，Bishop 在其《区域环境管理中的承载力》一书中认为，环境承载力是“在维持一个可以接受的生活水平前提下，一个区域能永久承载的人类活动的强烈程度”，Schneider 则认为环境承载力是“自然或人造环境系统在不会遭到严重退化的前提下，对人口增长的容纳能力”。

中国环境界在20世纪70年代后期引入环境容量的概念，并于1991年在《我国沿海新经济开发区环境的综合研究——福建省湄洲湾开发区环境规划综合研究报告》中首次明确提出环境承载力的概念。随后，国内学者围绕基础理论、评价方法及实践应用等方面对区域大气、水、土壤、噪声、固废和辐射等单一环境要素的承载力开展了深入研究，环境对各种污染物的容纳能力以及人类在不损害环境的前提下能够进行的最大活动限度成为环境承载力研究的核心。进入21世纪，环境承载力研究方法日趋多样化、研究的深度和可操作性不断提高，相关成果在环境管理与规划、区域可持续发展等领域也得到广泛的应用。

经过二三十年的发展，环境承载力研究在中国有了长足进步，但能够将区域环境系统和区域社会经济活动的方向、规模实现较好整合的环境承载力系统研究还很少见。在中国环境状况仍在恶化、新问题不断涌现的形势下，跨学科交叉研究、完善相关理论体系将是环境承载力研究的首要任务。由于环境承载力的动态性特点，传统的数据获取与分析方法亟须突破，通过将地面观测与遥感相结合，将环境承载力研究方法与 GIS 集成，促进环境承载力研究向模式化和动态化方向发展。此外，面向可操作性与实用性，建立同时描述环境承载力客观性、区域性及动态性的实用评价模型，促使环境承载力研究更好地用于指导人类社会经济活动，将是环境承载力由基础研究走向实际应用的重要途径。

第三节 资源环境承载力综合研究

一、资源环境承载力综合研究的兴起

上述以土地、水等某一具体的自然要素作为对象的研究可称为单要素承载力研究。随着资源环境承载力研究的深入，资源或环境单要素承载能力的片面性逐渐彰显，资源环境综合承载能力的理论和方法体系研究开始被关注。

实际上，承载力研究既包括单项研究，也包括综合集成研究。从区域整体的角度出发，承载力概念本身具有综合性与系统性，人类生态系统是一个统一的有机体，资源、环境、社会经济要素之间的相互影响与相互作用关系十分复杂，资源与环境有时很难进行严格区分，单独基于某一视角的承载力研究并不完整，单一要素所代表的区域承载力具有一定的局限性和片面性，单要素资源、环境承载力研究难以解决社会发展所遇到的问题。于是，如何对资源环境系统全要素或多要素承载力的综合量化进行系统研究成为重点和难点，资源环境综合承载力研究逐渐成为承载力理论研究深化的重要方向。

国外相关研究最早可追溯至1948年威廉·福格特所著《生存之路》，书中首次将人类对资源环境的过度开发导致的生态变化称为“生态失衡”，并明确提出区域承载力概念以反映区域资源环境所能承载人口与经济发展的容量。1972年，罗马俱乐部发表的《增长的极限》利用系统动力学模型对世界范围内的资源环境与人口增长进行定量评价，构建了著名的“世界模型”，深入分析了人口增长、工业化发展与不可再生资源枯竭、生态环境恶化和粮食生产的关系，认为全球的增长将会因粮食短缺和环境破坏在某个时段达到极限，由此提出了经济“零增长”的发展模式。报告一经发表便引起了世界范围的对资源环境承载力的强烈关注。20世纪60—70年代，美国麻省理工学院梅多斯指导的研究小组，引入系统动力学模型对全球的环境发展问题进行探索，模拟人口增长、工业化、粮食生产、自然资源消耗和环境污染之间的复杂反馈关系，提出了“零增长”的发展模式。20世纪80年代英国科学家Sleeser提出计算资源环境承载力的新方法——增加承载力的策略模型，该方法基于新的资源环境承载力定义，综合考量人口、资源、环境和发展之间的关系，并建立了系统动力学模型，通过模拟不同发展策略下的关系变化确定以长远发展为目标的区域发展优选方案。

中国涉足以资源环境诸要素综合体为对象的区域承载力研究始于20世纪90年代，资源环境综合承载力概念的明确出现由刘殿生(1995)在对秦皇岛市进行相关研究中建立。作者将大气、水、土地、海洋生物资源及大气环境、水环境稀释自净能力等综合因素构成的环境承载力称作“资源与环境综合承载力”，它由一系列相互制约、对应的发展变量和制约变量组成，采用专家咨询法和加权平均法来确定。学者们尝试从自然资源支持力、环境生产支持力和社会经济技术水平等角度，通过构建综合评价模型对区域资源环境承载力状况进行评估(洪阳等，1998)。此外，日益严重的生态破坏问题亦引起学界的重视，出于保持生态系统完整性考虑，反映区域资源环境综合承载力的生态承载力概念逐渐兴起，其中以高吉喜等(2001)提出的概念最具代表性：“生态承载力是指生态系统的自我维持、自我调节能力，资源与环境子系统的共容能力及其可维持的社会经济活动强度和具有一定生活水平的人口数量。”该概念不仅强调了特定生态系统所提供的资源和环境对人类社会系统的支持能力，涵盖了资源与生态环境的共容、持续承载和时空变化，而且考虑了人类价值的选择、社会目标和反馈影响。

世纪之交，唐剑武等(1997)、王家骥等(2000)、齐亚彬等(2005)、刘东等(2012)、代富强等(2012)、周侃等(2015)等从系统的整体性、稳定性和可持续性出发，以区域“自然-经济-社会”复合生态系统的协调发展为目标，聚焦生态承载能力和资源环境综合承载能力的综合性研究，对生态脆弱地区、城市地区以及流域等典型生态系统的资源环境承载能力展开研究。此一时期，资源环境承载力研究虽然逐渐实现了由分类到综合的转变，但资源环境承载力的阈值界定与关键参数率定、标准化评价与综合计量等仍是综合研究的热点与难点。资源环境承载力综合研究兴起以来，为统一量纲，人们试图把不同物质折算成能量、货币或其他尺度，以求横向对比与综合计量。基于上述考量，从 20 世纪末期到 21 世纪初期，学者们发展了基于生态足迹的“虚拟土地”、基于水足迹的“虚拟水”及基于能值分析的“虚拟能量”等理论与实践相结合的资源环境承载力综合评价理论与方法，极大地推动了承载力研究的跨世纪发展。

能值(Emergy)分析是美国生态学家 Odum 于 20 世纪 80 年代创立，Odum H T 等(1987)认为，系统中经济、资源环境等要素均以太阳能值作为统一衡量标准，可为资源环境价值评估提供度量标准和科学依据，将能值定义为某一流动或储存的能量中所包含的另一种能量的数量。单位能量(物质)所含的太阳能量称为太阳能值转换率，是度量某种能量(物质)能质的尺度，能值转换率越高，表明该种能量(物质)的能质越高，在能量系统中的等级也越高。从中可以清楚地看出，所谓能值，实际与“虚拟土地”“虚拟水”相似，即实质不存在，但可以通过转化而来的一种“虚拟能量”。借助能值理论和分析方法，可将各种生态系统和生态经济系统的能流、物流和其他生态流进行统一度量，方便比较和分析。以能值为量纲，将不同种类的能质、能量转换成同一标准的能值进行衡量和比较，便可得到一系列反映资源生态与经济效率的能值综合指标，如净能值产出率(NEYR)、能值投入率(EIR)、能值货币比(EDR)等。与此同时，表征自然资源承载能力的指标也应运而生，如能值承载力(ECC)、废弃物能值比(WRR)等。这些指标极大地深化了资源环境承载力研究的理论与方法，对推动研究的定量化具有重要意义。相较于传统的资源环境承载力理论而言，能值分析理论为承载力评估确立了一个衡量的统一标准，具有划时代的意义。但是，相较于其先进的理论而言，能值分析的方法论研究却处于一个较为滞后的状态，主要表现在能值转换率的计算较为繁杂、能值流程图尚未有一个较为科学而全面的绘制方法、能值计算过程中对研究对象的区域性和动态性考虑不周等。有鉴于此，未来能值分析需要在能值的量化、综合评价方法优化等多方面进行改进，以进一步完善能值分析理论。

二、承载力研究中的理论与实践问题

从承载力概念提出至今，纵观承载力研究由单项承载力发展到区域资源环境综合承载力研究，承载力日益成为描述发展限制的一个重要概念和关键指标的发展过程，体现了人类对人与自然关系的认识深化过程，表达了人们对自然资源环境限制性的认识与响应过程。但是由于资源环境承载力研究事关资源环境最大负荷，不仅是一个具有人类极限意义的科学命题，而且是一个具有实践价值的人口与资源环境协调发展的政策议题，甚至是一个涉及人与自然关系、关乎人类命运的哲学问题(毛汉英等，2001；张燕等，2009；刘晓丽，2013；封志明等，2016，2017)。尽管其研究起步较早，但直到今日统一的理论基础和方法体系尚未完全成形，尚未形成被广泛接受的理论框架和评价模型，指标体系、承载能力、承载规模、承载阈值、承载极限等理论与实践依据的争论时有发生，评价结果的权威性和科学性尚有争议，其对经济社会发展的指导作用尚未充分发挥。

封志明等(2017)认为目前资源环境承载力研究面临的理论与实践问题有如下方面：①理论基础上，资源承载力的科学基础是资源可得性、最大持续产量与资源支持力；环境承载力的科学基础则是环境容量、环境吸收或同化能力与环境支撑力。虽然资源承载力、环境承载力各有一套自己的理论基础，但均相互独立，导致资源环境承载力研究缺乏统一的科学基础，承载机理和演化机制等基础理论研究亟待加强。②技术方法上，资源环境承载力分类研究已比较系统，但资源环境承载力综合研究相对薄弱，且承载力评价多偏重于封闭系统和静态研究，系统开放与承载动态研究需要加强；此外，资源环境承载力的阈值界定与关键参数率定，资源环境承载力定量评价与综合计量是资源环境承载力研究由分类走向综合、由静态走向动态、由定性走向定量的关键技术方法所在，有待突破。③实际应用上，考虑到资源环境承载力对区域发展的指导意义，理论探索与实证研究相结合已成为未来发展的重要方向，目前亟待建立资源环境承载力的评价标准与技术规范，研究发展资源环境承载力动态评价与监测预警系统，并在国家生态文明先行示范区或资源环境压力较大地区等开展先行示范，促进资源环境承载力研究向规范化与标准化、数字化与系统化转变，使之更好地服务于国家和地区可持续发展需要，满足资源环境承载力动态评价与监测预警的部门实用化与业务化需求。

实际上由于社会系统的开放性、动态性与复杂性，引发承载力理论问题一直争议不断(岳文泽等，2019)。在一个开放的社会系统中，首先，人口的跨区域迁徙决定了人类社会经济活动的流动性，同时，大部分资源要素和一部分环境要素也是跨区域流动的；其次，人类社会对资源环境系统的需求标准、开发与利用的技术水平，都随着社会经济发展而动态变化；最后，人类社会系统与资源环境系统的作用与反馈、适应与调整，形成了资源环境对社会系统的承载是否可知、能否测度等“存在性”“可知性”“可度性”的基本理论问题争议。有学者认为“城市的资源环境承载力就是一个伪命题”(陆铭，2017)。即使假设资源环境承载力是存在的，面对高度复杂的人类社会经济活动系统，其“可度性”也存在较大的挑战。例如，从历史角度看，城市人类活动强度总体上呈上升趋势，但仍然保持在“可载”范围内，这主要归因于科技进步以及政府治理活动所产生的润滑作用。为组织、协调与管理城市资源环境支撑与人类活动施压的关联与矛盾，城市往往通过人为干预(管理提升与科技进步等)的方式实现“扩容”，例如，上海、北京、香港等大都市一再突破规划人口上限，却又能在一定程度上保持和谐、通畅运行(岳文泽等，2019)。

综合承载力研究是对单要素承载力在区域尺度上的系统集成，因而必须是在作为其组成要素的主要资源环境承载力问题已经基本解决的基础上才能进行。单要素承载能力的研究往往难以从整体上综合描述国土资源环境系统对经济社会发展的整体承载能力。鉴于目前单要素资源环境承载力研究的基本问题尚未完全解决，综合承载力的研究多停留在概念层面，很难进行精细量化的深入研究。

目前，作为资源环境、地学研究热点和理论前沿，自然资源环境承载力不仅是区域可持续发展的重要判据，而且已成为国土空间规划的刚性约束。但是要破解资源环境承载力面临的理论与实践问题，单从资源环境本底支撑能力和人类活动施压角度进行承载力评价实际上否定了外部干预导致的承载弹性存在，导致承载力评价与国土空间管理的割裂，这也是区域资源环境承载力评价与区域国土空间规划需要解决的首要问题。

三、区域资源环境承载力综合评价中的一种新思路

张建新等(2015)以长株潭城市群地区各县资源环境数据为基础，资源以土地、水、矿产，环境以地质、土壤、水、大气、生态，所承载的社会经济以经济发展、区位交通、工业化、城镇化、科学技术水平等属性表征，按照参数间加和、倍乘、限制、替代4项原则构建元指标，以元指标的特征向量与因子得分的线性组合分别构建资源、环境、社会经济3个综合指数，借助TableCure 3D软件，以长株潭地区各县数据为例，拟合承载的社会经济发展综合指数(Z)与资源(X)、环境(Y)综合指数的数学关系式，结果表明，三者可用两个Logistic函数偶合：$Z=a+\text{Logistic}(X)\times\text{Logistic}(Y)$，从标准误差、$R_2$、$F$检验值可判断出方程拟合程度高，可靠性好。通过分析长株潭地区资源环境承载力现状，表明建立的资源-环境-社会经济双Logistic函数偶合模型科学描述了区域社会经济承载与资源、环境的数量关系，创新了资源环境综合承载力评价方法体系。

1.基于要素内涵的综合指标设计

通过考察资源、环境、社会经济系统的结构可知，它们由一系列向下可多层次分解的次级要素组成，这些要素代表体系某一方面的属性，可以以某种指标予以表征。各要素或次级要素间的相互关系，可以

分为4种类型:一是要素间的相互影响具有成倍的带动效应,即乘数关系,如经济体系中的投资乘数,在一定的边际消费倾向下,新增加的一定量的投资经过一定时间后,可导致收入与就业量数倍地增加,或导致数倍于投资量的GDP。构建具乘数关系的上一级综合指标,可按乘法原则取几何平均值。二是相对独立指标,上一级综合指标可按其重要性加权原则构建。三是一些资源指标可能具有可替换性或互补性,如煤和石油,可按转换系数(这里是能量系数)进行加权构建。四是一些环境类指标,可据李比希定理(短板理论),取最小值,以体现它的限制作用。该4种要素的数学建模思路可称之为综合评价指标构建的"四原则"。

以资源、环境、社会经济为目标,从系统组成要素的内涵出发,采用向下逐级分解法,资源可分解为土地、水、矿产3类,环境可分解为土壤、水、大气、地质、生态环境5类,从该8类资源环境具体研究对象的属性及科学内涵上分解并定义元指标的计算式。构建的区域资源环境承载力综合评价指标体系如表1-1所示。

表1-1 资源环境承载力综合评价指标体系及其计算(据张建新等,2015)

一级指标	二级指标	三级指标	四级指标	四级指标(元指标)模型
资源 X	土地资源 X_1	农用地承载力 X_{11}	耕地人口承载力 X_{111}	X_{111} =耕地面积数/总人口需求面积
			农用地经济承载力 X_{112}	X_{112} =地类比×价值系数×(农林牧渔值/GDP)
		建设用地承载力 X_{12}	农村生活空间承载力 X_{121}	X_{121} =实际规模/需求规模
			城镇居住空间承载力 X_{122}	
			建设用地经济承载力 X_{123}	X_{123} =单位面积产值/长沙市建设用地GDP
	水资源 X_2	水资源数量分布 X_{21}	人均水资源量 X_{211}	X_{211} =水资源总量/实际人口
			水资源可利用度 X_{212}	X_{212} =水资源总量/实际用水量
			居民生活用水压力 X_{213}	X_{213} =1-水资源可养人口/实际人口规模
		水资源协调分布 X_{22}	水资源协调分布 X_{221}	X_{221} =季节协调性系数=0.167×(月变异系数+半年/全年+丰水期/全年)+0.5×(当年/多年)
	矿产资源 X_3	能源承载力 X_{31}	煤炭的经济承载力 X_{311}	X_{311} =可信资源储量×320/GDP
			煤炭的社会承载力 X_{312}	X_{312} =可信资源储量×开采回采率×标准煤系数/(人均耗煤量×标准煤系数×人口总数)
		金属矿承载力 X_{32}	铁矿经济承载力 X_{321}	X_{321} =(铁矿石可信资源储量×回采率)/铁矿石消耗量
			其他金属经济承载力 X_{322}	X_{322} =可信资源储量×矿产品价格/GDP
		非金属矿承载力 X_{33}	水泥灰岩经济承载力 X_{331}	X_{331} =(水泥灰岩可信资源储量×回采率)/水泥灰岩消耗量
			其他非金属经济承载力 X_{332}	X_{332} =可信资源储量×矿产品价格/GDP

续表 1-1

一级指标	二级指标	三级指标	四级指标	四级指标(元指标)模型
环境 Y	土壤环境 Y_1	农地重金属承载力 Y_{11}	重金属污染承载力 $Y_{11}i$	$Y_{11}i$＝(国家土壤环境质量Ⅱ级标准值－实测值)/(Ⅱ级值－背景值),i＝As 等 8 个重金属
		居地重金属承载力 Y_{12}	重金属污染承载力 $Y_{12}i$	$Y_{12}i$＝(国家土壤环境质量Ⅲ级标准值－实测值)/(Ⅲ级值－背景值),i＝As 等 8 个重金属
	水环境 Y_2	地表水环境承载力 Y_{21}	地表水污染承载指数 $Y_{21}i$	$Y_{21}i$＝(国家地表水环境质量Ⅲ级标准值－实测值)/(Ⅲ级值－背景值),i＝COD、氨氮、总镉、总汞
		地下水环境承载力 Y_{22}	地下水污染承载指数 $Y_{22}i$	$Y_{22}i$＝(国家地下水环境质量Ⅲ级标准值－实测值)/(Ⅲ级值－背景值),i＝Mn、Hg、As、Cd、Cr、Pb
	大气环境 Y_3	大气污染承载力 Y_3j	大气污染承载力 Y_3j	Y_3j＝(国家大气环境质量Ⅱ级标准值－实测值)/(Ⅱ级值－背景值),j＝SO_2、NO_2、PM10
	地质环境 Y_4	地质构造稳定性 Y_{41}	基岩力学性质 Y_{411}	以韧、较韧、中、较脆、脆赋值 5、6、7、8、9
			构造稳定性 Y_{412}	图解:稳、基本、次、不稳定区赋值 1.0、0.9、0.8、0.7
		地表地灾安全性 Y_{42}	松散层稳定性 Y_{421}	Y_{421}＝1－(Y_{411}/NDVI×坡度级)/100
			图解地灾安全性指数 Y_{422}	Y_{422}＝1－图解高、中、低易发区赋值 0.6、0.3、0.1 按面积加权指数
			地灾安全性指数 Y_{423}	Y_{423}＝1－实测地灾强度指数/1 000
	生态环境 Y_5	植被承载力 Y_{51}	森林覆盖率 Y_{511}	实测(林业数据)
			植被指数 Y_{512}	Y_{512}＝NDVI 均一化(0,1)
		景观承载力 Y_{52}	土地生态安全指数 Y_{521}	面积比×{1－[土地脆弱度×(破碎度＋优势度＋分离度)/3]}
			景观生态学指数 Y_{522}	地块的分离度、斑块密度、聚集度、SIDI 指数、SHDI 指数平均
		水土保持承载力 Y_{53}	水土保持力 Y_{531}	Y_{531}＝(最大值－水土流失度 A)/极差,A 据水土流失度通用方程
社会经济发展 Z	经济 Z_1	经济总量 Z_{11}	人均 GDP Z_{111}	Z_{111}＝GDP/总人口
		经济增长 Z_{12}	近 5 年 GDP 平均增长率 Z_{121}	Z_{121}＝(GDP 评价年/GDP 前 5 年)1/5－1,以＜5%、10%、20%、＞30%分别赋值 1、1.2、1.3、1.4、1.5
	交通 Z_2	交通网络 Z_{21}	交通便捷度 Z_{211}	Z_{211}＝(4×机场＋2×铁路＋0.5×公路)面积/区域面积
		区位 Z_{22}	区位优势度 Z_{221}	Z_{221}＝距区域中心城市的交通距离,以＜100、200、400、800 分别赋值 2、1.5、1、0.5、0
	工业化 Z_3	工业化水平 Z_{31}	工业化水平 Z_{311}	Z_{311}＝工业产值/GDP
	城镇化 Z_4	城镇人口 Z_{41}	城镇人口集聚度 Z_{411}	Z_{411}＝城镇人口数/区域总人口
		城镇经济 Z_{42}	城镇经济强度 Z_{421}	Z_{421}＝(第二产业产值＋第三产业产值)/GDP
	技术水平 Z_5	技术人才 Z_{51}	较高技术在岗人员比 Z_{511}	Z_{511}＝科技人员/区域总人口
		潜在人才 Z_{52}	潜在高技术人员比 Z_{521}	Z_{521}＝中等以上在校生人数/区域总人口
		技术产值 Z_{53}	高技术产值比 Z_{531}	Z_{531}＝[(第二产业产值/第一产业产值)＋(第三产业产值/第二产业产值)]/2

表中元指标的计算一般按术语的定义式或相应学科的通用方法，如土壤、水和大气环境类元指标计算可采用环境容量计算法。受数据可得性限制，部分元指标计算模型中参数的选用为近似值替代，如交通便捷度计算以各类交通用地面积比加权。计算中变量向上综合时需先采取数据归一化处理，一般按区域最大值进行，原始数据有负值则按极差法处理；负向指标按互斥事件概率计算法进行指标正向化转化，等等。

鉴于指标（变量）仅是对要素某一方面属性的表征，无论指标体系如何全面，总有一些信息隐藏在变量中无法直接测度，另外指标间尚存在一定的相关性、重叠性，仅以简单的加权汇总方法是不能精确表达这种复杂关系的。这就需要一种分析模型能用较少的变量来反映原来多个变量的大部分信息，并可对复杂的资源、环境、社会经济问题进行深入分析和合理解释。因子分析正是解决这个问题的有效方法。

因子分析是一种基于数据影响因素分析的信息提取技术，其基本思想是根据相关性大小对变量进行分组，每组变量代表一个影响因素（或成因），这些因素被称为因子。对于所研究的问题则转化为用少数几个因子的线性函数来描述原来的变量 X，其数学模型为：$X=\boldsymbol{A}F+\varepsilon$，式中 $\boldsymbol{A}$ 为因子载荷矩阵。由于 $k<p$，故矩阵 $\boldsymbol{A}$ 不可逆，因子得分 F 的计算一般可通过回归法估计：$F'=A'\boldsymbol{R}^{-1}\boldsymbol{X}$，式中 $\boldsymbol{R}$ 为 $\boldsymbol{X}$ 的相关矩阵，并称 $\boldsymbol{W}=A'\boldsymbol{R}^{-1}$ 为因子得分系数矩阵。以各公因子的方差贡献占总方差贡献的比重为权重，可将各公因子得分进行加权汇总：$L_i=\lambda_{i1}F_1+\lambda_{i2}F_2+\lambda_{i3}F_3+\cdots+\lambda_{ik}F_k$，其中 L_i 为样本 i 的综合得分；F_j 为样本在第 j 个因子上的得分；λ_j 为第 j 个因子的重要性系数，以归一化特征值即因子的方差贡献来度量。这样原来 p 个变量的空间（以表 1-1 中的元指标计，则 $p=40$），通过因子分析，变成一组（k 个）包含了隐性信息、含义更全面的新的因子空间；以因子的方差贡献为权重，可构成一个新的综合变量（L），这个综合变量综合反映了研究对象各方面有利信息，其大小或次序可作为资源环境承载力评价的依据。

2. 资源、环境与承载的社会经济间的数学关系及综合评价模型

以 X、Y、Z 分别代表资源、环境及其承载的社会经济综合指标，三者间的关系可以函数 $Z=f(X,Y)$ 表示，在三维空间中每一个点代表一个特定的资源 X、环境 Y 下承载的社会经济状态 Z。在前面构建了 X、Y、Z 综合评价指标的基础上，借助计算机软件，利用实测数据，可拟合 X、Y、Z 的数学关系。

TableCurve 3D 是一款功能强大的描述三维经验数据软件，内置了一系列线性和非线性模型，可对任何复杂数据进行表面拟合，且提供了可视化图形配合选择、检查拟合效果，界面非常友好，简单易操作。将长株潭城市群区数据计算得到的 X、Y、Z 综合值输入 TableCurve 3D 4.0 软件，拟合可得：

$$Z=a+\mathrm{LOGISTIC\_X}(b,c,d)\times\mathrm{LOGISTIC\_Y}(1,e,f), \tag{1-1}$$

式中，a、b、c、d、e、f 参数，通过 X、Y 数据代入软件可得拟合值。

在 TableCurve 3D 中，方程编号为 2038 的 Non-Linear Logistic Peak Functions（非线性 Logistic 峰值函数）的 3D 见图 1-1。

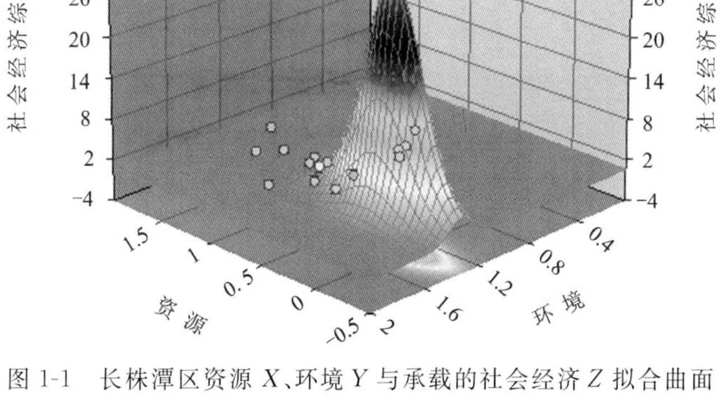

图 1-1　长株潭区资源 X、环境 Y 与承载的社会经济 Z 拟合曲面

通过 TableCurve 3D 内置方程可知公式(1-1)的数学展开式为：

$$Z=a+16b.\exp(-((x-c)/d)-((y-e)/f))/((1+\exp(-((x-c)/d)))^2\times(1+\exp(-((y-e)/f)))^2) \tag{1-2}$$

可见其是由带 6 参数的两个 Logistic 函数构成的复合函数：$Z=a+\mu(x)\times v(y)$ 。其中：

资源函数：

$$\mu(x)=\frac{4b}{e^{\frac{x-c}{d}}\left(1+\frac{1}{e^{\frac{x-c}{d}}}\right)^2} \tag{1-3}$$

环境函数：

$$v(y)=\frac{4}{e^{\frac{y-e}{f}}\left(1+\frac{1}{e^{\frac{y-e}{f}}}\right)^2} \tag{1-4}$$

由于资源与环境间具有相互影响的乘数关系，故式(1-3)中资源函数 $\mu(x)$ 与环境函数 $v(y)$ 是相乘。从模型参数估计(略)的统计参数可判断方程拟合程度较高，具有较好的可靠性，评价模型对于现状承载力水平的拟合程度较好。

大量的观测研究表明，自然界和人类社会的很多增长表现出“S”形曲线特征，即具有增长极限，刻画这种曲线的可取数学表达之一就是 Logistic 函数。Logistic 函数曲线又叫 sigmoid 曲线，它是描述资源环境有限条件下生物增长规律的最佳模型。社会对资源的需求一般由两个特性确定：一是对某资源的需求有一个饱和水平，当需求量达到一定数量时，对这种需求也饱和了；二是社会对某资源需求的增长速度与需求接近饱和的程度有关。狭义的环境(如表 1-1 中的各 Y_i)亦类似，如当环境无污染时生物种群按 Logistic 曲线增长。实际上几乎研究者用到 Logistic 模型时，均以广义的环境概念(类似于“生态环境”的概念)将资源与环境合并用一个 Logistic 函数进行描述，原因多在于 Logistic 模型参数的估计困难。

可定义由资源与环境两个 Logistic 函数按公式(1-1)计算得到的函数 Z 值，为特定资源环境条件下的资源环境综合承载力，可简称为区域综合承载力或承载力。以区域资源、环境元指标的“理想值”代入公式，可得到区域可承载社会经济的承载容量，即区域综合承载力，可用 $Z_{\max}$ 表示。将各种资源环境组合状况下的“理想值”代入方程得到的集合 $\{Z_{\max}\}$，系资源环境承载力全集，以三维空间表示则为一曲面。以 t 时刻实测值代入方程计算而得的 Z 值为承载状态，可用 Z_t 表示。

承载状态值 Z_t 与承载力 $Z_{\max}$ 比较的剩余值为剩余承载容量(Z_s)：

$$Z_s=Z_{\max}-Z_t \tag{1-5}$$

对应 $Z_s<0$、$Z_s=0$、$Z_s>0$ 的 3 种状态，分别为可载、满载和超载，分别代表在某一特定资源环境组合下，人类的经济社会活动低于、等于和超出其可承载能力。

第二章　国土空间规划中承载力评价

第一节　国土空间规划

一、自然资源管理面临的新形势

改革开放以来，我国空间规划领域形成了经济社会发展规划、土地利用总体规划、城乡规划、生态环境保护规划等相对独立的规划体系，对保障经济社会平稳较快发展和生态文明建设发挥了重要作用，但也存在规划类型过多、内容重叠冲突等突出问题，急需构建全国统一、相互衔接、分级管理的国土空间规划体系。在 2013 年的《中共中央关于全面深化改革若干重大问题的决定》(以下简称《决定》)、2015 年的《生态文明体制改革总体方案》以及 2017 年的十九大报告中，都提出了构建国土空间规划体系的要求。2018 年 3 月，第十三届全国人民代表大会第一次会议表决通过了《国务院机构改革方案》，在国土资源部基础上成立自然资源部，统一行使全民所有自然资源资产所有者、所有国土空间用途管制和生态保护修复等职责，并将相关规划职能整合，紧锣密鼓地开展国土空间规划工作。2019 年 1 月 23 日，中央全面深化改革委员会第六次会议，明确将国土空间规划上升为中央的重大决策部署。习近平指出：国土是生态文明建设的空间载体，要按照人口资源环境相均衡、经济社会生态效益相统一的原则，整体谋划国土空间开发，科学布局生产空间、生活空间、生态空间，给自然留下更多的修复空间。中央要求，将主体功能区规划、土地利用规划、城乡规划等空间规划融合为统一的国土空间规划，实现"多规合一"。

作为国土空间开发保护的依据、推进生态文明建设战略的重要抓手，资源环境承载能力相关工作受到了党和国家的高度重视。党的十八届三中全会《决定》明确提出要"建立资源环境承载能力监测预警机制"，《生态文明体制改革总体方案》提出将资源环境承载能力评价结果作为市县空间规划编制的基本依据，再次强调建立资源环境承载能力监测预警机制，并明确了研究制定指标体系和技术方法、建立数据库和信息技术平台、定期编制资源环境承载能力监测预警报告等主要任务。2017 年中共中央办公厅、国务院办公厅印发的《关于建立资源环境承载能力监测预警长效机制的若干意见》，明确了资源环境承载能力监测预警的总体要求、管制措施、管理机制和保障机制。2017 年我国首个全国性国土开发与保护的战略性、综合性、基础性规划《全国国土规划纲要(2016—2030 年)》(国发〔2017〕3 号)(简称《纲要》)正式印发，《纲要》明确要求加快推进省级国土规划编制，并以资源环境承载能力作为确定国土空间开发适宜性、限制性的依据且为"生态空间、农业空间、城镇空间"三区和"生态保护红线、基本农田保护红线、城镇开发边界"三线的划定提供基础支撑依据。

2019 年 5 月 23 日，中共中央国务院发布《关于建立国土空间好的规划体系并监督实施的若干意见》(简称《若干意见》)，提出 2020 年基本建立国土空间规划体系；2025 年健全国土空间规划法规政策和技术标准体系，形成以国土空间规划为基础，以统一用途管制为手段的国土空间开发保护制度；2035 年全面提升国土空间治理体系和治理能力现代化水平，基本形成生产空间集约高效、生活空间宜居适度、生态空间山清水秀，安全和谐、富有竞争力和可持续发展的国土空间格局。《若干意见》要求：体现战略性，提高科学性，加强协调性，注重操作性。其中在提高科学性上尤其强调：在资源环境承载能力和国土空间开发适宜性评价的基础上，科学有序统筹布局生态、农业、城镇等功能空间，划定生态保护红线、永久基本农田、城镇开发边界等空间管控边界以及各类海域保护线，强化底线约束，为可持续发展预留空间。坚持山水林田湖草生命共同体理念，加强生态环境分区管治，量水而行，保护生态屏障，构建生态廊道和生态网络，推进生态系统保护和修复，依法开展环境影响评价。坚持陆海统筹、区域协调、城乡融合，优化国土空间结构和布局，统筹地上地下空间综合利用，着力完善交通、水利等基础设施和公共服务设施，延续历史文脉，加强风貌管控，突出地域特色。坚持上下结合、社会协同，完善公众参与制度，发挥不同领域专家的作用。运用城市设计、乡村营造、大数据等手段，改进规划方法，提高规划编制水平。

认识新常态，适应新常态，在新的形势下，面对自然资源管理的新任务，围绕一定区域一定时期内，在保障生态系统自我维持与调节能力良性发展的前提下，在土地、矿产、水、海洋、地质环境及生态环境等自然资源环境要素的数量、质量和变化趋势上对区域主体功能（包括经济社会系统规模和结构等）可持续发展的支撑能力进行重新认识，可称为“自然资源环境承载能力评价”，它避开了区域可承载多少人口或承载多少经济的命题，具有相对性、动态性、多尺度及可操作性等特征。它首先要明晰区域资源环境本底状况，识别资源环境短板。意味着不仅需要摸清各种资源环境要素的现状，更重要的是需要明确不同地区制约社会经济发展潜力的资源环境要素短板，针对性地选择资源环境评价要素，摒弃简单评价模式，为空间规划提供更加丰富的决策支撑。以往对承载状态判断是否已超载或还能够增加承载多少人口这种评价模式，在当今，对国土空间规划决策支持既价值不高，又困难，也不准确，并且由此衍生出的阈值确定和等级划分等问题更加复杂。其次需要对未来资源环境承载态势做出预警，支持空间规划的预见性需求。

二、国土空间规划的内涵与任务

1. 国土空间规划的内涵

国土空间规划是对一个国家和地区较长时期内经济社会发展中的自然资源开发利用与生态环境保护在空间上的制度安排。国土空间是指以自然资源为载体，汇集生态环境和各类经济社会活动于一体的系统关系总和。它的职能和性质应按照全域全要素国土空间用途管制要求，从协调空间供需视角，体现约束性、引领性、保障性、系统性等。国土空间规划是一项具有明显层级性的公共政策，不同层级的国土空间规划解决的主要问题也不同。国家级或省级的国土空间规划侧重解决涉及全局的战略性问题，例如粮食安全、能源安全、经济安全、生态安全等；市县级则聚焦于国土空间布局合理性、资源开发强度和方式、环境质量与胁迫程度等。因此，宏观层面国土空间规划的核心内涵主要有：第一，实现人口、经济的高效空间集聚，为统筹人口、产业在空间上的组织运行提供基本框架；第二，实现国家粮食安全的有力空间保证，强化以基本农田保护区、高标准基本农田建设等为核心的基本保障，在保证数量安全的前提上，提高耕地产能，保障国家粮食安全底线；第三，实现国家生态安全的切实空间保障，以不同类别的国家级生态保护区为基本保障，构建国家级生态屏障；第四，提升区域联系的空间效率，建设高效的美丽国土，推进各区域之间的要素流通，加强不同空间之间的联系互动，实现高效、高品质的国土空间。市县级的国土空间规划的内涵则是在空间上落实上述宏观规划的战略，例如，在市县层面开展的国土空间规划重在底线管控，即统筹划定各类管控边界，促进生产、生态、生活空间的有机融合，同时保证更高层级空间规划的落地实施。

2. 国土空间规划的任务

作为统领国土空间开发保护的国土空间规划必须以自然资源和生态环境本底限制性为基本约束，立足国土空间开发适宜性和资源环境承载力，围绕生态空间、城镇空间、乡村空间、产业空间、交通等基础设施空间、文化景观空间等各类国土空间，构建各类空间的规模、结构、布局、强度、风貌配置与管控政策等基本内容。

有研究者（强真，2019）将国土空间规划列有 8 个方面的任务：①构建系统完备、功能突出的生态产品供给空间体系，力促生态保护红线空间边界与功能“双完整”；重塑生态产品供给盈余的生态空间新格局；引导非红线重要自然生态空间绿色开发。②建设绿色安全、品质优秀的农产品供给空间，全面夯实耕地红线，力求提高耕地资源保有量；适度重组重构各类农业用地，建立现代农业生产空间配置“五模式”；力促耕地与山水林湖草生命协同，实施耕地“水－土－生”整治工程；引导各类农业园区有序发展，做强做实乡村振兴动力点。③构筑高质高效、区域协同的城乡生产生活产品供给空间。④立足自身、显化优势的重要矿产能源产品供给空间，多维度确定关键矿种，实施矿产资源开发与空间保护综合价值比选；形成保障国家资源安全的基准矿业空间体系。⑤集约高效和功能互补的交通等基础设施网络空间，构建交通等基础设施空间网络体系；做好重大项目空间预留；形成基础设施建设空间节约集约利用标准和生态负效应预防方案。⑥彰显文明、体现魅力的历史文化产品供给空间。⑦陆海协同和开发保护得力的海岛海岸绿色发展带。⑧和谐稳定和逐步繁荣的边境国土空间发展带。

实际上，随着研究的深入，国土空间规划的主要任务也逐渐明晰：一是要依据资源环境承载能力、国土空间开发适宜性和社会经济发展态势，统筹城镇空间、农业空间和生态空间的配置，满足人口增长、经济生产和生态服务的需求，形成全域空间开发与保护的底图。二是要控制开发强度，调整空间结构。针对资源环境承载潜力大、适宜于建设开发的区域，确定为重点开发，通过适当提高开发强度，保障集聚高效开发需求；对于保障粮食安全的农业生产基地，要鼓励国土整治，从严控制开发强度，实现高效保护；对于那些生态脆弱性地区以及承担重要生态功能的地区，要逐步通过降低开发强度而实现生态安全保障。三是要理顺发展与保护的关系，明确界定哪些区域应该发展，哪些应该保护，以保障区域可持续发展为终极目标，重构发展与保护的空间关系。

第二节　资源环境承载能力与国土空间开发适宜性“双评价”

一、“双评价”内涵

从实践角度，自然资源部 2019 年初至今一直在制定《资源环境承载能力和国土空间开发适宜性评价技术指南（征求意见稿）》（以下简称《技术指南》），其定义资源环境承载能力为：基于一定发展阶段、经济技术水平和生产生活方式，一定地域范围内资源环境要素能够支撑的农业生产、城镇建设等人类活动的最大规模。国土空间开发适宜性评价是在资源环境承载能力评价的基础上，评价国土空间进行生态保护的重要程度，以及农业生产、城镇建设的适宜程度。实际工作中，一般将资源环境承载能力评价和国土空间开发适宜性评价简称为“双评价”。

按照《技术指南》，“双评价”的工作目标是：分析区域资源环境禀赋条件，研判国土空间开发利用问题和风险，识别生态系统服务功能极重要和生态极敏感空间，明确农业生产、城镇建设的最大合理规模和适宜空间，为完善主体功能区布局，划定生态保护红线、永久基本农田、城镇开发边界，优化国土空间开发保护格局，科学编制国土空间规划，实施国土空间用途管制和生态保护修复提供技术支撑，倒逼形成以生态优先、绿色发展为导向的高质量发展新路子。“双评价”工作严格遵循“生态优先、科学客观、因地制宜、简便实用”的评价原则，以生态文明思想为指导，突出生态保护功能，识别生态系统服务功能极重要、生态极敏感区域，确保生态系统的完整性和连通性，在坚守生态安全底线的前提下，综合分析农业生产、城镇建设的合理规模和布局；体现尊重自然、顺应自然、保护自然的理念，充分考虑陆海全域国土空间土地、水、生态、环境、灾害等资源环境要素，加强与相关专项调查评价结果的统筹衔接，定量方法为主、定性方法为辅，客观全面地评价资源环境禀赋条件、开发利用现状及潜力；在强化资源环境底线约束的同时，充分考虑区域和尺度差异。各地特别是市县开展评价时，可结合本地实际和地域特色，因地制宜适当补充评价功能、要素与指标，优化评价方法，细化分级阈值；在保证科学性的基础上，紧密结合国土空间规划编制，强化目标导向、问题导向和操作导向，精选最有代表性的指标，确保评价成果科学、权威、好用、适用。在技术流程上，先分别开展生态、土地资源、水资源、气候、环境、灾害、区位等单项评价，然后基于单项评价结果，开展集成评价，优先识别生态系统服务功能极重要和生态极敏感空间，基于一定经济技术水平和生产生活方式，确定农业生产适宜性和承载规模、城镇建设适宜性和承载规模。

本节主要以《技术指南》20190326 版（个别处以 20190602 版）为基础，阐述其相关方法技术。

二、“双评价”中的单项评价

资源环境要素单项评价的指标体系聚焦生态保护、农业生产、城镇建设 3 类功能下土地资源、水资源、环境、生态、灾害等要素。在充分数据准备的基础上开展，宜因地制宜补充区域特色指标，并结合区域特色，确定评价指标体系和分级阈值。单项评价的技术方法有两类，一类是根据判别矩阵叠加分析的方法，包含土地资源、水资源、城镇建设功能指向的环境、灾害要素的评价；另一类是根据经验公式计算后进行分级，如生态要素的评价。单项评价的结果一般按照阈值分为 5 个等级。

1. 土地资源评价

土地资源评价主要表征区域土地资源对农业生产、城镇建设的可利用程度。针对农业功能和城镇功能指向，分别采用农业耕作条件、城镇建设条件作为评价指标，通过坡度等综合反映。评价时扣除河流、湖泊及水库水面区域。

针对农业功能指向的土地资源评价主要评价土地的农业耕作条件。

农业耕作条件是指土地资源可为农业生产利用程度，一般需具备一定的坡度、土壤质地等条件。对于地形条件复杂的地区，还可考虑坡向、坡型、地形部位等因素。其公式为：

$$[\text{农业耕作条件}]=f([\text{坡度}],[\text{土壤质地}])。$$

针对城镇功能指向的土地资源评价主要评价城镇建设条件。

城镇建设条件是指城镇建设的土地资源可利用程度，需具备一定的坡度、高程条件。对于地形起伏剧烈的地区还应考虑地形起伏度指标。其公式为：

$$[\text{城镇建设条件}]=f([\text{坡度}],[\text{高程}],[\text{地形起伏度}])$$

评价实施中首先基于数字地形图，按≤2°、2°～6°、6°～15°、15°～25°、≥25°生成坡度分级图；以表层 30 cm 的平均质地为标准，将土壤质地按照黏质土（重壤、黏土）、壤土（轻壤、中壤）、砂壤土、沙土和砾质土生成土壤质地分类图，或者根据（《技术指南》20190602 版）以土壤的粉砂含量 80%、60% 为标准分为 3 类。然后以坡度分级结果为基础，结合高程和土壤质地，将土地资源的可利用程度划分为高、较高、中等、较低、低 5 种类型。高程≥5 000 m 区域，城镇土地资源等级直接取最低等级；高程在 3 500 m～5 000 m之间的，将坡度分级降 1 级作为城镇土地资源等级。在此基础上，将土壤质地为沙土和砾质土的区域，再分别降 1 级和 2 级作为农业土地资源的最终结果。对于地形起伏剧烈的地区，进一步通过地形起伏度指标对城镇土地资源等级进行修正：通过栅格与邻域栅格的高程差计算地形起伏度。对于地形起伏度>200 m 的区域，将评价结果降 2 级作为城镇土地资源等级，地形起伏度在 100 m～200 m 之间的，将评价结果降 1 级作为城镇土地资源等级。

2. 水资源评价

水资源评价主要表征区域水资源对农业生产、城镇建设的保障能力。针对农业功能和城镇功能指向，通过区域水资源的丰富程度反映。

水资源丰度是指区域水资源的丰富程度，通过降水量和水资源总量综合反映。水资源总量是指流域或区域内地表水资源量、地下水资源量扣除两者重复计算量后剩余量的代数和。其中，地表水资源量是指河流、湖泊、冰川等地表水体逐年更新的动态水量，即天然河川径流量；地下水资源量是指地下饱和含水层逐年更新的动态水量，即降水和地表水入渗地下水的补给量。

水资源丰度计算公式：

$$[\text{水资源丰度}]=f([\text{降水量}],[\text{水资源总量}])。$$

评价中先进行降水量评价：基于区域内及邻近地区气象站点长时间序列降水观测资料，通过空间插值得到格网尺度的多年平均降水量数据，一般可按照≥1 200 mm、800 mm～1 200 mm、400 mm～800 mm、200 mm～400 mm、<200 mm 划分为很湿、湿润、半湿润、半干旱、干旱 5 个等级。局部区域可采用干旱指数进行补充评价。

再进行水资源总量评价。按照水资源总量模数≥50 万 m^3/km^2、20 万 m^3/km^2～50 万 m^3/km^2、10 万 m^3/km^2～20 万 m^3/km^2、5 万 m^3/km^2～10 万 m^3/km^2、<5 万 m^3/km^2 划分为好、较好、一般、较差、差 5 个等级。受地形地貌因素，水资源总量丰富但开发利用困难，结合地区实际条件应对水资源总量评价成果进行适当降级处理；已有大中型蓄引提调等水资源开发利用工程的，可根据工程规模和能力适度提高受水区水资源评价等级。

第三步进行水资源评价与分级。考虑城镇和农业开发对降水和水资源总量依赖程度不同，可按照城镇指向和农业指向的水资源丰度评价矩阵（表 2-1），确定水资源丰富、较丰富、一般、较不丰富、不丰富 5 个等级。

表 2-1　水资源丰度评价矩阵

丰度		水资源总量				
		丰富	较丰富	一般	较不丰富	不丰富
降水量	很湿	丰富	较丰富	较丰富/一般	一般/较不丰富	一般/不丰富
	湿润	丰富	较丰富/丰富	一般/较丰富	较不丰富/一般	不丰富/较不丰富
	半湿润	较丰富	一般/较丰富	一般	较不丰富/一般	不丰富/较不丰富
	半干旱	较丰富/一般	一般	较不丰富/一般	较不丰富	不丰富
	干旱	一般	较不丰富	较不丰富	不丰富/较不丰富	不丰富

注：分子/分母=城镇指向/农业指向。

评价中，农业指向严于城镇指向；在单项指标起主要作用区域可采用两项指标中的较好等级作为水资源评价结果；在不同地区不同层级评价中可根据实际需要选取差异化的分级阈值标准、评价矩阵。

根据需要，还可选干旱指数、用水总量控制指标、工程性缺水限制性指标进行评价。其中干旱指数是反映气候干旱程度的指标，通常定义为年蒸发能力和年降水量的比值，即：$r=E_0/P$。式中，r 为干旱指数；E_0 为年蒸发能力，单位为 mm，常以 E_{-601} 水面蒸发量代替，通过 $E_0=K\times E_{-601}$ 计算得到，其中，K 为折算系数，取值为 0.9；P 为年降水量，单位为 mm。当 $r<1.0$ 时，表示该区域蒸发能力小于降水量，该地区为湿润气候。当 $r>1.0$ 时，即蒸发能力超过降水量，说明该地区偏于干燥，r 越大，即蒸发能力超过降水量越多，干燥程度就越严重。按照干旱指数≤0.5、0.5～1.0、1.0～3.0、3.0～7.0、>7.0 划分为很湿、湿润、半湿润、半干旱、干旱 5 个等级。

用水总量控制指标是根据《国务院关于实行最严格水资源管理制度的意见》(国发〔2012〕3 号)等有关规定，我国确立水资源开发利用控制红线，到 2030 年全国用水总量控制在 7 000 亿 m^3 以内。目前，全国基本建立省、地、县三级用水总量指标控制体系，并由各级水行政主管部门以正式文件印发。按照各地用水总量控制指标模数≥13 万 m^3/km^2、5 万 m^3/km^2～13 万 m^3/km^2、3 万 m^3/km^2～5 万 m^3/km^2、1 万 m^3/km^2～3 万 m^3/km^2、<1 万 m^3/km^2 划分为好、较好、一般、较差、差 5 个等级。

工程性缺水限制性指标是针对存在工程性缺水问题的评价区域，将工程性缺水限制性作为水资源评价的补充因子。方法一是以县级以上行政区为评价单元，进行水资源丰富程度评价，可根据区域工程性缺水情况，对水资源丰度评价成果直接进行降级处理。对于较小尺度的工程性缺水评价，可根据评价区域与主要水源的高程差以及坡度，将工程性缺水问题划分为严重、较严重、中等、一般、无问题等 5 个等级，将工程性缺水限制性作为水资源评价的补充因子。各地在进行小尺度评价时可根据区域地形特点确定高程差以及坡度分级阈值。方法二是通过取水优势度、坡降比、水资源利用率与人口经济条件计算工程性缺水限制性：

工程性缺水限制性＝f([取水优势度],[坡降比],[水资源利用率],[人口经济])。其中区内取水优势以水资源调蓄工程库容总量和河网密度综合评价确定。计算公式：$f_1=[q+\rho]$。式中，q 为库容(权重0.5)，根据库容大小分 5 级(优、良、中、较差、差)；ρ 为河网密度(权重 0.5)。计算时按照河流分级划分 5 级河网稀密程度，分级附权重，一、二、三、四、五级河流权重分别为 0.3、0.25、0.2、0.15、0.1。

坡降比表征区内工程性取水的难易程度。计算公式：$f_2=h/L$。其中，h 为计算单元内地形高差；L 为计算单元内平面距离。按照 240 m×240 m 邻域范围计算，计算结果分 5 级(大、较大、中等、较小、小)。

水资源利用率表征评价区水资源开发利用状况。计算公式：$f_3=Q_{用}/Q_{总}$，按照比值大小分为高、较高、中、较低、低 5 级。

人口经济表征评价区社会经济发展水平对水资源的需求情况。计算公式：$f_4=[r+j]$。其中，r 为人口密度(权重 0.5)；j 为 GDP 总量(权重 0.5)。按照大小分为高、较高、中、较低、低 5 级。

综合取水优势度、坡降比、水资源利用率、人口经济条件等 4 项的平均值，将工程性缺水限制性评价结果划分为严重、较严重、中等、一般、不缺水 5 个等级。

按《技术指南》20190602 版，农业生产功能指向的农业供水条件可以仅仅考虑“降水量”，城镇建设功能指向的水资源评价的“城镇供水条件”仅考虑“水资源总量模数”。

3. 环境评价

环境评价主要表征区域环境系统对经济社会活动产生的各类污染物的承受能力，以及光照、热量、通风等环境条件对城镇建设、农业发展的支撑能力。针对农业生产功能和城镇建设功能指向，分别采用农业生产气候和环境条件、城镇建设环境条件作为评价指标，通过大气、水、土壤环境容量以及光热条件综合反映。

农业生产气候和环境条件是指环境系统对农业发展的支撑能力；主要考虑光热条件和土壤环境容量。按公式计算：[农业生产气候和环境条件]＝f([光热条件],[土壤环境容量])。其中：“光热条件”是指自然气候条件对农业生产的支撑能力，通过≥10℃活动积温反映；“土壤环境容量”是指自然环境承纳重金属等主要土壤污染物的能力，通过土壤污染风险等级高低反映。

城镇功能指向的环境评价主要评价城镇建设环境条件。城镇建设环境条件是指环境系统对城镇建设的支撑能力，可用公式[城镇建设环境条件]＝f([大气环境容量],[水环境容量])。其中，“大气环境容量”和“水环境容量”是指在能够维持生态平衡并且不超过人体健康要求的阈值条件下，自然环境承纳主要大气、水污染物的能力。

以行政单元或流域分区划定基础评价单元，将大气、水环境容量按照强度划分为高、较高、一般、较低、低 5 个等级，并通过等级分布图空间叠加，生成大气、水环境容量分级图。将农业生产气候和环境条件、城镇建设环境条件各指标由高至低分别赋予 9、7、5、3、1 分，并将其平均值作为环境条件评价得分，按照≥8、6～8、4～6、2～4、<2 的阈值划分农业生产(城镇建设)环境条件好、较好、中等、较差、差 5 个等级。对主要大气、水和土壤污染物的环境容量、光热条件进行单要素评价，编制环境容量、光热条件分级评价图、统计表，分析环境容量、光热条件空间分异特征及其对农业生产和城镇建设的影响。当省级行政单元的评价与全国评价不一致、市级行政单元的评价与省级评价不一致、区县级行政单元的评价与市级评价不一致时，可叠加计算求中间分值作为最终评价结果。

1)大气环境容量

大气环境容量可采用以下两种方法进行计算。

方法一：考虑大气环境对污染物的输送、沉降、化学转化等物理过程，采用中尺度气象模型 MM5/WRF，空气质量模型 Models－3/CMAQ、NAQPMS、CUACE、CAMx、WRF－Chem，空间分辨率不低于 5 km×5 km 网格，模拟计算各网格 $PM_{2.5}$ 年均浓度达到《环境空气质量标准》(GB 3095—2012)规定的二级浓度限值条件下，每个网格容纳的颗粒物的量。大气环境容量结果取过去 5 年大气环境容量结果的平均值，以减少气象条件年际差异导致的大气环境容量结果的不确定性。根据模拟结果，将大气环境容量归一化为 0～1 之间的大气环境容量指数，并划分为低、较低、一般、较高、高 5 个等级，详见表 2-2。

表 2-2　环境容量分级表

环境容量等级	大气环境容量指数	水环境容量/($t \cdot km^{-2}$)	
		COD	NH_3-N
低	≤0.2	<0.8	<0.04
较低	0.2～0.4	0.8～2.9	0.04～0.14
一般	0.4～0.6	2.9～7.8	0.14～0.39
较高	0.6～0.8	7.8～19.2	0.39～0.96
高	>0.8	≥19.2	≥0.96

方法二：根据评价区域内及周边地区气象台站长时间序列观测资料，统计各气象台站年平均风速以及日最大风速低于 3 m/s 的日数，计算[大气环境容量指数]＝f([静风日数]，[风速])，通过空间插值分别得到 1 km×1 km 的年平均风速和静风日数图层，按≤1 m/s、1～2 m/s、2～3 m/s、3～5 m/s、>5 m/s 生成风速分级图，按全年静风日数占比≤5%、5%～10%、10%～20%、20%～30%、>30%生成静风日数分级图。取静风日数、风速两项指标中相对较低的结果，划分大气环境容量高、较高、一般、较低、低 5 个等级。大区域、省级行政单元大气环境容量计算应采用方法一，市县级行政单元大气环境容量计算可采用方法一或方法二。可使用生态环境部门的已有成果。

2)水环境容量

水环境容量可采用以下两种方法进行计算。其中方法一简便易操作，在区域和省级尺度评价时优先选用；方法二计算精度较高，但基础数据需求量和计算难度较大，有条件的地市、区县尺度评价中可根据数据积累以及研究基础情况选用。

方法一：

当不考虑过境水资源量影响时，计算公式：[水环境容量]＝[评价单元年均水质目标浓度]×[地表水资源量]。其中，地表水资源量是指由本地降水产生的地表径流总量，取评价单元多年平均地表水资源量；评价单元年均水质目标浓度可根据现有水功能区划或控制单元水质目标取均值进行确定。地方在计算时可根据本地实际情况确定。

当考虑过境水资源量影响时，可选用以下两种方法之一进行计算：

[水环境容量]＝[评价单元年均水质目标浓度]×([地表水资源量]＋[可利用的过境水资源量])。其中，可利用的过境水资源量是指过境水量分配方案中确定的允许利用的水资源量。

[水环境容量]=[评价单元年均水质目标浓度]×[地表水资源量]+[过境水环境容量]。其中,[过境水环境容量]按下式计算:$W=100\times C_s\times Q\times \exp\left(K\dfrac{l}{86\ 400u}\right)-100\times C_0\times Q$。

式中,W 为过境水环境容量,t/a;C_s 为水质目标浓度值,mg/L;Q 为过境水资源量,亿 m^3;K 为污染物综合降解系数,1/d;L 为过境河长,m;u 为流速,m/s;C_0 为上游水质目标浓度值。降解系数可根据已有相关研究成果进行确定,在一般情况下,COD_{cr} 降解系数的取值应不大于 0.2(1/d),氨氮降解系数的取值应不大于 0.1(1/d)。地方在计算时可根据本地实际情况确定。

方法二:

该方法为根据不同的水文水动力与水质特征,利用表达水体净化机制的水质模型模拟计算水环境容量,有条件的地区应优先采用。计算过程为:以控制断面(节点)为基点,采用图形叠加和融合等方法勾画出汇水区范围;以汇水区为基础,结合行政区划进一步细化控制单元,建立"关键控制节点-控制河段-对应陆域"的水陆响应关系;根据污染源、水文水质特征以及资料、技术条件,选择成熟简便并满足精度要求的模型方法,建立污染排放与水体水质之间的定量响应关系,以水质目标为约束条件,测算化学需氧量、氨氮等主要污染物以及存在超标风险的污染因子的环境容量。重点湖库汇水区、总磷超标的控制单元和沿海地区应对总氮、总磷的环境容量进行测算。地方可根据需求增加对其他特征污染物的容量估算。根据数据分布特征,将水环境容量各项评价指标划分为高、较高、一般、较低、低 5 个等级,取各项评价指标中相对较低的结果,作为评价单元水环境容量等级划分结果。

按照水域类型的不同,可以分为河流、河口、湖泊(水库)、近岸海域水质模型。具体模型的控制方程可参考《全国水环境容量核定技术指南》《水体达标方案编制技术指南》《环境影响评价技术导则地表水环境》(HJ 2.3—2018)等相关技术文件。

3)土壤环境容量

主要方法为通过评估土壤污染风险等级高低反映土壤环境容量。整理区域内及周边地区土壤污染调查点位的调查资料,对土壤按照农用地、建筑用地(第一类、第二类)类型分类后,进行各点位主要污染物含量分析,通过空间插值得到土壤污染物含量分布图层,依据《土壤环境质量农用地土壤污染风险管控标准(试行)》(GB 15618—2018)和《土壤环境质量建设用地土壤污染风险管控标准(试行)》(GB 36600—2018),按低于或等于风险筛选值、大于风险筛选值但小于或等于风险管制值的 70%、风险管制值 70%~100%、风险管制值的 100%~150%、大于 150%风险管制值划分为好、一般、较差、差、极差这 5 个等级,生成土壤环境容量分级图。或者依据《土壤环境质量农用地土壤污染风险管控标准(试行)》(GB 15618—2018),当土壤中污染物含量低于或等于风险筛选值、大于风险筛选值但小于或等于风险管制值、大于风险管制值时,将土壤环境容量相应划分为高、中、低 3 个等级,生成土壤环境容量分级图。

4)气候条件评价

农业生产功能指向的气候评价主要通过日平均气温≥0℃活动积温反映光照、热量等自然气候条件对农业生产的支撑水平。计算公式:[农业生产气候条件]=f([光热条件])。评价时,统计各气象台站多年日平均气温≥0℃活动积温,进行空间插值,并结合海拔校正后(以海拔高度每上升 100 m 气温降低 0.6℃的温度递减率为依据)得到活动积温图层,按≥7 600℃、5 800℃~7 600℃、4 000℃~5 800℃、1 500℃~4 000℃、<1 500℃划分为好(一年三熟有余)、较好(一年三熟)、一般(一年两熟或两年三熟)、较差(一年一熟)、差(一年一熟不足)5 级,生成活动积温分级图。市县层面,可进一步结合多年平均日照时数等自然气候条件衡量气候条件,对光热条件等级结果进行修正。其可参见《农业气候影响评价(GB/T 21986—2016)》。

城镇建设功能指向的气候评价主要考虑舒适度。舒适度是指人类对人居环境气候的舒适感,用于反映温度、湿度等自然气候条件对城镇建设的适宜水平。表达式为:[城镇建设气候条件]=f([舒适度])。舒适度采用温湿指数表征,其计算公式为:$THI=T-0.55\times(1-f)\times(T-58)$。式中:THI 为温湿指数，$T$ 为月均温度(华氏温度)，f 是月均空气相对湿度(%)。计算步骤如下：第一步根据气象站点数据，分别计算各站点 12 个月多年平均的月均温度和月均空气相对湿度。第二步分别通过空间插值得到格网尺度的月均温度和月均空气相对湿度。根据上式，计算出 12 个月格网尺度的温湿指数。第三步温湿指数按照表 2-3 划分舒适度等级，取 12 个月舒适度等级的众数作为该区舒适度。

表 2-3　舒适度分级参考阈值

等级	分级标准	说明
1	50～70	好
2	45～50 或 70～75	较好
3	40～45 或 75～80	一般
4	35～40 或 80～85	较差
5	＜35 或≥85	差

4. 生态评价

生态评价的目的主要是识别区域生态系统服务功能相对重要、生态敏感或脆弱程度相对较高的地区，通过生态系统服务功能重要性、生态敏感性反映。由于不同区域自然条件和生态问题差异较大，需在评价前对评价区生态系统状况及生态问题进行分析，识别评估区域的主导生态服务功能和关键生态问题，进而确定相应的评估指标。例如，在北方干旱半干旱地区评估时要重点考虑防风固沙功能和土地沙化问题，在西南喀斯特地区评估时要重点考虑石漠化问题，在滨海地区评估时要重点考虑海岸防护和海岸侵蚀等问题。

1)生态系统服务功能重要性评价

生态系统服务功能是指人类直接或间接从生态系统中获取的利益，可分为产品提供功能、调节功能、文化功能和支持功能四大类，其中关系区域生态安全的功能包括生物多样性维护、水源涵养、水土保持、防风固沙等调节功能。在分析生态系统结构、过程与生态系统服务功能关系的基础上，分析生态系统服务功能特征，按其对区域生态安全的重要性程度划分重要性等级，取其功能中重要性最高的等级，作为生态系统服务功能重要性等级，划分为高、较高、中等、较低和低 5 个等级。表达式为：

[生态系统服务功能重要性]＝Max([生物多样性维护重要性]，[水源涵养重要性]，[水土保持重要性]，[防风固沙重要性]，[海岸防护重要性])。

(1)生物多样性维护功能重要性评价。

生物多样性维护功能是生态系统在维持物种、基因多样性中发挥的作用，通过该项指标的评价，识别现状和未来可以承担区域生物多样性(包括生态系统多样性、物种多样性和遗传多样性)维护功能的重点区域。该指标可在物种与生态系统两个层次进行评估。

在物种层次，陆生生物推荐采用物种分布模型进行评估。以国家一、二级保护物种和其他具有重要保护价值的物种为保护目标，全面收集区域动植物多样性和环境资源数据，建立物种分布数据库。根据关键物种分布点的环境信息和背景信息，应用物种分布模型量化物种对环境的依赖关系，从而预测任何一点某物种分布的概率，结合关键物种的实际分布范围确定重点区域。常用的物种分布模型主要包括回归模型、分类树和混合大量简单模型的神经网络、随机森林等。在单个物种分布范围的基础上，叠加得到多个物种的空间分布图，根据物种的保护价值和集中程度确定生物多样性维护功能的重要性。

水生生物以国家一、二级保护动物、珍稀濒危物种及其他具有重要保护价值的物种为保护目标，全面收集区域物种分布范围、种群数量等数据，确定单个物种集中分布区域。在单个物种分布范围的基础上，叠加得到多个物种的空间分布图，根据物种保护价值和集中分布程度确定生物多样性维护功能的重要性。

在生态系统层次，可以按照如下评价准则明确优先保护生态系统类型，进而补充生物多样性维护功能重要区域。将原真性、完整性高的优先保护生态系统划入极重要与重要等级，其他优先保护生态系统划入较重要等级。

①优势生态系统类型：生态区的优势生态系统往往是该地区气候、地理与土壤特征的综合反映，体现了植被与动植物物种地带性分布特点。对能满足该准则的生态系统的保护能有效保护其生态过程与构成生态系统的物种组成。

②反映了特殊的气候地理与土壤特征的特殊生态系统类型：一定地区生态系统类型是在该地区的气候、地理与土壤等多种自然条件的长期综合影响下形成的。相应地，特定生态系统类型通常能反映地区的非地带性气候地理特征。体现非地带性植被分布与动植物的分布，为动植物提供栖息地。

③只在中国分布的特有生态系统类型：由于特殊的气候地理环境与地质过程，以及生态演替，中国发育与保存了一些特有的生态系统类型，在全球生物多样性的保护中具有特殊的价值。

④物种丰富度高的生态系统类型：指生态系统构成复杂，物种丰富度高的生态系统，这类生态系统在物种多样性的保护中具有特殊的意义。

⑤优先保护的典型海洋生态系统类型：红树林、海草床、珊瑚礁、河口、滩涂、浅海湿地、海岛等是海洋生物完成生长、繁殖、迁徙等生活史所需的关键栖息地，具有典型性、物种珍稀性和多样性等特征。

(2)水源涵养功能重要性评价。

水源涵养是生态系统(如森林、草地等)通过其特有的结构与水相互作用，对降水进行截留、渗透、蓄积，并通过蒸散发实现对水流、水循环的调控，主要表现在缓和地表径流、补充地下水、减缓河流流量的季节波动、滞洪补枯、保证水质等方面。通过该项指标评价，识别现状和未来可以承担水源涵养功能的重点区域。以水源涵养能力或水源涵养量作为衡量指标，主要考虑河流源区、气候、地表覆盖、地形等因子，具体计算公式如下：

$$\text{水源涵养量(TQ)} = \sum_{i}^{j}(P_i - R_i - \mathrm{ET}_i) \times A_i \times 10^3$$

式中，P_i为降雨量(mm)，R_i为地表径流量(mm)，ET_i为蒸散发量(mm)，A_i为i类生态系统面积(km^2)，i为研究区第i类生态系统类型，j为研究区生态系统类型数。

降雨量(P_i)和蒸散发量(ET_i)根据实测数据通过空间插值求得，地表径流量(R_i)通过公式计算求得：地表径流量(R_i)$=P_i\times\alpha$。式中，α为平均地表径流系数，按地表生态系统类型计算，各生态系统类型平均地表径流系数见表2-4。

表2-4　各类型生态系统地表径流系数均值

生态系统类型1	生态系统类型2	平均地表径流系数/%	
		α值	α平均值
耕地	水田	34.7	42.195
	旱地	49.69	
园地	乔木园地	9.57	8.735
	灌木园地	7.9	
森林	常绿阔叶林	2.67	2.038
	常绿针叶林	3.02	
	针阔混交林	2.29	
	落叶阔叶林	1.33	
	落叶针叶林	0.88	

续表 2-4

生态系统类型 1	生态系统类型 2	平均地表径流系数/%	
		α 值	α 平均值
灌丛	常绿阔叶灌丛	4.26	4.2
	落叶阔叶灌丛	4.17	
	针叶灌丛	4.17	
草地	草甸	8.2	7.45
	草原	4.78	
	草丛	9.37	
稀疏林草地	稀疏林	19.2	18.89
	稀疏灌丛	19.2	
	稀疏草地	18.27	
湿地	湿地	0	
其他	建设用地	100	100
	裸地	100	

此外，可将保障饮用水源安全的重要水源地作为高等级区纳入水源涵养功能重要性评估中。

(3)水土保持功能重要性评价。

水土保持是生态系统(如森林、草地等)通过其结构与过程减少由于水蚀所导致的土壤侵蚀的作用，通过该项指标评价，识别现状和未来承担水土保持功能的重点区域。水土保持功能主要与气候、土壤、地形和植被有关。以水土保持量(潜在土壤侵蚀量与实际土壤侵蚀量的差值)作为评价指标，采用修正的水土流失方程(RUSLE)进行计算，具体公式如下：

$$A=R\cdot K\cdot L\cdot S\cdot 1\cdot C$$

式中，A 为水土保持量($t/hm^2\times a$)；R 为降雨侵蚀力因子($MJ\times mm/hm^2\times h\times a$)，$K$ 为土壤可蚀性因子($t\times hm^2\times h/hm^2\times MJ\times mm$)，$L$、$S$ 为地形因子，其中，L 表示坡长因子，S 表示坡度因子；C 为植被因子。

降雨侵蚀力因子 R：是指降雨引发土壤侵蚀的潜在能力，通过多年平均年降雨侵蚀力因子反映，计算公式如下：

$$R=\sum_{k=1}^{24}\bar{R}_{\text{半月}k}=\frac{1}{n}\sum_{i=1}^{n}\sum_{i=0}^{m}\alpha P_{i,j,k}^{1.7265}$$

式中，$\bar{R}_{\text{半月}k}$ 为第 k 个半月的降雨侵蚀力($MJ\times mm/hm^2\times h\times a$)，$k$ 为一年的 24 个半月，$k=1,2,\cdots,24$；i 为所用降雨资料的年份，$i=1,2,\cdots,n$；j 为第 i 年第 k 个半月侵蚀性降雨日的天数，$j=1,2,\cdots,m$；$P_{i,j,k}$ 为第 i 年第 k 个半月第 j 个侵蚀性日降雨量(mm)；α 为参数，暖季时 $\alpha=0.3937$，冷季时 $\alpha=0.3101$。

土壤可蚀性因子 K：指土壤颗粒被水力分离和搬运的难易程度，主要与土壤质地、有机质含量、土体结构、渗透性等土壤理化性质有关，计算公式如下：

$$K=[-0.01383+0.51575K_{epic}]\times 0.1317$$

$$K_{epic}=\{0.2+0.3\exp[-0.0256m_s(1-m_{silt}/100)]\}\times[m_{silt}/(m_c+m_{silt})]^{0.3}\times\{1-0.25orgC/[orgC+\exp(3.72-2.95orgC)]\}\times\{1-0.7(1-m_s/100)/\{(1-m_s/100)+\exp[-5.51+22.9(1-m_s/100)]\}\}$$

式中，m_c、m_{silt}、m_s、orgC 分别为黏粒、粉粒、砂粒和有机碳的百分比含量。

地形因子 $L \times S$：反映地形对土壤侵蚀影响的两个因子。在评价中，可以应用地形起伏度，即地面一定距离范围内最大高差，作为区域土壤侵蚀评价的地形指标。

植被因子 C：反映生态系统对土壤侵蚀的影响，是土壤侵蚀的控制因素。水田、湿地、建设用地和荒漠参照 N－SPECT 的参数分别赋值为 0、0、0.01 和 0.7，旱地按以下公式换算：

$$C_{旱} = 0.221 - 0.595 \lg c_1$$

式中，$C_{旱}$ 为旱地的植被因子；c_1 为小数形式的植被覆盖度。

其他生态系统类型按表 2-5 赋值。

表 2-5　林、灌、草生态系统植被覆盖因子赋值

生态系统类型	植被覆盖度/%					
	<10	10～30	30～50	50～70	70～90	>90
森林	0.1	0.08	0.06	0.02	0.004	0.001
灌丛	0.4	0.22	0.14	0.085	0.04	0.011
草地	0.45	0.24	0.15	0.09	0.043	0.011
乔木园地	0.42	0.23	0.14	0.089	0.042	0.011
灌木园地	0.4	0.22	0.14	0.087	0.042	0.011

(4)防风固沙功能重要性评价。

防风固沙是生态系统(如森林、草地等)通过其结构与过程减少由于风蚀所导致的土壤侵蚀的作用，通过该项指标评价，识别现状和未来承担防风固沙功能的重点区域。以防风固沙量(潜在风蚀量与实际风蚀量的差值)作为主要评价指标，采用修正的风蚀方程来进行计算，主要考虑因素有风速、湿度、土壤、地形和植被等，具体公式如下：

$$\text{防风固沙量(SR)} = \text{潜在风蚀量}(S_l) - \text{实际风蚀量}(S_p)$$

$$S_l = \frac{2z}{Q_l^{\,2}} Q_{l\max} e^{-\left(\frac{z}{Q_l}\right)^2}$$

$$Q_l = 150.71\,(\mathrm{WF} \times \mathrm{EF} \times \mathrm{SCF} \times \mathrm{RS})^{-0.3711}$$

$$Q_{l\max} = 109.8(\mathrm{WF} \times \mathrm{EF} \times \mathrm{SCF} \times \mathrm{RS})$$

$$S_p = \frac{2z}{Q_p^{\,2}} Q_{p\max} e^{-\left(\frac{z}{Q_p}\right)^2}$$

$$Q_p = 150.71\,(\mathrm{WF} \times \mathrm{EF} \times \mathrm{SCF} \times \mathrm{RS} \times \mathrm{Vc})^{-0.3711}$$

$$Q_{p\max} = 109.8(\mathrm{WF} \times \mathrm{EF} \times \mathrm{SCF} \times \mathrm{RS} \times \mathrm{Vc})$$

式中，SR、S_l、S_p 的量纲单位为 $t/km^2 \cdot a$；Q_l、$Q_{l\max}$ 分别为潜在风沙转移量和最大转移量，Q_p、$Q_{p\max}$ 分别为实际风沙转移量和最大转移量，量纲单位为 kg/m；z 为最大风蚀出现距离(m)；WF、EF、SCF、RS、Vc 分别为气候因子、土壤可蚀因子、土壤结皮因子、地表糙度因子和植被覆盖因子，计算方法如下：

$$\mathrm{WF} = \mathrm{Wf} \times \frac{\rho}{g} \times \mathrm{SW} \times \mathrm{SD}$$

Wf 为各月多年平均风力因子；ρ 为空气密度，g 为重力加速度，SW 为各月多年平均土壤湿度因子，无量纲；SD 为雪盖因子，无量纲。

$$\mathrm{EF} = [29.09 + 0.31\mathrm{sa} + 0.17\mathrm{si} + 0.33(\mathrm{sa}/\mathrm{cl}) - 2.59\mathrm{OM} - 0.95\mathrm{CaCO_3}]/100$$

$$\mathrm{SCF} = 1/(1 + 0.0066\mathrm{cl}^2 + 0.021\mathrm{OM}^2)$$

式中，sa 为土壤粗砂含量(0.2 mm～2 mm)(%)；si 为土壤粉砂含量(%)；cl 为土壤黏粒含量(%)；OM

为土壤有机质含量（%）；$CaCO_3$为碳酸钙含量（%），可不予考虑。

$$\mathrm{RS}= \mathrm{e}^{1.86k_r-2.41k_r^{0.934}-0.127c_{rr}}$$

$$k_r = 0.2(\Delta H)^2/L$$

式中，k_r为土垄糙度，以 Smith-Carson 方程计算（cm）；C_{rr}为随机糙度因子（cm），可取 0；L 为地势起伏参数；ΔH 为距离 L 范围内的海拔高程差。

$$\mathrm{Vc} = \mathrm{e}^{a_i c}$$

式中，a_i为不同植被类型的系数，按以下植被类型取值：林地 0.153 5，草地 0.115 1，灌丛 0.092 1，裸地 0.076 8，沙地 0.065 8，农田 0.043 8；c 为植被覆盖度。

（5）海岸（河湖岸）防护功能重要性评价。

海岸防护是沿海防护林带（木麻黄、刺槐、黑松和杨树等）与滨海生态系统（红树林、盐沼、海滩、珊瑚礁等）通过其结构与过程减少海浪、水流的侵袭与淘刷，防止风暴潮的泛滥淹没，保护沿海城镇、农田、岸滩等，是滨海生态系统提供的重要调节服务之一。该指标的评价目的是识别承担海岸防护功能的重点区域，主要考虑因素有植被覆盖度、植被高度、潮间带宽度及坡度等。

河湖岸线的防护与海岸防护类似。河湖岸线是指河流两侧、湖泊周边一定范围内水陆相交的带状区域，它是河流、湖泊自然生态空间的重要组成。岸线的有效保护和合理利用对沿岸地区生态文明建设和经济社会发展具有重要的作用。据湖南省水利厅办公室《关于开展河湖岸线保护与利用规划编制工作的通知》（2019－05－25），流域面积 1 000 km^2 以上河流和常年水面面积 1 km^2 以上湖泊中有岸线管理任务的河湖需编制岸线保护与利用规划：根据河湖岸线的自然属性、经济社会功能属性以及保护和利用要求划定的不同功能定位的区段，分为岸线保护区、岸线保留区、岸线控制利用区和岸线开发利用区。其中岸线保护区是指岸线开发利用可能对防洪安全、河势稳定、供水安全、生态环境、重要枢纽和涉水工程安全等有明显不利影响的岸段，包括：①重要河势敏感区岸线；②集中式饮用水水源地的一级保护区；③自然保护区核心区和缓冲区、风景名胜区核心景区；④位于生态保护红线范围的河湖岸线。根据水生态敏感区、与珍稀物种保护以及其他涉水生态环境敏感区保护要求，评价识别承担岸线防护功能的重点区域，主要考虑因素有水生生物资源、植被覆盖度、工程地质条件及坡度等。

（6）生态系统服务功能重要性级别划分。

以生态系统服务功能量（或物种数）为基础确定各生态系统服务功能重要性级别，按栅格单元服务功能量（或物种数）评估值大小进行降序排列，分别将累积服务功能量占前 30%、30%～50%、50%～70%、70%～85%、85%～100%的像元划分为高、较高、中等、较低、低 5 个等级，形成各服务功能重要性等级评价结果。

在此基础上，可对重要性等级结果进行完善，将重要饮用水源地补充纳入高等级水源涵养功能区，将极小种群分布区等其他生物多样性保护关键区补充作为高等级生物多样性保护功能区。

2）生态敏感性评价

生态敏感性是指生态系统对人类活动反应的敏感程度，用来表征生态失衡与生态环境问题的可能性大小。主要包括水土流失敏感性、沙化敏感性、石漠化敏感性、海岸侵蚀敏感性。生态敏感性评价取其中敏感性最高的等级，作为生态敏感性等级，划分为高、较高、中等、较低和低 5 个等级。表达式为：

［生态敏感性］＝Max（［水土流失敏感性］，［沙化敏感性］，［石漠化敏感性］，［海岸侵蚀敏感性］）。

（1）水土流失敏感性评价。

$$[\text{水土流失敏感性}] = \sqrt[4]{R \times K \times \mathrm{LS} \times C}$$

式中，R、K、LS 和 C 分别为降雨侵蚀力因子、土壤可蚀性因子、地形起伏度因子和植被覆盖因子的敏感性分级值，各因子的赋值方法见表 2-6。

表 2-6 水土流失敏感性评价因子分级赋值

评价因子	高敏感	较高敏感	中等敏感	较低敏感	低敏感
降雨侵蚀力(R)	>600	400～600	100～400	25～100	<25
土壤可蚀性(K)	砂粉土/粉土	砂壤/粉黏土/壤黏土	面砂土/壤土	粗砂土/细砂土/黏土	石砾/沙
地形起伏度(LS)	>300	100～300	50～100	20～50	0～20
植被覆盖(C)	≤0.2	0.2～0.4	0.4～0.6	0.6～0.8	≥0.8
分级赋值	9	7	5	3	1

将最终的敏感性分值划为 5 级，高(>7.0)，较高(6.1～7.0)，中等(5.1～6.0)，较低(3.1～5.0)和低(1.0～3.0)。

(2)沙化敏感性评价。

$$[\text{沙化敏感性}]=\sqrt[4]{I\times W\times K\times C}$$

式中，I、W、K、C 分别为干燥度指数、冬春季节大于 6 m/s 的起风沙天数、土壤质地和植被盖度因子的敏感性分级值，各因子的赋值见表 2-7。

表 2-7 沙化敏感性评价因子分级赋值

评价因子	高敏感	较高敏感	中等敏感	较低敏感	低敏感
干燥度指数	≥16.0	4.0～16.0	1.5～4.0	1.0～1.5	<1.0
起风沙天数/d	≥30	20～30	10～20	5～10	<5
土壤质地	砂质	壤质	砾质	黏质	基岩
植被覆盖/%	<0.2	0.2～0.4	0.4～0.6	0.6～0.8	≥0.8
分级赋值	9	7	5	3	1

将最终的敏感性值分为 5 级，高(>7.0)，较高(6.1～7.0)，中等(5.1～6.0)，较低(3.1～5.0)和低(1.0～3.0)。

(3)石漠化敏感性评价。

$$[\text{石漠化敏感性}]=\sqrt[3]{D\times P\times C}$$

式中，D、P 和 C 分别为生态系统类型、地形坡度和植被覆盖的敏感性分级值，各因子的赋值见表 2-8。

将最终的敏感性分值划为 5 级，高(>8.0)，较高(7.1～8.0)，中等(5.1～7.0)，较低(3.1～5.0)和低(1.0～3.0)。

表 2-8 石漠化敏感性评价因子分级赋值

评价因子	高敏感	较高敏感	中等敏感	较低敏感	低敏感
生态系统类型	裸地、旱地、园地	草地	灌丛	森林	湿地、建设用地、水田
地形坡度	≥25°	15°～25°	8°～15°	5°～8°	≤5°
植被覆盖度	≤0.2	0.2～0.4	0.4～0.6	0.6～0.8	>0.8
分级赋值	9	7	5	3	1

(4)海岸侵蚀敏感性评价。

海岸侵蚀敏感性评价基于海岸地貌类型及利用现状、风暴潮最大增水、平均波高等自然因素指标以及海岸侵蚀速率等动态因素指标。

$$[\text{海岸侵蚀敏感性}]=(N+M)/2$$

式中，N 为海岸自然因素敏感性分级；M 为海岸侵蚀动态因素敏感性分级。其中，$N=a_1\times g+a_2\times h+a_3\times Hw$，$g$ 为海岸地貌类型，h 为风暴潮最大增水，Hw 为平均波高，a_1、a_2、a_3 为权重，根据区域海岸侵蚀主要影响因子确定，各因子赋值见表 2-9。

表 2-9　海岸侵蚀敏感性评价因子分级赋值

评价因子		高敏感	较高敏感	中等敏感	较低敏感	低敏感
海岸地貌类型		砂质海岸	粉砂淤泥质海岸	淤泥质海岸	不稳定人工护岸	人工护岸/基岩海岸
风暴潮最大增水/m		≥3.0		1.5～3.0		<1.5
平均波高/m		≥1.0		0.4～1.0		<0.4
海岸侵蚀速率/$m\cdot a^{-1}$	粉砂淤泥质海岸	≥15	10～15	5～10	1～5	<1
	砂质海岸	≥3.0	2～3	1～2	0.5～1	<0.5
分级赋值		5	4	3	2	1

将最终的敏感性分值划为 5 级，高(4.1～5.0)，较高(3.1～4.0)，中等(2.1～3.0)，较低(1.1～2.0)和低(0.1～1.0)。

3)盐渍化敏感性评价

土壤盐渍化敏感性是指旱地灌溉土壤发生盐渍化的可能性。可根据地下水位来划分敏感区域，再采用蒸发量、降雨量、地下水矿化度与地形等因素划分敏感性等级。

$$[盐渍化敏感性]=\sqrt[4]{I\times M\times D\times K}$$

式中，I、M、D、K 分别为评价区域蒸发量/降雨量、地下水矿化度、地下水埋深和土壤质地因子，各因子的赋值见表 2-10。

表 2-10　盐渍化敏感性评价因子分级赋值

评价因子	极敏感	高度敏感	中度敏感	轻度敏感	不敏感
蒸发量/降雨量	≥15	10～15	3～10	1～3	<1
地下水矿化度/(g/L)	≥25	10～25	5～10	1～5	<1
地下水埋深/m	≤1	1～5	5	5～10	>10
土壤质地	砂壤土	壤土	黏壤土	黏土	沙土
分级赋值	9	7	5	3	1

5. 灾害评价

灾害评价主要表征区域灾害对农业生产和城镇建设的影响。选择气象灾害风险作为农业生产影响评价指标，通过干旱、洪涝、寒潮等灾害影响的大小和可能性综合反映；选择地质灾害危险性作为城镇建设影响评价指标，分别通过活动断层以及崩塌、滑坡、泥石流等地质灾害影响的大小和可能性综合反映。沿海地区还需进一步评价海洋灾害风险，并针对海洋牧场功能影响和滨海城镇建设影响分别遴选评价指标，通过海浪和海冰灾害危险性综合反映海洋灾害对海洋牧场功能的影响，通过风暴潮和海啸灾害危险性综合反映海洋灾害对滨海城镇建设功能的影响。

1)农业生产功能指向的气象灾害风险评价

气象灾害风险是指农业生产受到干旱、洪涝和低温冷害等与气象因子有关的灾害的影响程度、强度及其发生的频(概)率。表达式为：

$$[气象灾害风险]=f([干旱灾害危险性],[洪涝灾害危险性],[低温冷害灾害危险性])。$$

三、"双评价"中的集成评价

基于单项评价结果，开展集成评价，优先识别生态系统服务功能极重要和生态极敏感空间，基于一定经济技术水平和生产生活方式，确定农业生产适宜性和承载规模、城镇建设适宜性和承载规模。

方法上，集成评价的重点在于因子叠加判别矩阵的设置。依据单项评价的结果，主要技术方法是根据判别矩阵的叠加分析和栅格计算。集成评价的结果将对应3类功能的资源环境承载能力依次分为5个等级，其中生态保护等级高值区应具备生态功能重要性或生态系统敏感性，承载能力高值区应具备良好的水土资源基础、生态环境本底和较低的自然灾害约束。

1. 适宜性评价

通过集成评价，将生态保护重要性划分为高、较高、中等、较低、低5级，将农业生产、城镇建设适宜性划分为适宜、较适宜、一般适宜、较不适宜、不适宜5级。

生物多样性维护、水源涵养、水土保持、防风固沙、海岸防护等生态系统服务功能越重要，或水土流失、石漠化、土地沙化、海岸侵蚀等生态敏感性越高，且生态斑块的规模和集中程度越高、生态廊道的连通性越好，生态保护重要性等级越高。

地势越平坦，水资源丰度越高，光热越充足，土壤环境容量越高，气象灾害风险越低，且地块规模和连片程度越高，农业生产适宜性等级越高。

地势越低平，水资源越丰富，水气环境容量越高，人居环境条件越好，自然灾害风险越低，且地块规模和集中程度越高，地理及交通区位条件越好，城镇建设适宜性等级越高。

对适宜性等级划分结果进行专家校验，综合判断评价结果与实际状况的相符性。对明显不符合实际的，应开展必要的现场核查校验与优化。

1)生态保护重要性

生态保护重要性划分为高、较高、中等、较低、低5级。生态保护重要性高和较高等级区，即为生态系统服务功能极重要和生态极敏感区域。

(1)初判生态保护重要性等级。

取生态系统服务功能重要性和生态敏感性评价结果的较高等级，作为生态保护重要性等级的初判结果。公式如下：

[生态保护重要性初判等级]＝Max([生态系统服务功能重要性],[生态敏感性])

(2)修正生态保护重要性等级。

第一步，基于斑块集中度进行修正。对相应等级的邻近图斑进行聚合操作(矢量数据可采用聚合面工具，栅格数据可采用扩张和收缩的组合操作，下同)，根据聚合地块的规模确定斑块集中度等级(表2-15)。对初判结果为高和较高等级图斑进行聚合操作，作为高、较高等级的集中度评价结果；对初判结果为中等及以上等级图斑进行聚合操作，作为中等等级的集中度评价结果；对初判结果为较低和低等级图斑，不进行该项修正。

聚合距离建议采用栅格单元的整数倍，建议采用50 m～150 m，不同区域可根据地域特征进行适当调整。

表2-15　生态斑块集中度评价分级参考阈值

斑块面积/km^2	<0.25	0.25～0.5	0.5～1.0	1～2	≥2
斑块集中度	低	较低	一般	较高	高

按照判别矩阵(表2-16)，对生态保护重要性等级初判结果进行修正。

表 2-16　生态保护重要性等级判别矩阵

生态保护重要性初判等级	生态斑块集中度				
	高	较高	一般	较低	低
高	高	高	高	高	较高
较高	高	较高	较高	中等	中等
中等	较高	中等	中等	较低	较低

第二步，基于生态廊道进行修正。基于野生动物活动监测结果和专家经验，对于野生动物迁徙、洄游十分重要的生态廊道，将初判结果为较高等级的图斑调整为高等级、一般等级的图斑调整为较高等级。

第三步，修边。考虑自然边界，依据自然地理地形地貌或生态系统完整性确定的边界，如林线、雪线、岸线、分水岭，以及生态系统分布界线，对生态保护重要性高、较高等级的区域进行边界修正。

2)农业生产适宜性

农业生产适宜性评价结果划分为适宜、较适宜、一般适宜、较不适宜和不适宜 5 级。评价应考虑现状农业发展状况，对于粮食安全保障十分重要的区域，农业空间适宜程度可给予一定弹性，但不宜突破耕地应在坡度 25°以下等刚性约束。

(1)初判农业生产适宜性等级。

按照如下公式初步判定农业生产适宜性等级。

[农业生产适宜性等级初判结果]＝f([水土资源基础]，[光热条件]，[土壤环境容量])

[水土资源基础]＝f([农业耕作条件]，[农业供水条件])

第一步，水土资源基础判别。基于农业耕作条件和农业供水条件 2 项指标，确定农业生产功能指向的水土资源基础(表 2-17)。

表 2-17　农业功能指向的水土资源基础判别矩阵

农业供水条件	农业耕作条件				
	高	较高	中等	较低	低
好	好	好	较好	一般	差
较好	好	好	较好	较差	差
一般	好	较好	一般	较差	差
较差	较好	一般	较差	差	差
差	差	差	差	差	差

第二步，农业生产适宜性等级初步结果。在上步结果基础上，结合光热条件得到农业生产适宜性等级的初步结果(表 2-18)。

表 2-18　农业生产功能指向的初步适宜等级

光热条件	水土资源基础				
	好	较好	一般	较差	差
好	适宜	适宜	较适宜	一般适宜	不适宜
较好	适宜	较适宜	较适宜	较不适宜	不适宜
一般	适宜	较适宜	一般适宜	较不适宜	不适宜
较差	较适宜	一般适宜	较不适宜	不适宜	不适宜
差	不适宜	不适宜	不适宜	不适宜	不适宜

(2)修正农业生产适宜性等级。

第一步,基于盐渍化、土壤污染和气象灾害的修正。进一步纳入盐渍化敏感性、土壤污染和气象灾害风险指标,对初步评价结果进行调整。对于盐渍化敏感性高的区域,将初步评价结果下降 1 个级别;对于土壤环境容量评价结果为最低值的,将初步评价结果下降 2 个级别;对于气象灾害风险性高的区域,将初步评价结果为适宜的调整为较适宜等级。

第二步,基于地块连片度进行修正。将上步修正后结果为适宜和较适宜等级的图斑进行聚合操作,作为适宜和较适宜等级的连片度评价结果;对初判结果为一般适宜及以上等级图斑进行聚合操作,作为一般适宜级的连片度评价结果;对初判结果为较不适宜和不适宜等级的图斑,不进行该项修正。

地块连片度等级确定参照表 2-19,平原地区聚合距离建议采用 50 m～100 m,山地丘陵区建议采用 20 m～50 m。进一步对聚合结果进行修边处理,识别地块中宽度在 200 m 内的细长部分,并进行降级处理。

表 2-19　地块连片度评价分级参考阈值

地块连片度	低	较低	一般	较高	高
平原田块面积/亩	<150	150～400	400～600	600～900	≥900
山地丘陵田块面积/亩	<80	80～150	150～250	250～400	≥400

注:1 亩=666.67m^2。

对修边后保留的部分进一步计算连片田块形状指数。计算公式如下:

$$[地块形状指数]=0.25\times[地块周长]/[地块面积]^{0.5}$$

对形状指数大于 2 的地块,应按照离心距离逐步降低其外围区域的连片度等级。离心距离是连片地块内格网到其几何中心的距离。计算连片地块内离心距离对平均离心距离的倍数。采用几何断点法对离心距离倍数由低到高分为 5 级,离心倍数为 5 级的外围区域地块连片度降 2 级,离心倍数为 4 级的外围区域地块连片度降 1 级。修边需降级部分原则上取其邻接地块离心距离降级要求高的等级降级,至少降 1 级。各地可根据地形地貌特点进行调整。

根据农业生产适宜性初判等级和地块连片度评价结果,按照农业生产适宜性等级分区参考判别矩阵(表 2-20),确定农业生产适宜性等级。

表 2-20　农业生产适宜性分区参考判别矩阵

农业适宜性初判等级	地块连片度				
	高	较高	一般	较低	低
适宜	适宜区	较适宜区	较适宜区	较适宜区	较适宜区
较适宜	较适宜区	较适宜区	一般适宜区	一般适宜区	一般适宜区
一般适宜	一般适宜区	一般适宜区	一般适宜区	较不适宜区	较不适宜区

(3)结合其他农业活动调整农业生产适宜性等级。

结合牧业、渔业等农业生产活动需求,对重要草场、水域的农业生产适宜性等级进行适当调整。

3)城镇建设适宜性

城镇建设适宜性评价结果一般划分为适宜、较适宜、一般适宜、较不适宜和不适宜 5 级。

(1)初判城镇建设适宜性等级。

城镇建设功能指向的适宜性按如下公式进行集成:

[城镇建设适宜性等级]=f([水土资源基础],[水、气环境容量],[舒适度],[区位优势度])

[水土资源基础]=f([城镇建设条件],[城镇供水条件])

[水、气环境容量]=f([水环境容量],[大气环境容量])

第一步，水土资源基础判别。基于城镇建设条件和城镇供水条件，确定[水土资源基础]指标评价结果，参考判别矩阵见表 2-21。

表 2-21 城镇建设功能指向的水土资源基础参考判别矩阵

城镇供水条件	城镇建设条件				
	好	较好	一般	较差	差
好	适宜	适宜	较适宜	一般适宜	不适宜
较好	适宜	适宜	较适宜	较不适宜	不适宜
一般	适宜	较适宜	一般适宜	较不适宜	不适宜
较差	较适宜	较适宜	一般适宜	不适宜	不适宜
差	一般适宜	一般适宜	较不适宜	不适宜	不适宜

第二步，城镇建设适宜性等级初步结果。以水土资源基础分级结果为基础，结合城镇建设环境条件确定城镇建设适宜性初步等级。对于[大气环境容量]和[水环境容量]均为最低值的，将[水土资源基础]分级结果下降 2 个级别作为城镇建设适宜性等级；[大气环境容量]或[水环境容量]为最低值的，将[水土资源基础]分级结果下降 1 个级别作为城镇建设适宜性等级。

(2)修正城镇建设适宜性等级。

第一步，基于舒适度和灾害危险性指标的修正。对于舒适度指标等级为最低值的，城镇适宜性初步评价结果下降 1 个级别；对于城镇适宜性初步评价结果为适宜和较适宜的，但灾害危险性高的国土空间，将其调整为一般适宜；对于初步评价结果为适宜的，但灾害危险性较高的国土空间，将其调整为较适宜。

第二步，基于区位优势度指标的修正。对区位优势度评价结果为最低值的，将城镇建设适宜性等级直接确定为不适宜；对结果为较差的，将初划结果下调 1 个级别；对结果为好的，将初划结果中较不适宜、一般适宜和较适宜的档分别上调一级。

第三步，基于地块集中度的修正。将修正后结果为适宜和较适宜等级的图斑进行聚合操作，作为适宜和较适宜等级的连片度评价结果；对修正后结果为一般适宜及以上等级图斑进行聚合操作，作为一般适宜等级的连片度评价结果；对修正后结果为较不适宜和不适宜的图斑，不进行该项修正。

地块集中度等级确定参照表 2-22，平原地区聚合距离建议采用 50 m～100 m，山地丘陵区建议采用 20 m～50 m。

表 2-22 地块集中度评价分级参考阈值

地块面积/km^2	<0.25	0.25～0.5	0.5～1.0	1～2	≥2
地块集中度	低	较低	一般	较高	高

根据城镇建设适宜性初判等级和地块集中度评价结果，按照城镇建设适宜性分区参考判别矩阵(表 2-23)，确定城镇建设适宜性等级。

表 2-23 城镇建设适宜性分区参考判别矩阵

城镇适宜性初判等级	地块集中度				
	高	较高	一般	较低	低
适宜	适宜区	较适宜区	较适宜区	较适宜区	较适宜区
较适宜	较适宜区	较适宜区	一般适宜区	一般适宜区	一般适宜区
一般适宜	一般适宜区	一般适宜区	一般适宜区	较不适宜区	较不适宜区

2. 承载规模评价

在水土资源不同的约束条件下，缺水地区重点以水平衡为约束，分别评价各评价单元可承载农业生产、城镇建设的最大规模。

有条件地区可结合环境质量目标及污染物排放标准和总量控制等因素，补充评价环境容量约束下可承载农业生产、城镇建设的最大规模。

按照短板原理，采用各约束条件下的最小值作为可承载的最大规模。

市县层面，数据精度无法支撑以乡(镇)为评价单元的承载规模评价时，可直接采用省级评价结果。

1)农业生产承载规模

(1)土地资源约束下农业生产承载规模。

从土地资源是否可作为耕地耕作的角度，选取单项评价中农业耕作条件高至较低四级、高程小于5 000 m及土壤环境容量高和中两级区域，三者重叠区域作为可耕作土地，按照县(省级评价)/乡(市县级评价)单元统计其面积，作为土地资源约束下农业生产的最大规模。

(2)水资源约束下农业生产承载规模。

①灌溉可用水量。

在不同区域供用水结构、粮食生产任务、三产结构等情景下，结合水资源配置相关成果，设定农业用水合理占比($k_{农}$)，乘以评价区域用水总量控制指标($W_{总}$)，得到不同情景下灌溉可用水量($W_{农}$)。

$$W_{农}=k_{农}\times W_{总}$$

②农田灌溉定额。

根据当地农业生产实际情况，以代表性作物(水稻、小麦、玉米等)灌溉定额为基础，在不同种植结构、复种情况、灌溉方式(漫灌、管灌、滴灌、喷灌等)、农田灌溉水有效利用系数等情景下，分别确定农田综合灌溉定额($N_{综合}$)。代表性农作物灌溉定额($N_{水稻}$、$N_{小麦}$、$N_{玉米}$)应采用评价区域水利或农业部门发布的最新版行业用水定额或农作物灌溉定额标准。有关部门或研究单位通过大量灌溉试验所取得的有关成果，也可作为确定灌溉定额的依据。

$$N_{综合}=\alpha_{水稻}\times\beta_{水稻}\times N_{水稻}+\alpha_{小麦}\times\beta_{小麦}\times N_{小麦}+\alpha_{玉米}\times\beta_{玉米}\times N_{玉米}+\alpha_{其他}\times\beta_{其他}\times N_{其他}$$

式中，α、β分别表示水稻、小麦、玉米等代表性作物的单季种植面积权重(单种代表性作物种植面积与所有代表性作物种植总面积的比值)、复种指数。

③可承载的灌溉面积。

不同情景下，灌溉可用水量($W_{农}$)和农田综合灌溉定额($N_{定额}$)的比值，即为相应条件下可承载的灌溉面积规模($M_{灌面}$)。

$$M_{灌面}=W_{农}\div N_{定额}$$

④可承载耕地规模。

可承载的耕地规模($M_{耕地规模}$)包括水资源可承载的灌溉面积($M_{灌面}$)和单纯以天然降水为水源的农业面积($M_{雨养}$，简称“雨养农业面积”)。

$$M_{耕地规模}=M_{灌面}+M_{雨养}$$

雨养农业需要适应当地降水规律，雨养农业面积取决于作物生长期内降水量以及降水过程与作物需水过程的一致程度。可采用彭曼公式计算作物蒸腾蒸发量，参考联合国粮农组织推荐的作物系数，计算主要作物生长期耗水量($H_{耗水}$)；采用 SCS 模型等方法确定实际补充到作物根系层的有效降水量($P_{有效}$)。对于有效降水能够满足主要作物耗水量的地块面积为雨养适宜地块面积($M_{雨养适宜地块}$)。

$$M_{雨养适宜地块}\in(M_{耕地}\mid P_{有效}\geqslant H_{耗水})$$

雨养农业面积($M_{雨养}$)等于区域内雨养适宜地块面积之和。

$$M_{雨养}=\sum M_{雨养适宜地块}$$

⑤现状不合理灌溉耕地面积。

针对存在地下水超采、河道生态流量(水量)不足以及超过用水总量控制指标等问题的区域，通过不合理农业灌溉水量（$W_{农-超用}$）除以现状条件下农田综合灌溉定额（$N_{定额}$），计算现状不合理灌溉耕地面积。

$$M_{不合理灌面}=W_{农-超用}\div N_{定额}$$

2)城镇建设承载规模

(1)土地资源约束下城镇建设承载规模。

从土地资源是否可作为城镇建设的角度，选取单项评价中城镇建设条件高至较低四级，按照县（省级评价）/乡（市县级评价）单元统计其面积，作为土地资源约束下城镇建设的最大规模。

(2)水资源约束下农城镇建设承载规模。

①城镇人均需水量。

根据城市居民生活用水量标准（GB/T 50331—2016）合理确定不同地区城镇居民生活用水量；可按照国际人均工业用水量标准和地区经验值综合确定人均工业用水量。在不同发展阶段、经济技术水平和生产生活方式等情景下，设定生活和工业用水合理占比（$\beta_{生活+工业}$），综合确定城镇人均需水量。

$$W_{城镇人均}=\beta_{生活+工业}(W_{人均生活用水}+W_{人均工业用水})$$

②城镇可用水量。

在不同区域供用水结构、工艺技术、工业生产任务、三产结构等情景下，结合水资源配置相关成果，设定生活和工业用水合理占比（$k_{生活+工业}$），乘以评价区域用水总量控制指标（$W_{总}$），得到不同情景下城镇可用水量（$W_{城镇}$）。

$$W_{城镇}=k_{生活+工业}\times W_{总}$$

③可承载城镇建设用地最大规模。

采用评价区域生活和工业可用水量（$W_{城镇}$）除以城镇人均需水量（$W_{城镇人均}$），得出评价区域内人口规模（$W_{人口规模}$）。

$$W_{人口规模}=W_{城镇}\div W_{城镇人均}$$

以集约高效利用国土空间为基本原则，基于现状和节约集约发展要求，在不同发展阶段、经济技术水平和生产生活方式情景下，合理设定人均城镇建设用地（$W_{人均城镇建设用地}$），乘以评价区域内人口规模（$W_{人口规模}$），得出水资源约束条件下城镇建设用地规模（$S_{城镇建设用地规模}$）。

$$S_{城镇建设用地规模}=W_{人口规模}\times W_{人均城镇建设用地}$$

3)三类空间划分的基本思路

在资源环境承载能力集成评价和国土空间开发适宜性评价结果的基础上，根据判别矩阵划分生态保护、农业生产、城镇建设三类空间。

技术路线上，首先将集成评价的五级结果重新分类为三级备选区域；然后结合三级备选区域、图斑几何特征、生态廊道重要性或综合优势度，根据判别矩阵进行叠加分析，得到适宜性评价的空间结果，并进行边界修正；最后考虑三类评价结果和承载能力集成评价结果之间的空间对应关系，依据判别矩阵进行叠加，分析三类功能导向下的适宜性空间分布格局，识别未来适宜农业生产和城镇建设的潜力空间，对空间“双宜性”或“多宜性”的情况进行价值判断，对比分区结果与用地现状，识别国土空间开发保护的问题和风险，解析三类功能空间未来优化调整方向，提出国土综合整治的路径与措施。

判别矩阵可根据实际情况灵活调整。为保证三类功能重要性或适宜性的空间集中连片，避免破碎化，应进行图斑聚合，分析聚合后图斑的集中度或连片度等几何特征。

四、“承载能力”评价展望

随着全国各地资源环境承载能力和国土空间开发适宜性评价的逐步开展、不同版本的《技术指南》相继面世，“双评价”如何保证其科学性、实用性和可操作性等问题不断显现。岳文泽等（2019）认为资源环境承载力可以由自然系统的承载力、来自人类社会经济活动的压力以及由于管理及技术进步所产生的润滑力3种力构成，若仅从资源环境本底支撑能力和人类活动施压视角进行承载力评价，则否定了外部干预导致的承载弹性存在，会导致资源环境承载力评价与空间管理的割裂。治理所产生的润滑力是来自于系统外部的后续规划实施所要做的工作，不应纳入测度某一时刻一定区域承载力大小的范畴。如果把资源环境承载力看作一个关系，即某一时刻人地作用的状态，那么评价的就是资源环境系统的支撑力与人类活动系统压力之间的平衡。至于治理及规划则是后续人为从外部去干预这种平衡，使其遵从自然系统稳定与社会可持续发展目标。因此资源环境承载力评价是特定时刻、给定区域资源环境系统承载客体与人类活动系统即承载主体作用所形成的相对平衡的承载状态。

1. 理顺承载主体与受体之间的关系

根据对资源环境承载力内涵的界定，资源环境承载“压力”揭示了人类社会经济活动对资源环境系统的作用。压力大小反映的是一种施压状态，但并无法回答某区域还有多大的承载能力，还能承载多少经济活动。压力评价对国土空间规划的决策需求并没有给出很好的回应。因此，资源环境承载“能力”概念被提出。能力也常被用于国家资源环境承载力相关表述的政策文件中。

笔者认为一个区域的资源环境承载力可简称为承载力，它是区域人地系统承载体可以合理地承受的受载体强度，代表在一定时段内区域人地系统承载体与受载体之间的一种理想状态，可用状态空间来表征。状态空间在数学上是一种将物理系统表示为一组输入输出及状态的数学模式，而输入输出及状态之间的关系可用许多一阶微分方程来描述。在区域承载力系统中，状态一般是由 N 个状态变量定义的多维空间，但通过适当的数学处理可表示为三维的欧氏几何空间。在区域资源环境综合承载系统中，如以资源系统、环境系统和社会经济3个综合指标(图2-1)表示的三维空间 (x,y,z)。承载力的大小可用空间中原点与状态点所构成的矢量的模来表示。

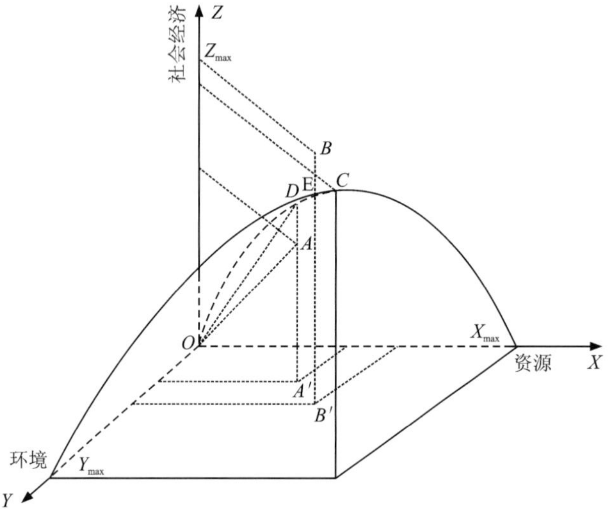

图2-1　区域资源环境承载力系统状态空间描述(据张建新等，2015)

图2-1所表示的三维状态空间包括作为受载体的人类活动(及社会经济)和作为承载体的区域资源、环境3个轴。状态空间的每一个点代表一个特定的承载状态，如图中的 A、B、C 点，表示区域的不同承载状况。不同的人类活动强度对资源环境的影响程度不同；不同的资源环境组合所对应的人类活动强度也不相同。如 D、E 点代表了两种资源环境组合下的区域承载力。所有这些状态空间中由不同资源环境组合形成的区域承载力点构成了区域承载力曲面 $Y_{max}DCX_{max}$，任何低于该曲面的点(如 A 点)代表在某一特定资源环境组合下，人类的经济社会活动低于其承载能力，而任何高于该曲面的点(如 B 点)则表明人类的经济社会活动已超出该特定资源环境组合的承载能力。

可将状态空间中的“超曲面”$Y_{max}DECX_{max}$定义为承载力(Resource Environmental Bearing - Capacity),以REB表示,它是特定资源环境条件下的“理想值”,可视为区域资源环境的“承载容量”。一般所称的资源环境承载力“本底评价”或“基础评价”宜指此涵义方才合理。它的大小是原点(O)与系统状态点所构成的矢量模$|\boldsymbol{M}|$,即原点与曲面上任一点的空间距离。如图中的C点,表达式写为:$REB_C = \boldsymbol{OC} = |\boldsymbol{M}_C|$。

实际的区域资源环境承载状况,可称为承载指数(换个角度也可称为承载压力),以RES表示(Resources Environment Loading Status),如图中的点A,坐标为(X_A, Y_A, Z_A),表达式为:$RES_A = \boldsymbol{OA} = |\boldsymbol{M}_A|$。

承载力(或“承载容量”)与承载状况之差可定义为剩余承载容量,以RBC表示(Residual of Bearing - Capacity),公式为:RBC=REB−RES,也可定义为承载能力。也就是说,数值上承载能力与剩余承载容量是相等的,表示的是区域剩余承载容量。对应的目前承载状况与理论承载力之间的3种承载能力状态,分别可称为承载能力无、低、高,按先前的称谓则是可载、满载和超载:

$$|OA| - |OC| = \begin{cases} < 0 & \text{承载能力无} \quad \text{超载} \\ 0 & \text{承载能力低} \quad \text{满载} \\ > 0 & \text{承载能力高} \quad \text{可载} \end{cases}$$

当实际的区域资源环境承载状况点RES在这个超曲面REB之内时,就说明了区域承载能力高,承载潜力大,实际承载状况处于可载状态;当实际资源环境承载状况点处于这个超曲面上时,就说明实际承载处于满载状态,已无继续承载的能力;而当实际资源环境承载状况点处于超曲面之外时,就说明实际承载状况处于超负荷状态,不仅已无承载能力,而且还处于濒危状态。

一般而论,区域的资源环境承载能力是在封闭系统假设下,主要由区域资源环境系统本底所决定的。然而现实世界的开放性决定了资源利用活动和环境污染、生态扰动等的跨区域特点。此外,在新的技术经济条件下,由于受政策调整等外部因素影响,承载能力具有明显的变动性。因此上述从区域剩余承载容量出发定义的承载能力在实践中就会可能出现问题,例如,区域的水资源承载能力可能会因为一项跨区域调水工程而发生改变。在这种情况下,有必要另辟蹊径,例如从影响承载力的因素出发,以其原理模型进行实测或反馈修正计算。这种变化后的值可称为承载潜力。所以可以定义承载潜力为社会经济对承载力的正反馈或域外附加值。

由于影响承载力的复杂外部因素,特别是政策因素难以把握,在目前的实际操作中很少亦很难对承载潜力作出评价。因此在这样的逻辑下,当前主流承载力评价框架中对资源环境本底的评价还不足以回答“能力”“潜力”的大小;对当前压力的评价,对理解区域当前人地关系有一定帮助,但对于国土空间规划决策支持能力仍显不足。目前基于“短板理论”的承载力复合评价思路与适宜性评价明显矛盾:凡是高强度、开发历史悠久的区域都处于高承载压力状态;然而事实证明这些区域都是地形平坦,水土光热等合理匹配,区位优越,开发条件最好,最适宜人类活动的区域。因此对于一个最适宜开发同时又是承载压力大的地区,国土空间规划中应该开发还是保护,需要引入其他判断准则。可见,在当前的主流评价体系中,需要进一步明确本底评价与承载能力的关系、承载状态评价与压力的关系,亟须探索潜力评价方法,通过理顺能力、压力与潜力的关系,将承载能力、压力和潜力的评价相结合,为国土空间规划决策提供有效支撑。

如果能在评价中考虑潜力因素,如通过环境修复、生态整治等措施,可提升未来的承载能力,以保障规划蓝图得以落地。若将承载潜力作为对可开发规模的表述,这样就捋顺了承载力与适宜性的关系:承载潜力高,允许的可开发程度高,高适宜的区就多(但同时也会存在一些低适宜和不适宜区);承载潜力低,允许的开发程度低,低适宜不适宜的区多(但同时也存在高适宜区)。相当于承载潜力针对若干评价单元组成的区域(汇总单位),适宜性针对具体的评价单元(地块)。

2. 全面考虑生态系统服务价值

在进行承载压力评价时，对于生态要素，现行《技术指南》从生态重要性与脆弱度两个原则来进行判断，即生态系统越重要，亦或脆弱度越高则生态承载压力越大。但生态系统的重要性或脆弱度高低与人对生态系统的作用并没有直接的逻辑联系，导致判断该类要素承载力大小的逻辑缺乏。

国土空间规划的核心内涵之一是优化国土空间开发与保护的格局，岳文泽等(2019)认为不能死板地理解为只要具有重要生态功能或脆弱系统就首先要保护起来。人类生存与发展所需要的资源归根结底都来源于自然生态系统，它不仅为人类提供食物、医药和其他生产生活原料，还创造与维持了地球的生命支持系统，形成人类生存所必需的环境条件，同时还为人类生活提供了休闲、娱乐与美学享受。生态系统服务功能是指生态系统与生态过程所形成及所维持的人类赖以生存的自然环境条件与效用。其一类是生态系统产品，如食品、原材料、能源等；另一类是对人类生存及生活质量有贡献的生态系统功能，如调节气候及大气中的气体组成、涵养水源及保持土壤、支持生命的自然环境条件等。生态系统对人类而言核心功能是提供生态系统服务，如果不能与人的需求联系起来，只要生态重要或脆弱，就一味地强调封闭、隔离保护，这也失去了生态系统存在的价值。而生态保护更应该是考虑了人与生态系统相互作用背景下维持系统可持续发展的保护，是一种促进“三生(生产、生活、生态)”协同发展的保护。国土空间的优化逻辑，保护与开发并不是相对的、矛盾的，其内涵应该是一致的，即都是为了提高“人”的幸福感。对于生态要素来说，评判其承载力大小除了维持生态系统安全的可持续性外，更应该关注其生态服务能力的发挥效率，换句话说，能否使人类公平获取生态服务机会更为重要。因此，对于生态系统来说，生态服务的公平性才是判断承载力更应该遵照的逻辑。

3. 科学预警未来

当前，资源环境承载力预警思路是将当前的承载状态与过去几年的变化趋势结合起来，划分警情，从而实现对未来的动态预警。然而，这种基于过去的视角，对未来的情况进行判断本身就有逻辑性问题，尤其是应用于承载力的预警上，人类在调节、改造人地关系过程中具有积极正向的能动性，且由于技术进步、政策调整等外界因素引起的趋势非线性变化时有发生。这种逻辑缺陷本身无法避免，但也不容忽视，今后应尝试设置差异化监测周期、潜力预测等手段，诊断和预判短期内承载力状态和可持续发展的耦合程度，及时调整警情等。

第二篇

应用篇

应用之一：湖南省资源环境承载能力评价

第三章　绪　论

第一节　项目来源

“建立资源环境承载能力监测预警机制”是党的十八大以来党中央作出的重大决策部署。2015 年，中共中央国务院制定了生态文明体制改革总体方案，并就有关配套措施进行了细化和明确。2015 年 10 月、2016 年 4 月国土资源部相继印发了国土资源环境承载力评价和监测预警工作方案及 2016 年实施方案，对这项工作作出了具体部署。国土资源部《2017 年国土资源工作要点》明确提出“继续做好资源环境承载力评价和监测预警机制建设，完成全国大部分县级土地资源环境承载力评价”。中共中央办公厅、国务院办公厅于 2017 年 7 月 8 日印发了《关于建立资源环境承载能力监测预警长效机制的若干意见》，明确提出建立资源环境承载能力监测预警长效机制，有效规范空间开发秩序，合理控制空间开发强度，切实将各类开发活动限制在资源环境承载能力之内，为构建高效协调可持续的国土空间开发格局奠定坚实的基础。

湖南省国土资源厅（现湖南省自然资源厅）高度重视并积极推进国土资源环境承载力评价和监测预警工作。规划处携省国土资源规划院参考部里的组织与实施模式，结合我省实际，编制了《湖南省国土资源环境承载力评价和监测预警实施方案》，于 2016 年 9 月 29 日经国土资源厅党组会审定通过。2017 年 2 月 14 日召开的湖南省国土资源工作会议上明确“全面增强基础支撑保障能力，推进国土资源承载力评价和监测预警试点等”为 2017 年省国土资源厅要重点抓好的工作之一。

本研究紧紧围绕《全国国土规划纲要（2016—2030 年）》的要求，服务于《湖南省国土规划（2018—2035 年）》《长江经济带国土空间规划湖南建议》编制，统筹全省国土空间开发、保护、整治格局。通过生态环境重要性和敏感性评价、建设开发、农业开发适宜性评价为建设开发布局、耕地保护布局、生态保护布局等提出建议。通过土地资源承载力评价，为国土空间布局、农业发展格局、城镇发展格局、农用地整治、建设用地整治等提出建议。通过水资源承载力评价，为水资源总量调控等提出建议。通过生态环境承载力评价，为生态空间分类保护、生态环境整治等提出建议。通过综合承载力评价，为自然资源空间配置、合理利用和能力保障提出建议。通过本专题的研究，为我省形成有针对性的国土空间开发引导和管控政策机制，促进我省资源节约利用、国土空间开发格局优化、土地生态环境保护提供技术支撑和科学依据。

第二节　指导思想和原则

一、指导思想

以习近平新时代中国特色社会主义思想为指导，深刻领会和准确把握习近平总书记有关牢固树立和贯彻落实新发展理念，坚持“绿水青山就是金山银山”，坚持以人民为中心，坚持生态优先、绿色发展，坚持高质量发展、安全发展，切实把握习总书记对湖南省“一带一部”“三个着力”等指示要求，以有效提升国土空间治理能力现代化水平为抓手，以主体功能区战略为指引，强化国土空间规划对各专项规划的指导和约束作用，合理调控经济社会发展及其建设布局与国土资源生态环境承载之间的关系，促进合理开发、充分利用和有效保护国土空间资源，加快完善空间规划体制机制，探索健全空间规划体系，助力富饶美丽幸福新湖南建设。

二、原则

本研究的开展遵循以下原则。

1. 科学性原则

从实际出发，坚持研究工作的科学性、客观性和公正性，合理评价国土适宜性和资源环境承载力，为湖南省国土规划决策提供科学依据。

2. 协调性原则

人口、经济、社会、资源、生态环境共同构成国土空间利用系统，国土“空间开发”适宜性评价和资源环境承载力评价应当全面考虑经济社会发展和生态环境保护战略，并与相关规划和政策相协调。

3. 差异性原则

在国土“空间开发”适宜性评价和资源环境承载力评价中，除了选取共性指标外，还应参照各县（市、区）的功能定位与发展目标，充分考虑不同区域之间的差异，避免“一刀切”。

4. 可行性原则

国土“空间开发”适宜性评价和资源环境承载力评价应采用适当的评价指标和评价方法。评价指标设计应充分考虑基础数据的可获取性，数据统计的实用性和真实性，选择应用普遍、精度可靠的方法，评价结论应具有可操作性。

第三节　技术思路

从实际出发，充分考虑生态环境保护、建设开发的需求、数量质量并重的耕地开发保护等因素，对建设用地适宜性和耕地适宜性进行评价。在此基础上，开展国土资源、水资源、生态环境、地质环境承载力评价。综合考虑适宜性评价和承载力评价结果，提出湖南省国土规划相关建议（图 3-1）。

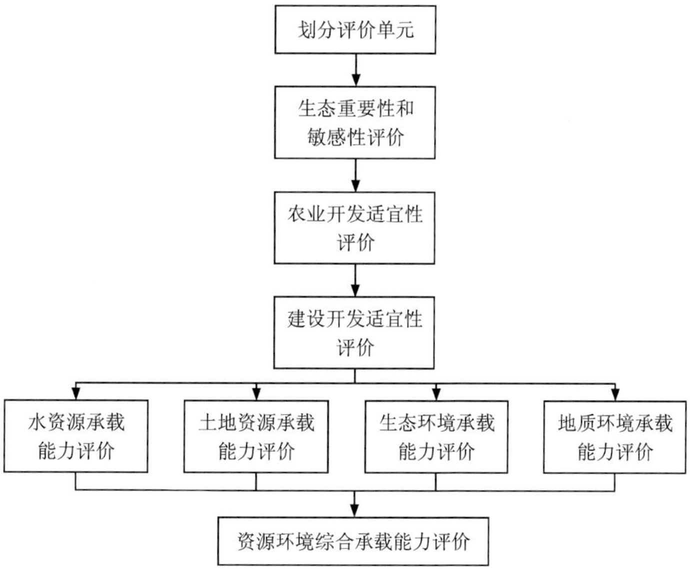

图 3-1　自然资源环境承载能力评价工作流程

第四节　主要数据来源

本研究所涉及的空间位置、面积、长度等基于以下基础数据：

(1)底图：2016 年土地利用缩编数据。

(2)比例尺：1∶500 000。

(3)坐标系：西安 80，6°分带第 19 带。

本研究所采用的主要数据来源见表 3-1。

表 3-1　主要数据来源

序号	数据	来源
1	社会经济和人口	湖南省统计年鉴(2016 年)
2	土地利用现状数据	土地利用变更调查报告(2016 年)
3	永久基本农田	湖南省永久基本农田划定
4	农用地质量等级	湖南省耕地质量等级成果
5	坡度	中国土地勘测规划院
6	水资源现状	湖南省水资源公报(2017 年)
7	生态环境现状	湖南省环境质量状况公报(2016 年)
8	主体功能区划	湖南省主体功能区规划
9	资源型城市	全国资源型城市可持续发展规划(2013—2020 年)
10	生态保护红线	湖南省环境保护厅
11	水域和蓄滞洪区	湖南省第一次地理国情普查
12	采空塌陷区	湖南省国土资源厅
13	地质灾害	湖南省地质灾害调查(1∶100 000)

第四章　自然资源环境现状

湖湘大地，山川秀美，养育了一代又一代三湘儿女，孕育了光辉灿烂的湖湘文化，是我们赖以生存和发展的美好家园。中华人民共和国成立以来，特别是改革开放30多年来，勤劳勇敢的湖南人民在这片古老的土地上，辛勤耕耘，艰苦创业，创造了一个个发展奇迹，描绘了一幅幅城乡繁荣、社会和谐的美好画卷，三湘大地生机勃勃。但是，我们也遭遇到前所未有的生存压力，生态破坏、资源浪费、环境污染等问题不断凸显。

第一节　社会经济和人口现状

湖南省2016年地区生产总值31 244.7亿元，比上年增长7.9%。全省三次产业结构比为11.5∶42.2∶46.3。

分区域看，长株潭地区生产总值13 681.9亿元，比上年增长9.0%；湘南地区生产总值6 609.6亿元，增长8.0%；大湘西地区生产总值5 345.6亿元，增长7.8%；洞庭湖地区生产总值7 540.6亿元，增长7.8%。

全省粮食播种面积489.1万hm^2，比上年下降1.1%。全省粮食总产量2 953.1万t，比上年减产1.7%。全省新增农田有效灌溉面积2.8万hm^2，比上年增长37.0%。

年末全省常住人口6 822.0万人。其中城镇人口3 598.6万人，城镇化率52.75%，比上年末提高1.86个百分点。

第二节　自然地理

一、地形地貌

省境总的地貌轮廓为一东、西、南三面环山，中部波状起伏的丘陵，北部广袤的洞庭湖平原形成一北部开口的马蹄型复式盆地，全省山地占总面积51.2%，丘陵占15.4%，岗地占13.9%，平原占13.1%，水面占6.4%。

湘西北地带为云贵高原的东延部，武陵山系自贵州省入境，向东北延伸至张家界，长度约130 km，为海拔多在1 000 m～1 200 m的中山山地，最高峰为石门壶瓶山，海拔2 099 m，为省内第一高峰。山体高大，山势宏伟，层状地貌明显，出现多级剥夷面，山体之间河谷深切，山坡陡峻，多峡谷，由于该地带碳酸盐岩分布广泛，溶蚀作用强烈，岩溶地貌形态丰富，尤其是地下河发育，地下水交替循环积极。

省境西部的雪峰山起自广西壮族自治区资源县至湖南省城步县入境，向东北延伸至安化县转为东西向至益阳，是资、沅两江的分水岭。山体为延伸长约200 km、宽数十千米的中低山地。南段海拔1 500 m左右，北段较低，多在500 m～1 000 m之间，最高峰二宝鼎海拔2 021 m。山体高大，峰峦重叠，河流纵横切割剧烈，河谷幽深，并多呈"V"形谷，山地间杂陈宽谷盆地，多为新生代白垩系—古近系红层盆地，碳酸盐岩分布地段，岩溶地貌形态发育。

省境南部南岭山脉大多为东西走向，是长江和珠江的分水岭。由岩浆岩和浅变质岩为主构成的中、低山山地，海拔多在 700 m～1 500 m 之间，最高峰为湘粤边境的猛坑石，海拔 1 902 m，山地多为深谷所切，地形连续性差，岭间谷地，盆地发育，海拔多在 200 m～500 m 之间，其间由碳酸盐岩组成的盆地岩溶化程度高，发育成峰林或孤峰平原型的岩溶地貌，地下河也较发育。

东部湘赣边界则为一系列大致沿北东—南西方向呈雁行排列的平行岭谷地形，自北向南分别为幕阜山脉、连云山脉、九岭山脉、武功山脉和万洋山脉，是湘江和赣江的分水岭，山峰海拔高度大都超过 2 000 m。山地多由浅变质岩及岩浆岩组成，山势陡峻，峡谷深切。岭间谷地多由新生代白垩系—古近系的红层碎屑岩组成，较为著名的有长沙-平江盆地、醴陵-攸县盆地和茶陵-永兴盆地等，为波状起伏的低丘形态，一般海拔在 200 m 以下，相对高差 50 m～100 m 左右。

省境中部为由一系列海拔低于 500 m 的红层或岩溶盆地组成的丘陵、岗地地貌形态，较大规模的红层盆地有衡阳盆地和邵阳盆地，岩溶盆地则以涟邵盆地最为著名。至此主要河流湘、资两江与其支流形成的相对开阔的河流冲积平原也夹陈其中，总的地势平缓，起伏不大，相对高差小于 100 m，其中也不乏一些独立中、低山出现，如南岳衡山、新化的龙山等峰顶海拔在 1 000 m 以上。

湘北地段是湘、资、沅、澧四水入湖汇流之处，河流三角洲平原与洞庭湖平原连接形成广袤的冲湖积平原地带，面积有 18 640 km^2，为一河网化平原，海拔一般低于 50 m，地面平坦，河湖纵横，坡度小于 3°，是全省最平坦和最低的地区。

二、坡度

坡度条件直接关系着建设开发的经济成本和工程技术难度，同时，山地生态环境的再生恢复能力差、抗扰动性差。据前人研究，当坡度 25°以上时，不适宜进行建设开发。《城乡建设用地竖向规划规范》(CJJ 83—2016)明确规定各类建设用地最大坡度不超过 25%。据有关研究资料显示，城市用地理想的坡度是 0.3%～2%。坡度太小，不利于场地排水；坡度过大，建筑物和交通道路的布置将受到限制。坡度大的区域，建筑施工难度大，若进行大规模高填深挖，则需要做大规模的护坡以防塌方。工程实施后对地形影响大，地下水的自然渗透被截断。因此坡度越大，越不适宜建设开发。

湖南省属于云贵高原向江南丘陵和南岭山地向江汉平原的过渡地带。全省以山地和丘陵地貌为主，合占总面积的 66.62%。全省可划分为 6 个地貌区：湘西北山原山地区、湘西山地区、湘南丘山区、湘东山丘区、湘中丘陵区、湘北平原区。

湖南省坡度 0°～2°区域主要分布在环洞庭湖区，面积占比 5.33%；2°～8°区域主要分布在湘北平原区、湘中丘陵区，占比 36.70%；8°～15°区域主要分布在湘南丘山区、湘东山丘区、湘中丘陵区，占比 9.77%；15°～25°区域主要分布在湘西北山原山地区、湘西山地区、湘南丘山区，占比 18.48%；25°以上区域主要分布在湘西北山原山地区、湘西山地区、湘南丘山区、湘东山丘区，占比 29.73%。

三、水域和蓄滞洪区

1. 水域

水域具体是指江河、湖泊、水库、水塘及其管理范围和水工设施，是自然界形成的一种资源。水域最主要和最具特色的就是其存在的整体功能，这是保障地方经济与社会可持续发展的关键。必须要加强对水域的保护与开发利用工作，要始终坚持"绿水青山就是金山银山"的思想。湖南省属长江经济带 11 省市之一，"水一地一人"系统是需要解决的显著问题。推动长江经济带发展，是党中央、国务院科学谋划中国经济新棋局，做出的既利当前又惠长远的重大决策部署，对实现"两个一百年"奋斗目标和中华民族伟大复兴的中国梦，具有重大现实意义和深远历史意义。改善"人水关系"，依托长江蓝色水带，建设蓝色水域，构建点、线、面结合的“人水关系”安全网络主骨架。相关政府部门在对水域进行保护与开发利用的时候，必须要建设水域统一思想，不能够为了自身利益或是地方局部利益而随便占用水域，避免对邻近区域形成一定的影响。

湖南省河流众多，河网密布，水系发达，5km 以上的河流有 5 341 条。全省水系以洞庭湖为中心，湘、资、沅、澧四水为骨架，主要属长江流域洞庭湖水系，其余属珠江流域和长江流域的赣江水系及直入长江的小水系。湖南省水域面积共 47.3 万 hm^2，占湖南省总面积的 2.22%，主要为湘江、资江、沅江、澧水、洞庭湖及水库。水域面积占县域面积较大的为沅江市、岳阳县、资阳区、湘阴县，分别为 18.33%、21.45%、24.00%、26.06%。

2. 蓄滞洪区

蓄滞洪区主要是指河堤外洪水临时贮存的低洼地区。我国多暴雨洪水，洪涝灾害频繁。在修建水库拦蓄洪水，加固江河堤防、利用河道排泄洪水的同时，设置一定数量的蓄滞洪区，适时分蓄洪水、削减洪峰，对保障重点地区、大中城市和重要交通干线防洪安全、最大程度地减少灾害损失发挥了十分重要的作用。但是，随着经济社会发展和人口增加，许多蓄滞洪区被不断开发利用，调蓄洪水能力大大降低，蓄滞洪区的建设与管理滞后，安全设施、进退洪设施严重不足，蓄滞洪区已成为防洪体系中极为薄弱的环节。1998 年，《中华人民共和国防洪法》颁布，其中明确规定：在蓄滞洪区内建设非防洪建设项目，应当就洪水对建设项目可能产生的影响和建设项目对防洪可能产生的影响作出评价。2006 年 6 月国务院办公厅发布了《关于加强蓄滞洪区建设与管理的若干意见》，提出要强化蓄滞洪区管理，规范蓄滞洪区经济社会活动。在蓄滞洪区内或跨蓄滞洪区建设非防洪项目，必须依法就洪水对建设项目可能产生的影响和建设项目对防洪可能产生的影响进行科学评价。从流域、区域经济社会协调发展的高度，研究不同类型蓄滞洪区管理与经济发展模式，调整区内经济结构和产业结构，积极发展农牧业、林业、水产业等，因地制宜发展第二、三产业。加强蓄滞洪区土地管理，土地利用、开发和各项建设必须符合防洪的要求，保证蓄滞洪容积，实现土地的合理利用，减少洪灾损失。

湖南省共划定蓄滞洪区 13.41 万 hm^2，分布在资阳区、南县、汉寿县、桃源县、澧县 5 个县（区），分别占各县域总面积的 37.47%、34.12%、24.68%、2.42%、2.42%。

四、耕地质量

湖南省各县（市、区）耕地面积加权等别算术平均值为 10.75 等。湖南全省有 61.37% 的耕地为 11 等，总体上耕地质量不高。

五、突发地质灾害

地质灾害是指在地球的发展演化过程中，由各种地质作用形成的灾害性地质事件。地质灾害的发育分布及其危害程度与地质环境背景条件（包括地形地貌、地质构造格局和新构造运动的强度与方式，岩土体工程地质类型、水文地质条件等）、气象水文及植被条件、人类经济工程活动及其强度等有着极为密切的关系。一些地区和县（市）的地质灾害已成为制约地方社会经济发展的重要因素。在所有的地质灾害中，除地震灾害外，崩、滑、流灾害是最为严重的，其以分布广、灾发性和破坏性强，具有隐蔽性及容易链状成灾为特点，每年都造成巨大的经济损失和人员伤亡。地质灾害的主要危害是造成人员伤亡和摧毁城乡建筑、交通道路、工厂矿山、水利工程、农田土地（造成经济损失）。《住宅建筑规范》（GB 50368—2005）明确规定，住宅选址时应考虑工程地质灾害、水文地质灾害等的不利影响。

湖南省地质灾害种类多、规模大、分布广。其中，地质灾害中、高易发区面积占比达 56.41%，除环洞庭湖区外，其他地方均有分布；低易发区面积占比 31.28%，不易发区面积占比 12.32%，二者主要分布在环洞庭湖区（图 4-1）。

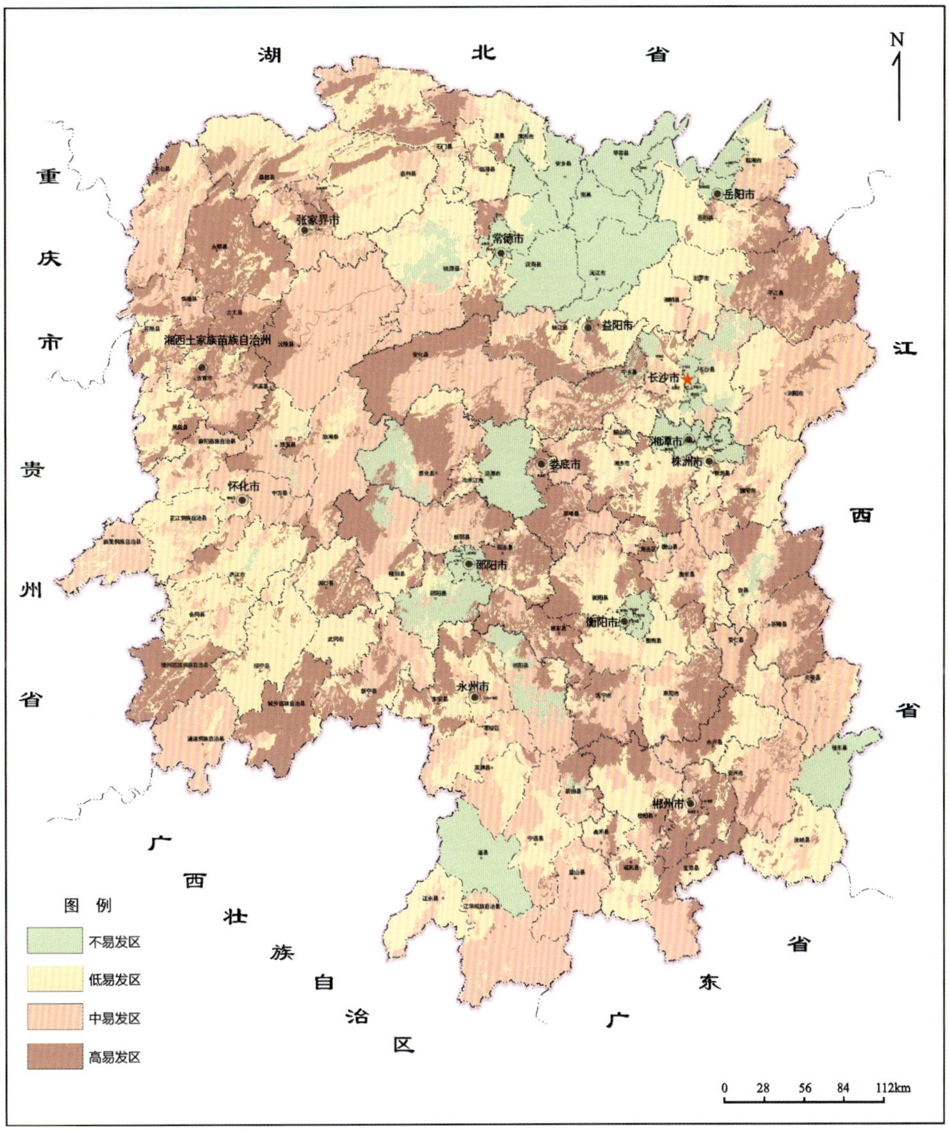

图 4-1　湖南省地质灾害易发程度分区

六、采空塌陷区

采空塌陷区是由人为挖掘或者天然地质运动在地表下面产生的“空洞”，具有隐伏性强、空间分布特征规律性差、采空区顶板冒落塌陷情况难以预测等特点。自 20 世纪末以来，矿业开采秩序较为混乱，非法无序的乱采滥挖在一些矿山及其周边留下了大量的采空区，如柿竹园矿等许多矿山都存在大量的采空区，致使矿山开采条件恶化，引起矿柱变形。采空塌陷区的主要影响是：①诱发山体滑坡、地表塌陷等一系列地质灾害；②导致水资源严重枯竭，进而导致农作物难以下种、林木大量枯死。采空塌陷给工农业生产基础设施和群众的生命财产安全造成严重威胁，对国土开发利用有着重要的影响，已成为影响经济协调发展、社会安定的重要制约因素。

湖南省已查明的采空区共 450 处，面积 217.46 hm^2，主要分布在各资源型城市。有 86.5%的采空区面积在 1 hm^2 以下(图 4-2)，达不到上图面积要求。

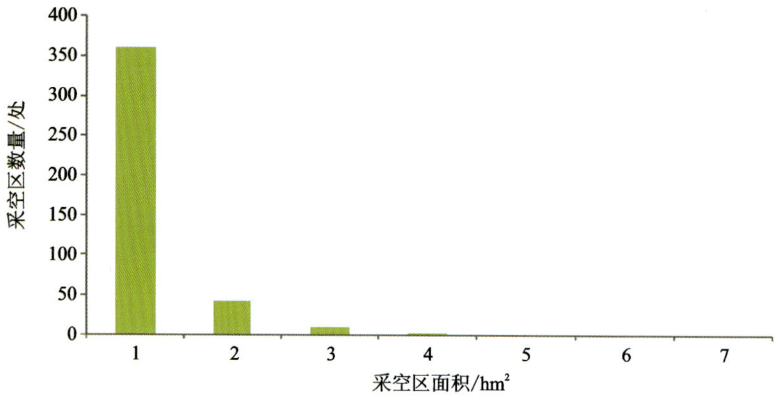

图 4-2　湖南省采空塌陷区面积频数分布

第三节　资源环境现状

一、土地资源现状

根据 2016 年湖南省土地利用变更数，全省各类土地面积如下：

耕地 415.35 万 hm^2，园地 66.51 万 hm^2，草地 47.64 万 hm^2，城镇村及工矿用地 132.00 万 hm^2，交通运输用地 30.96 万 hm^2，水域及水利设施用地 151.56 万 hm^2，其他土地 52.62 万 hm^2。

湖南省耕地按照坡度划分情况统计见表 4-1。25°以上的耕地面积 4.19 万 hm^2，占全省耕地总面积的 1.01%，主要分布在大湘西地区。

表 4-1　2016 年湖南省不同坡度耕地面积表

坡度	＜2°	2°～6°	6°～15°	15°～25°	＞25°	合计
面积/万 hm^2	149.39	108.24	116.69	36.84	4.19	415.35
比例/%	35.97	26.06	28.10	8.87	1.01	100.00

二、矿产资源现状

湖南省矿产资源丰富，是全国“有色金属之乡”“非金属之乡”。截至 2015 年底，已发现矿产 143 种(含亚种)，探明储量 101 种。已上表矿区 1 767 处，其中大型及以上矿床 138 处，中型矿床 272 处，小型矿床 1 357 处，达到详查及以上工作程度的矿区 1 243 处。石煤、铋、锑、铍、普通萤石、海泡石等 8 个矿种保有资源储量居全国之首，钨、锡、钒、重晶石、隐晶质石墨等 8 个矿种位居第二，锰、锂、铷、金刚石等 7 个矿种位居第三。全省矿产资源具有矿种多、大宗矿产少，共伴生矿产多、单一矿产少，难选冶贫矿多、富矿少，探明资源储量分布相对集中的特点。

截至 2015 年底，全省现有探矿权 955 个，涉及煤炭、铁、锰、铜、铅、锌、钨、锡、锑、金等 38 个矿种；现有矿山 6 901 个，其中大型 97 个，中型 313 个，小型 6 491 个。2015 年，全省固体矿石开采总量2.32 亿 t，矿山从业人员 23.75 万人，矿山采选业产值 833.8 亿元，矿业产值(含采选业、金属冶炼和压延加工、非金属矿物制品业)6 360 亿元，占全省工业总产值的 17.55%，已形成煤炭、黑色金属、有色金属、贵金属、稀土等生产加工为主，盐化工、磷化工、氟化工、陶瓷加工、玻璃生产、水泥生产等同步发展的矿业格局。全省矿业开发引发的主要矿山地质环境问题包括矿山地质灾害、矿业开发占用破坏土地资源、矿业废渣污染、矿业开发对水资源破坏 4 类；现有矿山地质环境影响严重区域 50 处，矿山地质环境影响较重区域 17 处。

湖南省各县(市、区)由矿业开发所致排污的计算值列于附表 1。

三、水资源现状

湖南省分属长江流域和珠江流域。湘、资、沅、澧四水及汨罗江、新墙河等分别从东、南、西三面汇入洞庭湖，由城陵矶注入长江。2016 年全省地表水资源量为 2 190 亿 m³，折合年径流深 1 033.6 mm，比多年平均偏多 30.2%；大中小蓄水工程年末蓄水总量为 242.5 亿 m³，比上年末减少 3.258 亿 m³；该年度全省用水总量为 330.36 亿 m³，用水净消耗量 132.9 亿 m³。2016 年湖南省全省入境总水量 1 094 亿 m³，出境总水量 3 213 亿 m³，其水量均少于多年平均水量(图 4-3)。

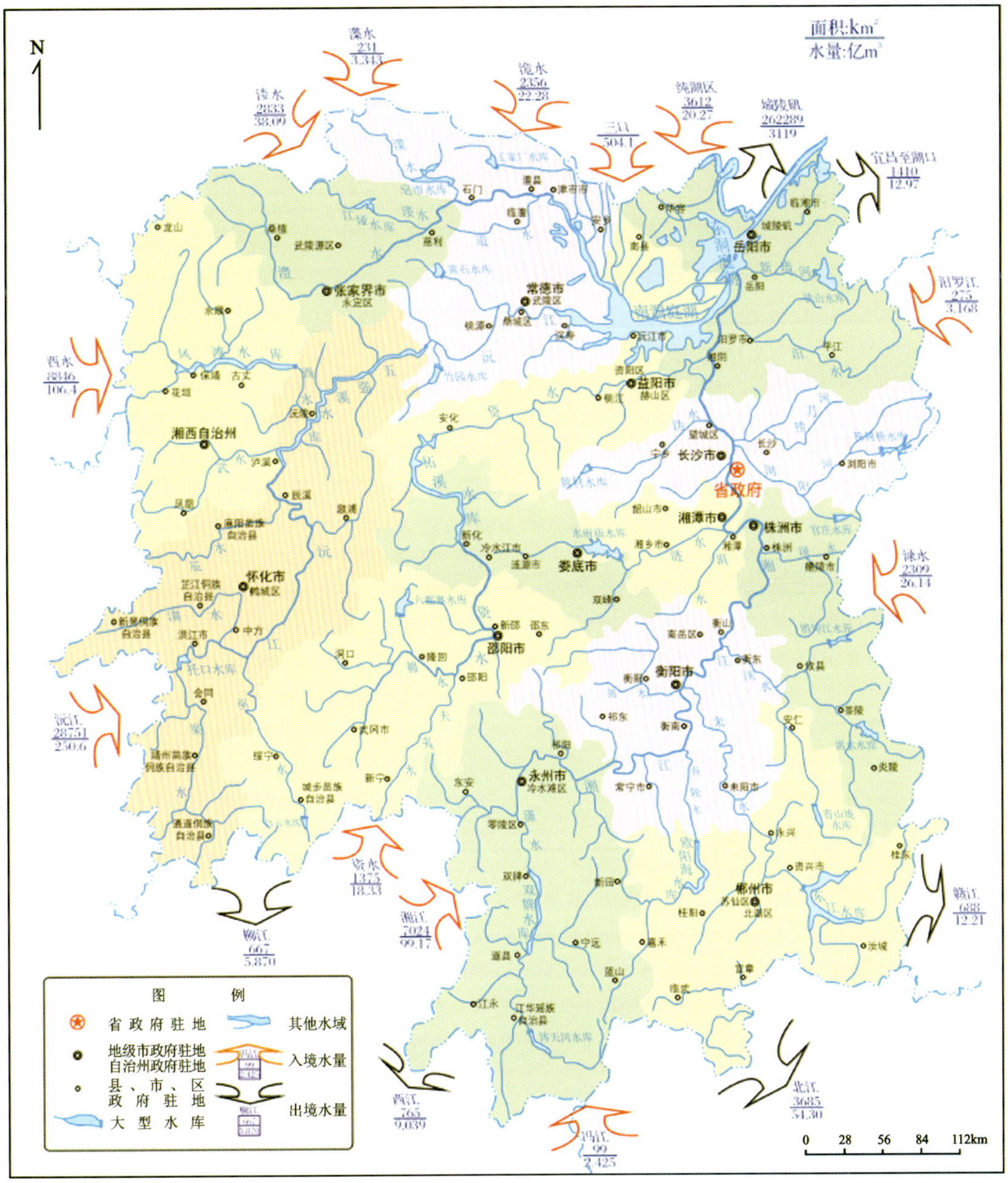

图 4-3　2016 年湖南省出入境水量

2016 年湖南全省平均降水量 1 668.9 mm，折合水量 3 535 亿 m^3。从行政分区统计来看，全省 14 个市（州）降水量与多年平均比较，除衡阳偏少 1.3%外，其他各市（州）均为偏多。2016 年各市（州）降水量及其与 2015 年、多年平均的比较情况见图 4-4。

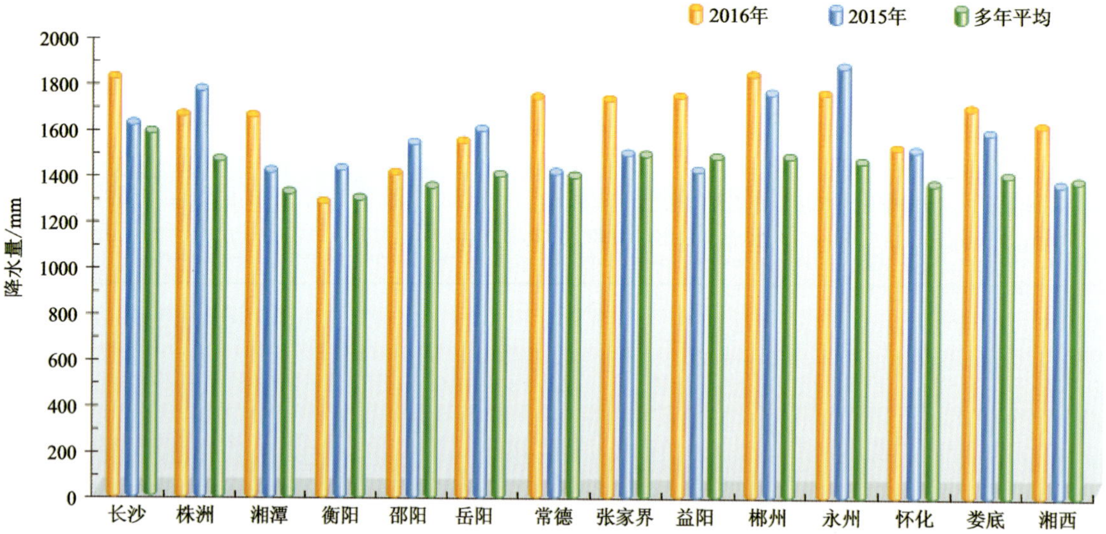

图 4-4　2016 年主要行政区年降水量与 2015 年、多年平均值比较

四、生态环境现状

1. 大气环境现状

2016 年湖南省大气环境质量整体有所好转，14 个地级城市（含吉首）可吸入颗粒物、二氧化硫、二氧化氮、细颗粒物、臭氧和一氧化碳 6 项指标按《环境空气质量标准》（GB 3095—2012）进行评价，平均达标天数比例为 81.2%，轻度污染比例为 15.9%，中度污染比例为 2.3%，重度及严重污染比例为 0.6%。影响城市环境空气质量的主要污染物是 $PM_{2.5}$。与上年相比，14 个市（州）所在城市环境空气质量平均优良天数比例上升了 3.3%，$PM_{2.5}$ 和 PM_{10} 分别下降 9.4%和 8.4%。

2. 水环境质量状况

与上年同期可比断面相比，全省 98 个江河省控断面水质无明显变化，Ⅰ～Ⅲ类水质断面 96 个，占 98.0%，同比增加 1.0%。湘、资、沅、澧四水水质总体为优，Ⅰ～Ⅲ类水质断面比例分别为 97.8%、97.7%、98.9%、100%。洞庭湖湖体 12 个断面中，10 个断面属Ⅳ类水质，占 83.3%；2 个断面属Ⅴ类水质，占 16.7%，总体为轻度污染，营养状态为中营养。全省 14 个地级城市 29 个集中式饮用水水源地水质达标率为 96.6%。

3. 生态环境保护现状

为保障全省生态安全，湖南省将水源涵养、水土保持、生物多样性保护等重要生态功能区域，以及生态环境敏感脆弱区划入生态保护红线，实施严格管控，并按其生态功能类型，将全省生态保护空间划分生物多样性保护重要生态功能区、水源涵养与生物多样性保护重要生态功能区、湿地与生物多样性保护重要生态功能区、生物多样性保护与水土保持重要生态功能区、水源涵养与水土保持重要生态功能区以及人居环境维护与水土保持重要生态功能区等六大生态功能区。全省共建有国家级自然保护区 23 个，省级自然保护区 31 个；全省森林覆盖率 59.64%，森林蓄积量 5.26 亿 m^3。全省湿地保护总面积达

75.59万 hm^2，湿地保护率达到 74.13％，居全国第一。54 个国家重点生态功能区县域生态环境总体保持稳定。

湖南全省境内各类自然保护区、风景名胜区、森林公园、重要湿地、湿地公园以及地质公园等重点生态保护区共计 348 个（包括国家级和省级），几乎涵盖省内所有县（市、区）。湖南省重点生态保护区统计情况见表 4-2。

表 4-2　湖南省重点生态保护区统计

生态保护区	自然保护区		风景名胜区		森林公园		重要湿地		湿地公园		地质公园	
级别	国家	省级	国家	省级	国家	省级	国家	省级	国家	省级	国家	省级
数量/个	23	20	21	51	62	61	3	15	63	0	10	19

第四节　规划现状

一、永久基本农田

永久基本农田区严格控制非农建设占用。永久基本农田是耕地的精华，划定永久基本农田并实行特殊保护是耕地保护工作的重中之重，是国家意志、刚性约束。2008 年中共十七届三中全会提出此概念，永久基本农田即无论什么情况下都不能改变其用途，不得以任何方式挪作他用的基本农田。2018 年 2 月，国土资源部印发《关于全面实行永久基本农田特殊保护的通知》，就全面落实永久基本农田特殊保护制度作出总体部署。该通知明确，已经划定的永久基本农田特别是城市周边永久基本农田不得随意占用和调整。重大建设项目、生态建设、灾毁等经国务院批准占用或依法认定减少永久基本农田的，按照《中共中央国务院关于加强耕地保护和改进占补平衡的意见》（中发〔2017〕4 号，以下简称中央 4 号文件）要求，在原县域范围内补划永久基本农田。坚持“保护优先、布局优化、优进劣出、提升质量”的工作原则，坚持“制定方案、调查摸底、核实举证、论证审核、复核质检”的工作程序，按照永久基本农田划定有关要求，补划数量和质量相当的永久基本农田。按照中央 4 号文件部署要求，将永久基本农田控制线划定成果作为土地利用总体规划的规定内容，在规划批准前先行核定并上图入库、落地到户。各地区各有关部门在编制城乡建设、基础设施、生态建设等相关规划，推进多规合一过程中，在划定生态保护红线、城镇开发边界工作中，要与已划定的永久基本农田控制线充分衔接，原则上不得突破永久基本农田边界。永久基本农田必须坚持农地农用，禁止任何单位和个人在永久基本农田保护区范围内建窑、建房、建坟、挖沙、采石、采矿、取土、堆放固体废弃物或者进行其他破坏永久基本农田的活动；禁止任何单位和个人破坏永久基本农田耕作层；禁止任何单位和个人闲置、荒芜永久基本农田；禁止以设施农用地为名违规占用永久基本农田建设休闲旅游、仓储厂房等设施；对利用永久基本农田进行农业结构调整的要合理引导，不得对耕作层造成破坏。

截至 2017 年 6 月底，湖南省永久基本农田划定工作总体完成，全部落到实地地块、明确保护责任、补齐标志界桩、建成信息表册、实现上图入库，划定成果 100％通过省级验收，成果数据库 100％通过质检复核。

湖南省共划定永久基本农田 330 万 hm^2，约占湖南省总面积的 15.58％，主要分布在环洞庭湖区、湘江流域、资水流域，分布数量和密度由湘西、湘南向湘中、湘东北方向逐渐增大（图 4-5）。

从各县（市、区）的永久基本农田占县域总面积的比例来看，长沙市的芙蓉区、雨花区没有永久基本农田；基本上各市（州）的市辖区的永久基本农田占比较小（小于 10％）；汉寿县、沅江市、双峰县、邵阳

农产品主产区：主要是“一圈一区两带”4 个片区，即长株潭都市农业圈，包括长沙、株洲、湘潭城市外围地区；环洞庭湖平湖农业区，包括岳阳、常德、益阳部分地区；湘中南丘岗农业带，包括娄底、邵阳、衡阳、永州部分地区；武陵雪峰南岭罗霄山脉山地农业带，包括武陵山、雪峰山、南岭、罗霄山等地区的农产品主产区，共计 35 个县(市、区)，面积约 7.14 万 km^2，占全省总面积的 33.7%，全部为国家级农产品主产区。

重点生态功能区：限制开发的重点生态功能区主要是洞庭湖及湘资沅澧“四水”水体湿地及生物多样性生态功能区，武陵山区生物多样性及水土保持生态功能区(含雪峰山区)，南岭山地森林及生物多样性生态功能区，罗霄-幕阜山地森林及生物多样性生态功能区等 4 个片区，共计 44 个县(市、区)，面积约 10 万 km^2，占全省总面积的 47.3%。其中，武陵山区生物多样性及水土保持生态功能区、南岭山地森林及生物多样性生态功能区为国家层面重点生态功能区，包括石门、慈利、桑植、永定、武陵源、泸溪、凤凰、花垣、龙山、永顺、古丈、保靖、辰溪、麻阳、宁远、蓝山、新田、双牌、宜章、临武、桂东、汝城、嘉禾、炎陵等 24 个县(市、区)。

禁止开发区：依法设立的各级各类自然文化资源保护区域，以及其他禁止进行工业化城镇化开发、需要特殊保护的重点生态功能区，点状分布于重点开发和限制开发区域之中。主要包括：各级各类自然保护区、风景名胜区、森林公园、地质公园、重要湿地、历史文化自然遗产、基本农田、蓄滞洪区、重要水源地等。其中，国家级自然保护区、世界文化自然遗产、国家级风景名胜区、国家森林公园和国家地质公园为国家层面禁止开发区域。

第五章　国土空间开发适宜性评价

第一节　生态重要性和敏感性评价

一、基本思路和方法

本节内容主要参照环境保护部办公厅、国家发展和改革委员会办公厅印发的《生态保护红线划定技术指南》(环办生态〔2017〕48号)中关于生态系统服务功能重要性评价、生态敏感性评价的相关要求。据《生态保护红线划定技术指南》定义："重点生态功能区：指生态系统十分重要，关系全国或区域生态安全，需要在国土空间开发中限制进行大规模高强度工业化城镇化开发，以保持并提高生态产品供给能力的区域，主要类型包括水源涵养区、水土保持区、防风固沙区和生物多样性维护区。""生态环境敏感脆弱区：指生态系统稳定性差，容易受到外界活动影响而产生生态退化且难以自我修复的区域"，并且明确生态环境敏感脆弱区指"水土流失、土地沙化、石漠化、盐渍化等"。考虑到生态重要性评价中的水土保持重要性与生态敏感性评价的水土流失敏感性是一个问题的两种表现，本研究仅仅将其在水土流失敏感性中体现。湖南不存在防风固沙、盐渍化等压力，故本研究中生态重要性评价只考虑了水源涵养和生物多样性保护，生态环境敏感脆弱性只考虑水土流失和石漠化。

生态重要性评价的指标包括水源涵养、生物多样性保护，按生态系统服务值大小由低到高依次划分为4个重要性级别。

水源涵养功能重要性的分级方法见表5-1。

表5-1　水源涵养功能重要性分级

重要性级别	重要性程度	水系流域范围及植被类型
Ⅰ级	极高	水源保护地； 干流两侧2 km范围内，一级支流两侧1 km范围内，或二级河流两侧200 m范围内(中心城区除外)； 常绿阔叶林，或常绿针叶阔叶混交林，或常绿落叶阔叶混交林
Ⅱ级	高	干流两侧2 km～4 km范围内，一级支流两侧1 km～2 km范围内，或二级支流两侧200 m～400 m范围内(中心城区除外)； 竹林，或常绿针叶林
Ⅲ级	中	干流两侧4 km～6 km范围内，一级支流两侧2 km～3 km范围内，或二级支流两侧400 m～600 m范围内(中心城区除外)； 灌丛，或落叶阔叶林，或针阔混交林，或经济林木
Ⅳ级	低	其他地区
干流、一级支流、二级支流按DB 43/023—2005附录B-1　湖南省主要水系地表水环境功能区划脉络表(河流)中的规定。		

生物多样性保护重要性的分级方法见表5-2。

表5-2 生物多样性保护重要性分级

重要性级别	重要性程度	分级标准
Ⅰ级	极高	国家级保护物种分布区；国家级自然保护区、森林公园、湿地公园、地质公园
Ⅱ级	高	省级保护物种分布区；省级自然保护区、森林公园、湿地公园、地质公园
Ⅲ级	中	县级自然保护区、森林公园、湿地公园、地质公园
Ⅳ级	低	其他地区

生态重要性的分级方法见表5-3。

表5-3 生态重要性分级

水源涵养功能重要性	生物多样性保护重要性			
	Ⅰ级	Ⅱ级	Ⅲ级	Ⅳ级
Ⅰ级	极重要	极重要	极重要	极重要
Ⅱ级	极重要	高度重要	高度重要	高度重要
Ⅲ级	极重要	高度重要	中等重要	中等重要
Ⅳ级	极重要	高度重要	中等重要	一般重要

生态敏感性评价的指标包括水土流失敏感性、石漠化敏感性、土地沙化敏感性，按敏感性由低到高依次划分为5个级别，即不敏感、轻度敏感、中度敏感、高度敏感、极敏感。

水土流失敏感性的分级方法见表5-4。

表5-4 水土流失敏感性分级

水土流失敏感性	因素			
	降雨侵蚀力/($MJ \cdot mm \cdot hm^{-2} \cdot h^{-1} \cdot a^{-1}$)	土壤质地	地形起伏度/m	植被覆盖度
不敏感	≤25	砾质土、砾石土	[0,20]	≥0.8
轻度敏感	(25,100]	壤质砂土、黏土	(20,50]	[0.6,0.8)
中度敏感	(100,400]	砂质壤土、壤土	(50,100]	[0.4,0.6)
高度敏感	(400,600]	粉砂质壤土、砂质黏壤土、黏壤土	(100,300]	[0.2,0.4)
极敏感	>600	粉砂质黏壤土、砂质黏土、壤质黏土、粉砂质黏土	>300	<0.2

石漠化敏感性的分级方法见表5-5。

表5-5　石漠化敏感性分级

石漠化敏感性	因素		
	碳酸岩出露面积百分比/%	地形坡度/(°)	植被覆盖度
不敏感	≤10	≤5	≥0.8
轻度敏感	10～30	5～8	0.6～0.8
中度敏感	30～50	8～15	0.4～0.6
高度敏感	50～70	15～25	0.2～0.4
极敏感	≥70	≥25	≤0.2

土地沙化敏感性的分级方法见表5-6。

表5-6　土地沙化敏感性分级

土地沙化敏感性	因素			
	干燥度指数	起沙风(≥6 m/s)天数	土壤质地	植被覆盖度
不敏感	≤1.0	≤5	基岩	≥0.8
轻度敏感	1.0～1.5	5～10	黏质土	0.6～0.8
中度敏感	1.5～4.0	10～20	砾质土	0.4～0.6
高度敏感	4.0～16.0	20～30	壤质土	0.2～0.4
极敏感	≥16.0	≥30	沙质土	≤0.2

二、评价结果

1.生态敏感性评价结果

综合来看，湖南省生态敏感性以中度敏感、一般敏感为主，占到了湖南省总网格数的约80%(图5-1，表5-7)。其中：

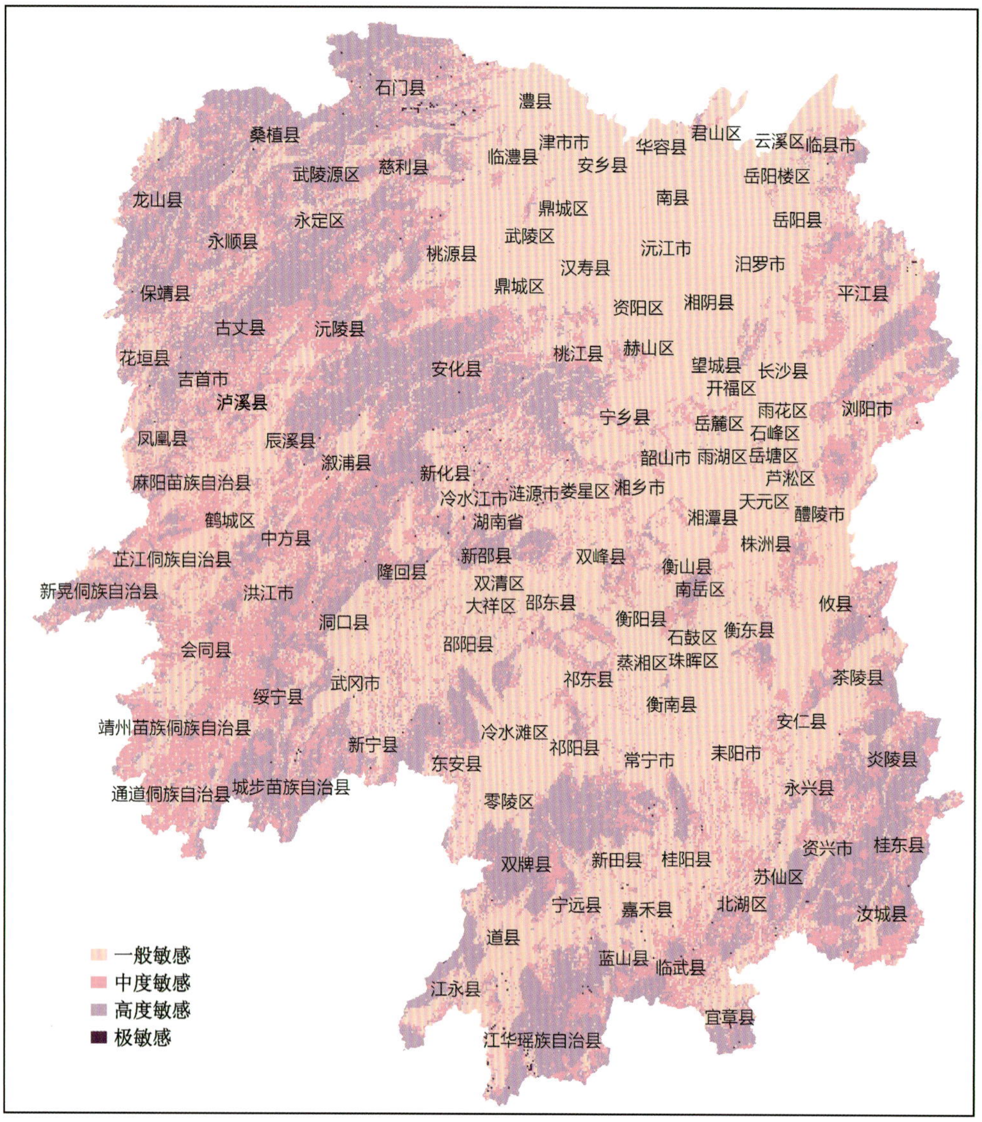

图 5-1　湖南省生态敏感性评价结果

表 5-7　湖南省生态敏感性评价结果统计

敏感度	极敏感	高度敏感	中度敏感	一般敏感	总计
网格数	199	50 889	50 962	112 645	214 695
百分比/%	0.09	23.70	23.74	52.47	100.00

湖南省生态极敏感区占比 0.09%，主要呈零星分布在湘西北石门县、湘南江华县。其特点是坡度基本为 25°以上、水土流失敏感性高，主要现状地类为林地、未利用地。

湖南省生态高度敏感区占比 23.70%，主要分布在武陵山区、雪峰山区、湘南丘陵区、湘东北丘陵区。其特点是坡度基本为 25°以上、水土流失敏感性较高，主要现状地类为林地。

湖南省生态中度敏感区占比 23.74%，主要分布在高度敏感区外围。其特点是坡度基本为 15°～25°、水土流失敏感性高，主要现状地类为林地、草地。

2. 生态重要性评价结果

湖南省生态极重要区占比 7.28％，主要呈点状分布在湘西北、湘南、洞庭湖区（图 5-2，表 5-8）。其主要是世界级、国家级、省级自然保护区范围。

图 5-2　湖南省生态重要性评价结果

湖南省生态高度重要区占比 9.39％，主要分布在武陵山区、雪峰山区、湘南丘陵区，主要是国家级、省级自然保护区范围以及部分坡度在 25°以上的区域。

湖南省生态中等重要区占比 16.48％，主要分布在湘西地区、湘南地区。其特点是坡度基本为 25°以上，主要现状地类为林地、草地。

保肥能力较差，适宜种植生长期较短的作物；黏性土壤颗粒细、空隙小、通气不良，对根系伸长有抑制作用，但是土壤温度变化小、保肥能力强。因此将此两类土壤视为同等重要，给予相同的分值。壤土砂黏适中，具有沙土和黏土的优点，又克服了两者的缺点，适合多种作物生长，故给予其最高的分值。

在资料可获取时，可进一步细化分值：如轻壤、中壤、重壤是壤土的进一步分类，其砂粒含量依次减少，黏粒含量依次增高，透气性依次递减，分值可依次递减。

土层厚度是决定植物生产力的重要因素。影响土壤水分、养分的总贮量和利用率，影响根系分布的空间分布范围、组成和生态稳定性，从而影响植株生长势、大小和空间利用率，影响结果迟早、经济寿命和丰产稳产及品质。一般土壤深厚有利于增加单位面积土壤水分养分供应和减少损失，提高土肥水利用率，增加根系生长的生态稳定条件，促进根系特别是垂直根生长。以 30 cm 为标尺是针对水稻田而言，土层厚度小于此，则耕作层厚度更小，不宜种植水稻。

农学界一般将气候、地形、土壤、水文性质称为“立地条件”。它是指影响农作物形成与生长发育的各种自然环境因子的综合，它是由许多环境因子组合而成的。将生态重要性敏感性、地质灾害易发程度作为立地条件的另一种表征形式，列入考虑。

限制性指标分级评价标准综合参照了《农用地质量分等规程》(GB/T 28407—2012)、《中国耕地质量等级调查与评定(湖南卷)》《全国耕地后备资源调查评价技术方案》(国土资厅发〔2014〕13 号)中的分级评价标准赋予适宜性分值(表 5-9)。

在农业开发适宜程度划分中，以湖南全省数据为基础，采用 ArcGIS 自然断点法，得出断点为 64、85，故设定农业开发适宜性得分 $L=0$ 为不适宜，$0<L\leqslant 65$ 为低适宜，$65<L\leqslant 85$ 为中适宜，$85<L\leqslant 100$ 为高适宜。

表 5-9　农业开发适宜性评价指标体系

类型	指标	指标分类	分值	权重
禁止性指标	生态重要性和敏感性	生态极重要或极敏感区域	0	
		其他区域	1	
	土壤环境	低于农用地土壤污染风险管制值①	0	
		高于农用地土壤污染风险管制值①	1	
	水环境②	劣于农田灌溉用水水质基本控制项目标准值③	0	
		优于农田灌溉用水水质基本控制项目标准值③	1	
	洪水位线	河流、湖泊洪水位线以下	0	
		河流、湖泊洪水位线以上	1	
	坡度	25°以上	0	
	土层厚度	<30 cm	0	

2. 生态重要性评价结果

湖南省生态极重要区占比 7.28%，主要呈点状分布在湘西北、湘南、洞庭湖区（图 5-2，表 5-8）。其主要是世界级、国家级、省级自然保护区范围。

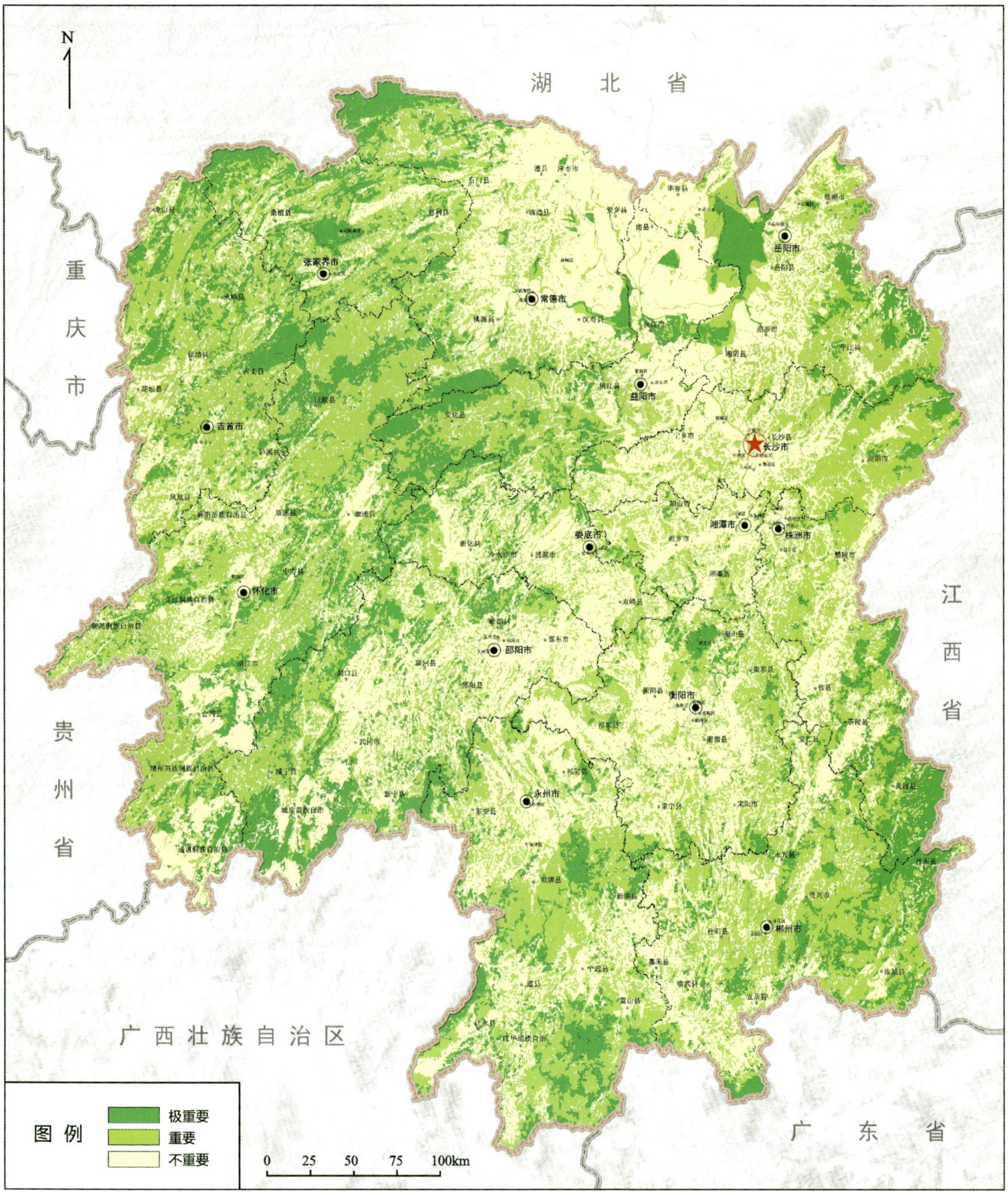

图 5-2　湖南省生态重要性评价结果

湖南省生态高度重要区占比 9.39%，主要分布在武陵山区、雪峰山区、湘南丘陵区，主要是国家级、省级自然保护区范围以及部分坡度在 25°以上的区域。

湖南省生态中等重要区占比 16.48%，主要分布在湘西地区、湘南地区。其特点是坡度基本为 25°以上，主要现状地类为林地、草地。

保肥能力较差，适宜种植生长期较短的作物；黏性土壤颗粒细、空隙小、通气不良，对根系伸长有抑制作用，但是土壤温度变化小、保肥能力强。因此将此两类土壤视为同等重要，给予相同的分值。壤土砂黏适中，具有沙土和黏土的优点，又克服了两者的缺点，适合多种作物生长，故给予其最高的分值。

在资料可获取时，可进一步细化分值：如轻壤、中壤、重壤是壤土的进一步分类，其砂粒含量依次减少，黏粒含量依次增高，透气性依次递减，分值可依次递减。

土层厚度是决定植物生产力的重要因素。影响土壤水分、养分的总贮量和利用率，影响根系分布的空间分布范围、组成和生态稳定性，从而影响植株生长势、大小和空间利用率，影响结果迟早、经济寿命和丰产稳产及品质。一般土壤深厚有利于增加单位面积土壤水分养分供应和减少损失，提高土肥水利用率，增加根系生长的生态稳定条件，促进根系特别是垂直根生长。以 30 cm 为标尺是针对水稻田而言，土层厚度小于此，则耕作层厚度更小，不宜种植水稻。

农学界一般将气候、地形、土壤、水文性质称为“立地条件”。它是指影响农作物形成与生长发育的各种自然环境因子的综合，它是由许多环境因子组合而成的。将生态重要性敏感性、地质灾害易发程度作为立地条件的另一种表征形式，列入考虑。

限制性指标分级评价标准综合参照了《农用地质量分等规程》（GB/T 28407—2012）、《中国耕地质量等级调查与评定（湖南卷）》《全国耕地后备资源调查评价技术方案》（国土资厅发〔2014〕13 号）中的分级评价标准赋予适宜性分值（表 5-9）。

在农业开发适宜程度划分中，以湖南全省数据为基础，采用 ArcGIS 自然断点法，得出断点为 64、85，故设定农业开发适宜性得分 $L=0$ 为不适宜，$0<L\leqslant 65$ 为低适宜，$65<L\leqslant 85$ 为中适宜，$85<L\leqslant 100$ 为高适宜。

表 5-9　农业开发适宜性评价指标体系

类型	指标	指标分类	分值	权重
禁止性指标	生态重要性和敏感性	生态极重要或极敏感区域	0	
		其他区域	1	
	土壤环境	低于农用地土壤污染风险管制值①	0	
		高于农用地土壤污染风险管制值①	1	
	水环境②	劣于农田灌溉用水水质基本控制项目标准值③	0	
		优于农田灌溉用水水质基本控制项目标准值③	1	
	洪水位线	河流、湖泊洪水位线以下	0	
		河流、湖泊洪水位线以上	1	
	坡度	25°以上	0	
	土层厚度	<30 cm	0	

续表 5-9

类型	指标	指标分类	分值	权重
限制性指标	生态重要性和敏感性	高度重要或高度敏感	20	0.2
		中等重要或中度敏感	60	
		一般重要或一般敏感	100	
	坡度	15°～25°	20	0.2
		8°～15°	60	
		2°～8°	80	
		0°～2°	100	
	蓄滞洪区	重要蓄滞洪区	30	0.1
		一般蓄滞洪区	50	
		蓄滞洪保留区	70	
		非蓄滞洪区	100	
	地质灾害易发程度④	高易发区	60	0.05
		中易发区	80	
		低易发区	90	
		其他	100	
	土层厚度	30～60 cm	60	0.15
		60～90 cm	80	
		＞90 cm	100	
	土壤质地	砾质土	10	0.2
		砂土、黏土	50	
		壤土	100	
	微观地貌	山肩、山顶	10	0.1
		背坡	30	
		麓坡	60	
		趾坡、岗地	90	
		平原、台地	100	

注：①农用地土壤污染风险管制值按 GB 15618—2018 中的规定。②水环境包括对农业开发有影响的地表水环境和地下水环境。③农田灌溉用水水质基本控制项目标准值按 GB 5084—2005 中的规定。④地质灾害易发程度按 DZ/T 0286—2015 中的规定进行评价。

二、评价结果

从评价结果（图 5-3，表 5-10）可以看出，湖南省农业开发高适宜区占比 34.63%，主要分布在环洞庭湖平原区、湘中盆地区。农业开发中适宜区占比 11.76%，主要与高适宜区相间、镶嵌分布。农业开发低适宜区占比 23.48%，主要分布在湘西地区、湘南地区。

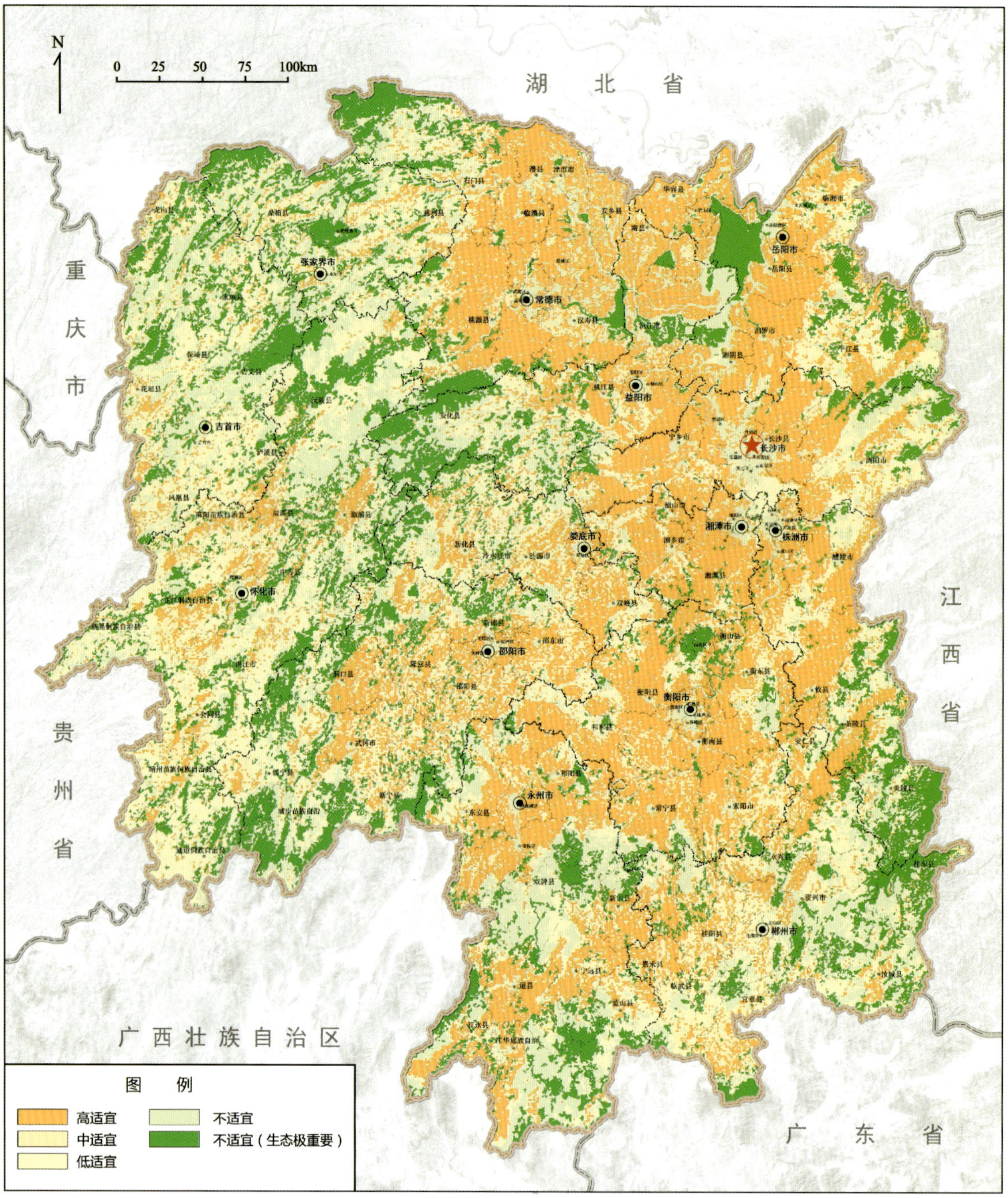

图 5-3　湖南省耕地适宜性评价结果

表 5-10　湖南省农业开发适宜性评价结果统计

适宜性	高适宜	中适宜	低适宜	不适宜	总计
网格数	74 352	25 254	50 400	64 689	214 695
百分比/%	34.63	11.76	23.48	30.13	100.00

湖南省适宜进行耕作的土地面积占比较大，这得益于湖南省良好的水热及自然地理条件。从整个湖南省的地域空间来看，岳阳市、常德市、益阳市及长沙市适宜耕作的土地面积大，且耕地适宜性等级较高，集中分布在湖南省北部的洞庭湖流域，作物耕种条件较好。相比之下全省的西部及南部整体耕地适宜性较差。

湖南省122个县(市、区)中，浏阳市、桃源县、平江县、沅陵县以及宁乡市适宜进行耕作的土地面积较大。适宜耕作的土地面积最小的县市为古丈县，此外，冷水江市、津市市及双牌县等县(市)宜耕土地面积也较小。

从耕地适宜性占比看，株洲县、临澧县、耒阳市、湘潭县及邵东县的宜耕土地占比较高。相比之下，双牌县、古丈县、安化县及岳阳县适宜进行耕作的土地占比较低，宜耕条件差。

第三节 建设开发适宜性评价

一、基本思路和方法

建设用地开发适宜性评价与耕地适宜性评价类似，即在自然地理条件、生态环境、制度政策3个要素方面提取指标，采用“减分制”，对生态环境等有限制性要求的设置为限制性指标，赋值为0，禁止性指标之外的，赋值为1；对限制性指标赋值为0～100，分数越高，表示越适宜。综合适宜性得分计算公式同前一小节。

根据综合适宜性得分，将建设用地耕地、适宜性划分为不适宜、低适宜、中适宜、高适宜4类(表5-11、表5-12)。

表5-11 建设开发适宜性评价因子

类型	指标	分类	分值($J_{建i}$、$X_{建k}$)		
			市级评价		县级评价
			城市化地区	农产品主产区、重点生态功能区	
禁止性指标	生态重要性和敏感性	生态极重要或极敏感区域	0	0	0
		其他区域	1	1	1
	水域	河流、湖泊、水库等	0	0	0
		其他	1	1	1
	洪水位线	河流、湖泊洪水位线以下	0	0	0
		河流、湖泊洪水位线以上	1	1	1
	坡度	>25°	0	0	0

续表 5-11

类型	指标	分类	分值($J_{建i}$、$X_{建k}$)		
			市级评价		县级评价
			城市化地区	农产品主产区、重点生态功能区	
限制性指标	生态重要性和敏感性	高度重要或高度敏感	30	20	30
		中等重要或中度敏感	60	60	60
		一般重要或一般敏感	100	100	100
	农用地质量	耕地质量高于评价区域平均利用等①	20	20	20
		耕地质量低于评价区域平均利用等①	60	40	60
	坡度	>25%,且≤46.63%(25°)	10	20	10
		≤25%	100	100	100
	地质灾害易发程度②	高易发区	40	50	40
		中易发区	60	60	60
		低易发区	80	80	80
		无地质灾害风险	100	100	100
	蓄滞洪区	蓄滞洪区	20	20	20
		其他	100	100	100

注:①耕地平均利用等按 GB/T 28407—2012 中的规定进行评价。②地质灾害易发程度按 DZ/T 0286—2015 中的规定进行评价。

表 5-12 限制性因子权重

限制性指标	权重	
	区	县、县级市
生态重要性和敏感性	0.4	0.45
农用地质量	0.15	0.25
坡度	0.25	0.2
地质灾害易发程度	0.1	0.05
蓄滞洪区	0.1	0.05

适宜性等级参照《国土资源环境承载力评价技术要求》划分为 4 个级别。以湖南省全省数据为基础,采用 ArcGIS 自然断点法得出自然断点为 75、85(表 5-13)。

表 5-13 建设开发适宜性分级

等级	不适宜	低适宜	中适宜	高适宜
适宜性得分 L	0	<75	[75,85)	[85,100]

二、评价结果

湖南省建设开发高适宜区占比 27.18%,主要分布在环洞庭湖平原区、湘中盆地区。建设开发中适宜区占比 19.51％，主要与高适宜区相间、镶嵌分布。建设开发低适宜区占比 45.95％，主要分布在湘西地区、湘南地区、湘东北地区（表 5-14，图 5-4）。

表 5-14　湖南省建设开发适宜性评价结果统计

等级	高适宜	中适宜	低适宜	不适宜	总计
网格数	58 352	41 878	98 652	15 813	214 695
百分比/％	27.18	19.51	45.95	7.37	100.00

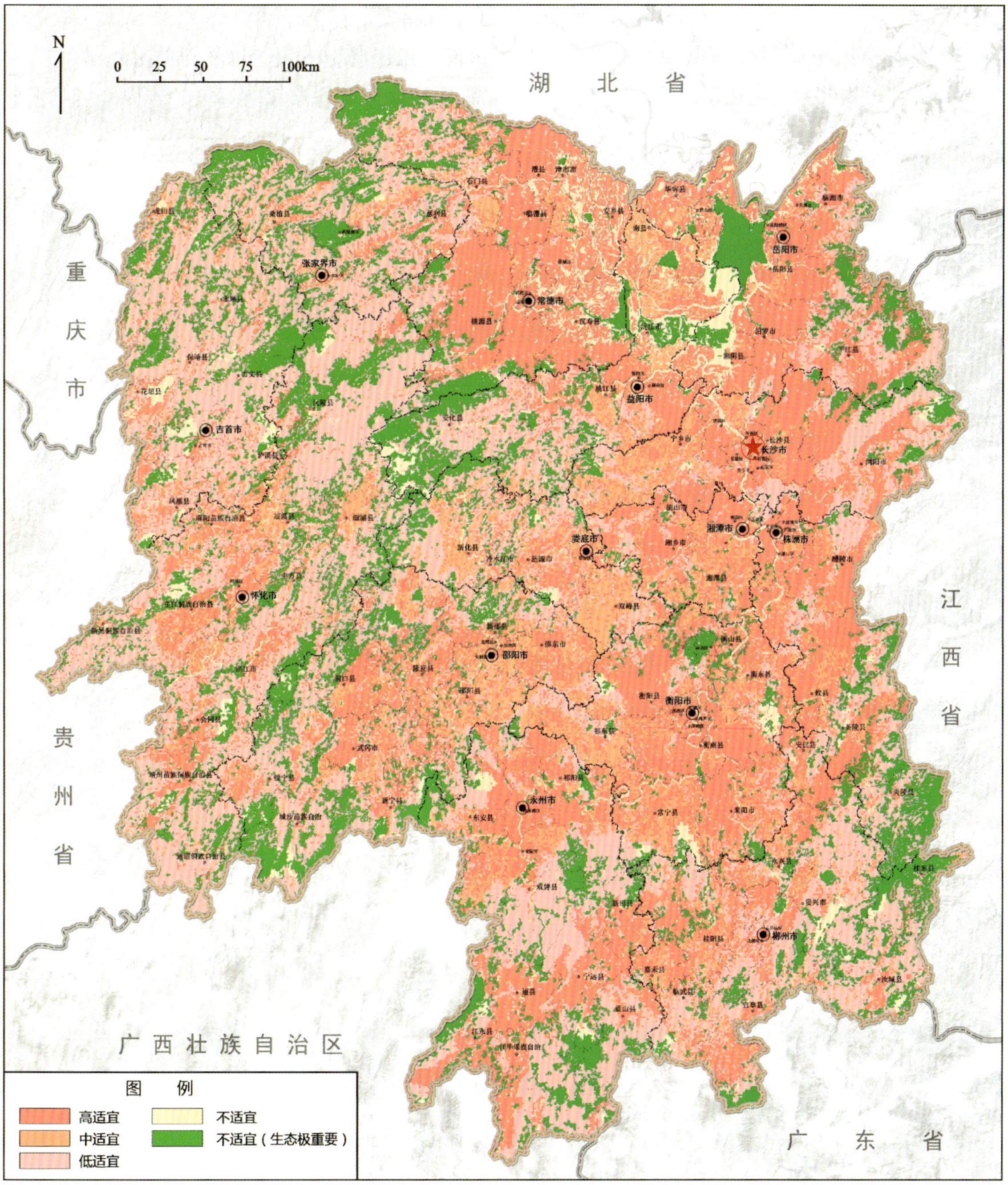

图 5-4　湖南省建设用地适宜性评价结果

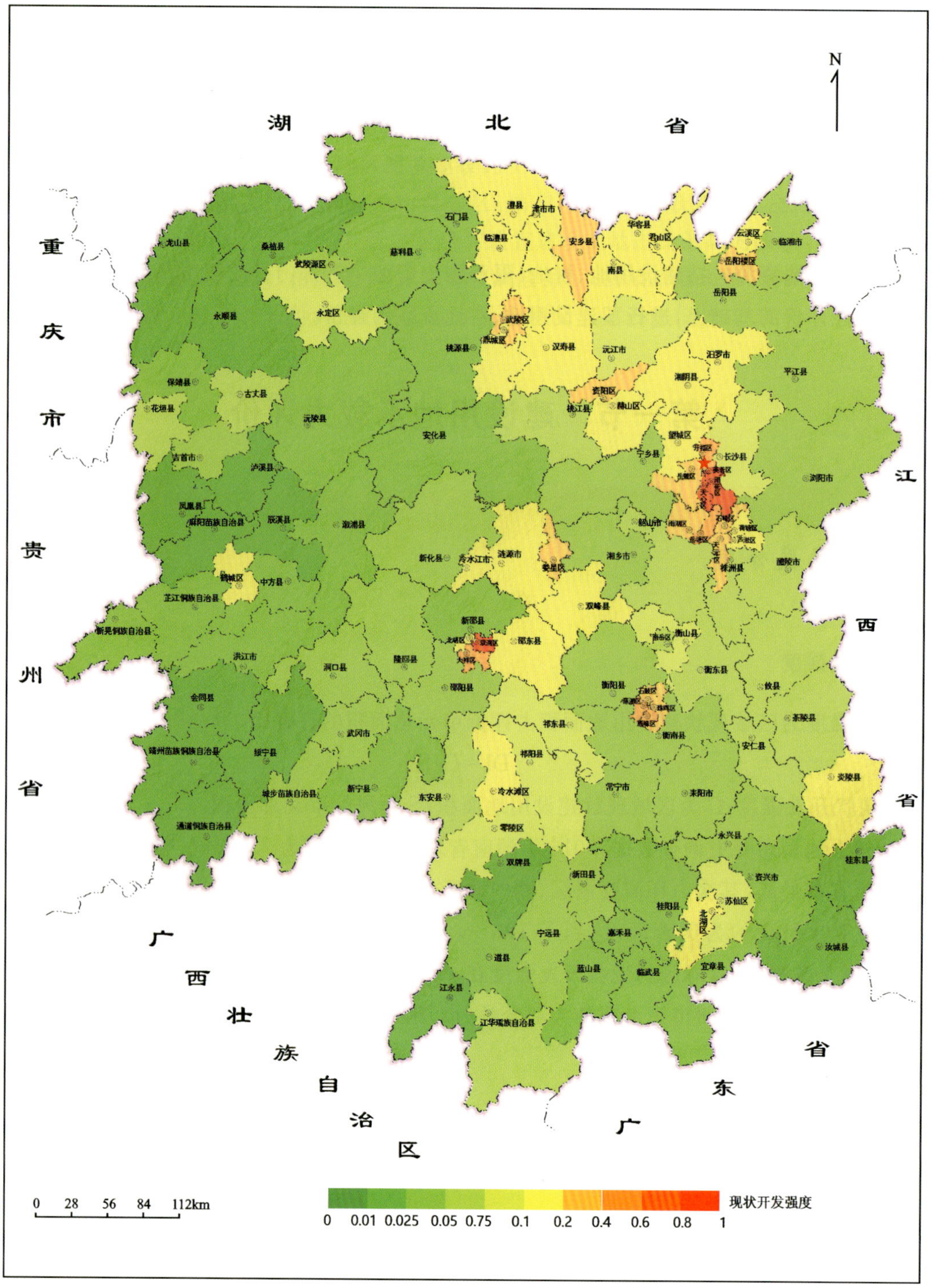

图 6-1　湖南省各县(市、区)现状开发强度

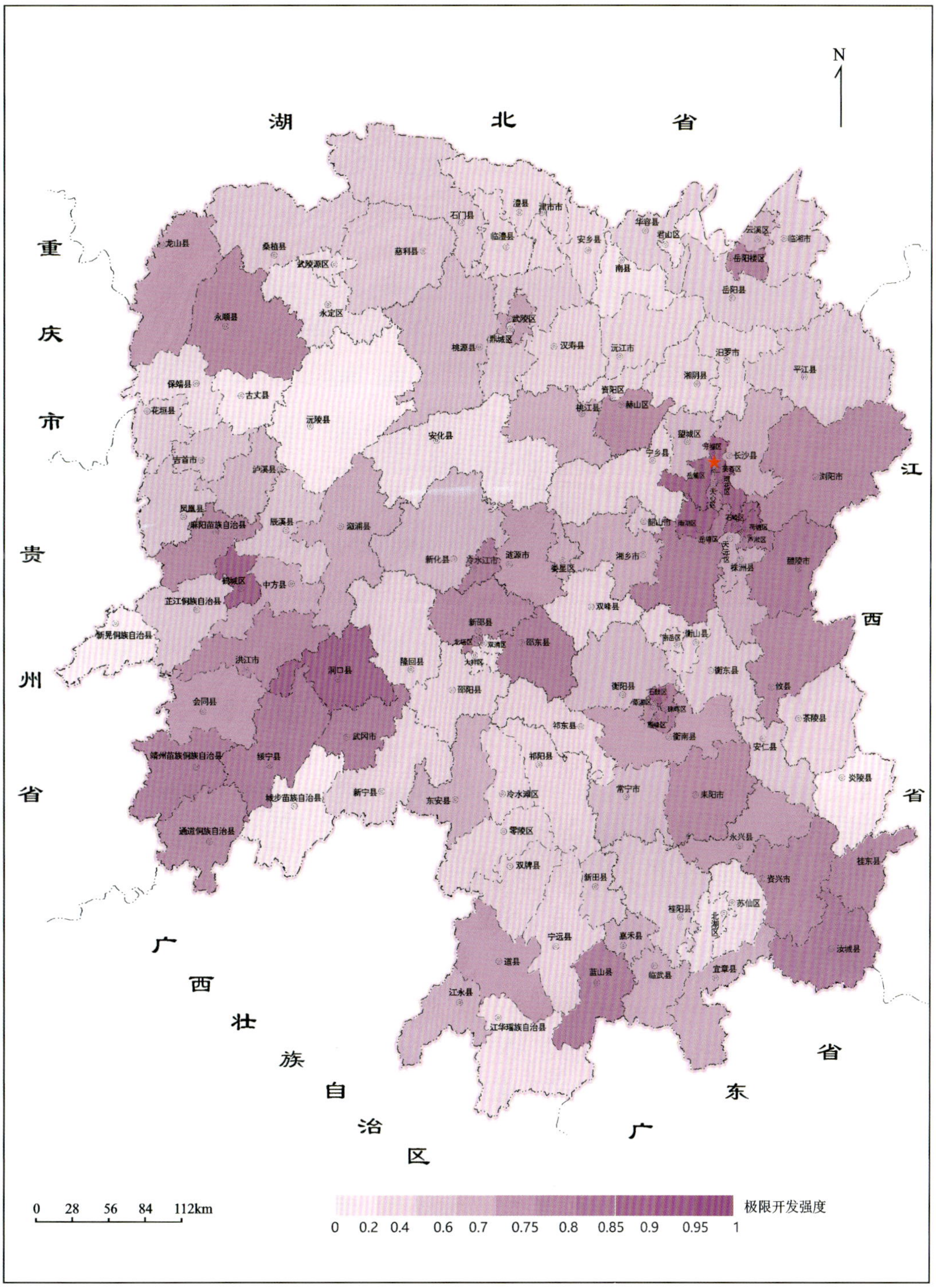

图 6-2　湖南省各县(市、区)极限开发强度

3. 现状开发程度

分析现状开发强度与极限开发强度之间的关系，以现状开发强度与极限开发强度之比表征建设用地现状开发程度，计算公式如下：

$$P=\frac{\mathrm{DI}}{\mathrm{LDI}}$$

式中，P 为区域建设用地现状开发程度，以无量纲的[0,1]表示，或乘以 100，以%表示；DI 为现状开发强度；LDI 为极限开发强度。

湖南省的现状开发程度以长株潭城市群、邵阳市最高，其次为环洞庭湖区，湘西、湘南、湘东北较低。

现状开发程度最高的县(市、区)是芙蓉区，达到了 100%。其次为天心区、雨花区、双清区，均在 80%以上。剩余其他各县(市、区)均在 50%以下。泸溪县、江永县、龙山县、桂东县、辰溪县、汝城县、桑植县、凤凰县、靖州苗族侗族自治县、会同县、麻阳苗族自治县、永顺县、绥宁县、通道侗族自治县、双牌县的现状开发程度不足 1%。

4. 现状建设用地布局匹配度

现状建设用地布局匹配度用于表征现状建设用地布局与适宜评价结果空间匹配的情况。将开发建设基础评价中适宜性评价结果划分的 4 种类型与现状建设用地进行空间叠加分析，计算非特别不适宜建设区现状建设用地占比，得到现状建设用地布局匹配度，计算公式如下：

$$\mathrm{CLRI}=(S_1+S_2+S_3)/S$$

式中，CLRI 为现状建设用地布局匹配度；S_1 为现状建设用地位于最适宜建设区面积；S_2 为现状建设用地位于基本适宜建设区面积；S_3 为现状建设用地位于不适宜建设区面积；S 为现状建设用地总面积。

湖南省总体的现状建设用地布局匹配度非常好，除武陵源区(84.96%)、桑植县(85.19%)、慈利县(93.95%)、南岳区(94.16%)、永定区(97.24%)5 个县(市、区)外，其他县(市、区)均为 100%。5 个现状建设用地布局匹配度不为 100%的县(市、区)均为生态保护区或风景名胜区面积较大区域。

二、建设用地承载状态

结合区域发展阶段及发展目标，采用专家打分法结合湖南省的实际情况确定各不同资源环境类型区的建设开发程度阈值。对比分析现状建设开发程度与适宜建设开发程度阈值，通过二者的偏离度计算确定建设用地压力状态指数。计算公式如下：

$$D=\left(\frac{P}{1-P\cdot(1-\mathrm{CLRI})}-T\right)/T$$

式中，D 为建设用地压力状态指数；P 为现状建设开发程度；CLRI 为现状建设用地布局匹配度；T 为适宜建设开发程度的阈值。

对城市型区域，地级市辖区的建设开发程度较高，允许其建设开发程度达到 95%；非地级市辖区，考虑到其对建设开发的需求较高，允许其建设开发程度达到 80%。对资源型城市，要适当控制开发规模，地级市辖区允许建设开发程度达到 50%，其他区域建设开发程度最大为 40%。对农业型地区和生态型地区，要严格控制开发规模，地级市辖区的允许建设开发程度分别为 50%、25%，其他区域分别为 30%、15%(表 6-1)。

表 6-1 湖南省建设开发程度阈值

自然资源环境类型	适宜建设开发程度的阈值	
	地级市辖区	其他区域
城市化地区	100%	40%
农产品主产区	50%	30%
重点生态功能区	25%	15%

对比分析现状建设开发程度与适宜建设开发程度阈值，通过二者的偏离度计算确定建设用地压力状态指数。湖南省总体的建设用地压力状态指数较低，除芙蓉区、双清区为 0 外，其他县(市、区)均小于 0。长株潭地区、环洞庭湖区、湘中地区的建设用地压力状态指数较高，大部分在 −0.5～0 之间。湘西、湘南、湘东北地区的建设用地压力状态指数较低，大部分在 −1～−0.9 之间。其中较为特殊的为炎陵县，建设用地压力状态指数为 −0.26(图 6-3)。

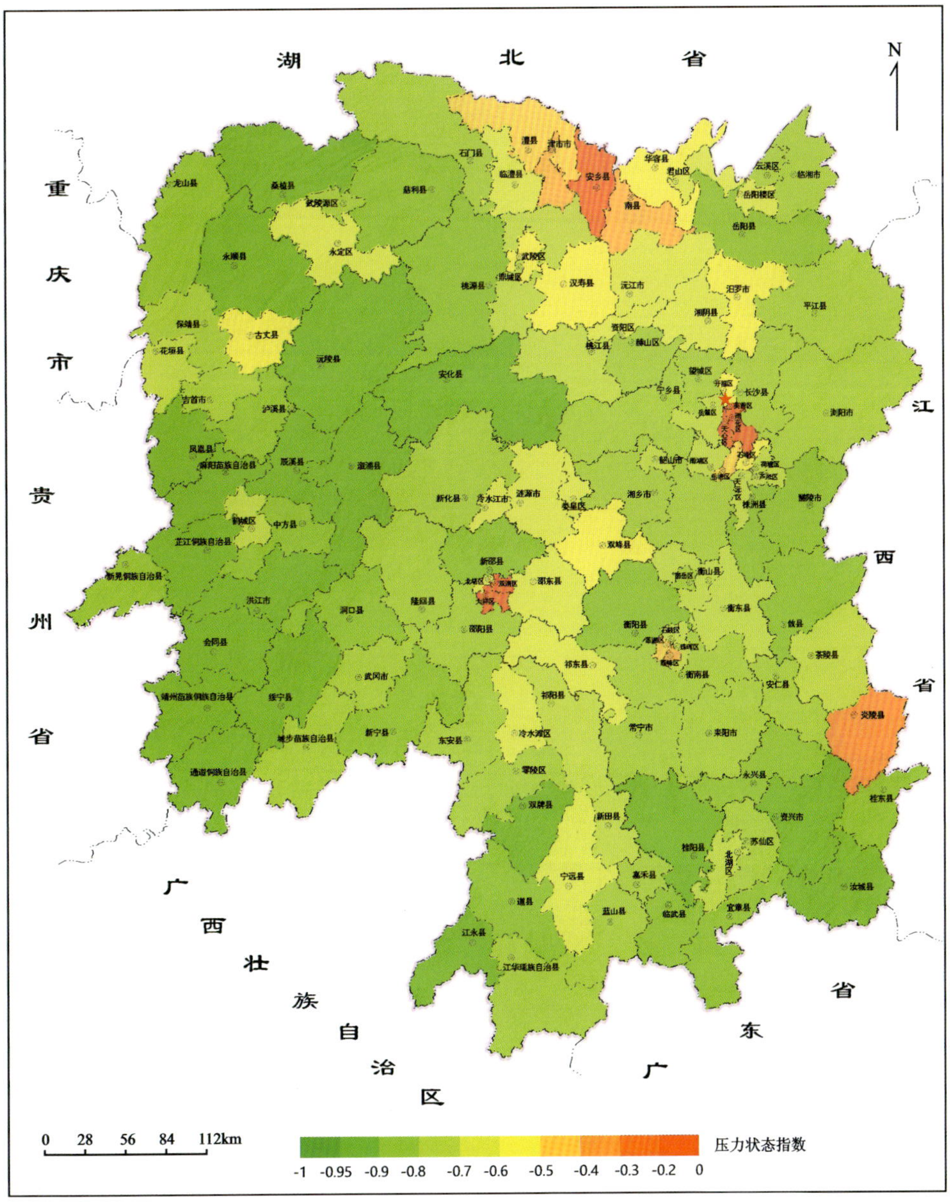

图 6-3 湖南省建设用地压力状态指数

建设用地压力状态指数越小，即现状建设开发程度与适宜建设开发程度的偏离度越低，表明目前建设开发格局与土地资源条件趋于协调。在适宜建设开发程度的阈值设置上，充分考虑了湖南省122个县(市、区)的实际情况，根据不同主体功能区县域现状开发程度(图6-4)，针对不同的资源环境类型分区和是否为地级市辖区进行了分别设置。重点开发区的现状开发程度基本在40%(图6-4以小数0.4表示，下同)以下，农产品主产区在30%以下，生态功能区在15%以下。

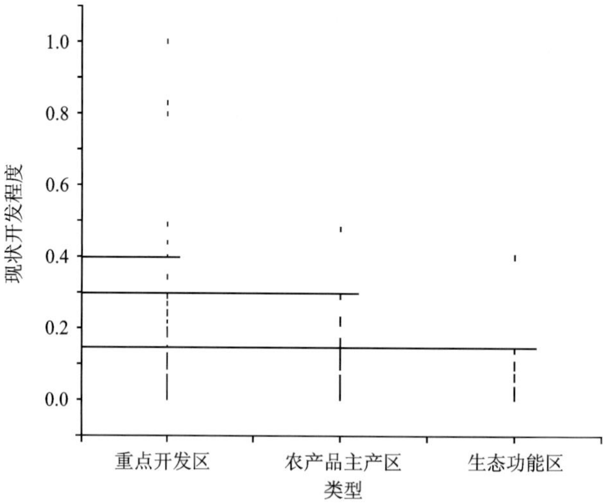

图6-4　不同主体功能区县域现状开发程度散点图

在建设用地承载状态判断阈值的设置上，根据湖南省122个县(市、区)的建设用地压力状态指数分布情况，设定−0.2、0.1两个分界点。

湖南省没有超载的县(市、区)，除芙蓉区、双清区为临界超载外，其他县(市、区)均为可载。

第二节　耕地资源承载力评价

一、人均耕地生产能力

根据评价区域变更调查数据及耕地分等定级成果，计算人均耕地生产能力当量。计算公式如下：

$$F_P = \frac{\sum S_i F_i}{N}$$

式中，F_P 为人均耕地生产能力；S_i 为第 i 宗耕地面积；F_i 为第 i 宗耕地的粮食生产当量；N 为汇总单元常住人口。粮食生产当量按农业部门统计数据计算，或按《中国耕地质量等级调查与评定(湖南卷)》中给出的标准粮产量和耕地等级折算系数计算得出。

耕地等别对应的粮食生产当量以湖南省农用地分等定级工作中的不同利用等级耕地标准粮产量为基础核算(表6-2)。

表6-2　不同利用等级耕地标准粮产量　　单位：kg/亩

土地利用等别	水田标准粮产量	旱地标准粮产量
1	1 998.72	1 691.29
2	1 886.35	1 599.21

续表 6-2

土地利用等	水田标准粮产量	旱地标准粮产量
3	1 773.98	1 507.12
4	1 661.60	1 415.03
5	1 549.23	1 322.95
6	1 436.86	1 230.86
7	1 324.48	1 138.77
8	1 212.11	1 046.69
9	1 099.74	954.60
10	987.36	862.51
11	874.99	770.43
12	762.62	678.34
13	650.24	586.25
14	537.87	494.17
15	425.50	402.08

根据以上计算得出湖南省各县(市、区)平均人均耕地生产能力为 1 219.67 kg/人。从地域分布上看,湖南省人均耕地生产能力最高的地区为环洞庭湖区,其中南县的人均耕地生产能力在湖南省最高,为 3 014.63 kg/人,沅江市的在湖南省列第二位,为 3 005.88 kg/人。重点开发区的地级市辖区的人均耕地生产能力相对最低,大部分低于 500 kg/人,其中天心区、双清区、雨花区仅分别为 18.48 kg/人、5.69 kg/人、1.90 kg/人。

二、耕地开发利用程度

分析现状耕地与耕地后备资源之间的关系,并计算区域现状耕地开发程度。计算公式如下:

耕地开发利用程度=现状耕地总面积/(现状耕地总面积+耕地后备资源面积)

湖南省各县(市、区)平均耕地开发利用程度为 96.42%,除嘉禾县、永顺县、江永县、衡南县、冷水江市 5 个县(市)外,其余各县(市、区)的耕地开发利用程度均在 90%以上。开福区、天心区、雨花区、武陵源区、荷塘区、石峰区的耕地后备资源面积为 0,因此这 6 个区的耕地开发利用程度为 100%。

三、耕地资源承载状态

耕地资源开发利用承载状态用耕地开发压力状态指数表征。对比分析实际人均耕地生产能力阈值之间的关系,确定耕地开发压力状态指数。计算公式如下:

$$A=\frac{F_P+\dfrac{(S_y-S_x)F_a}{N}-V}{V}$$

式中,A 为汇总单元的耕地承载指数;F_P 为人均耕地生产能力;S_y 为农业开发适宜性评价中高适宜区、中适宜区、低适宜区面积之和;S_x 为现状耕地面积;F_a 为汇总单元现状耕地面积加权平均等别对应的粮食生产当量;N 为汇总单元常住人口;V 为人均耕地生产能力预警阈值(《湖南省主体功能区规划》中的农产品主产区、城市化地区、重点生态功能区分别为 600 kg/人、395 kg/人、395 kg/人)。

考虑到各统计数据的误差，设定一定的动态空间。当耕地开发压力状态指数 $A \geqslant 0.1$ 时，耕地开发利用为可载；$-0.3 < A < 0.1$ 时，耕地开发利用为临界；$A \leqslant -0.3$ 时，耕地开发利用为超载。

由以上得到，湖南省除冷水江市、鹤城区的耕地资源开发利用承载状态为临界外，其他县（市、区）均为可载。生态功能区的耕地开发压力最大（$A=2.02$），其次为重点开发区（$A=2.25$）。耕地开发压力最小的为农产品主产区（$A=2.57$）（图 6-5）。

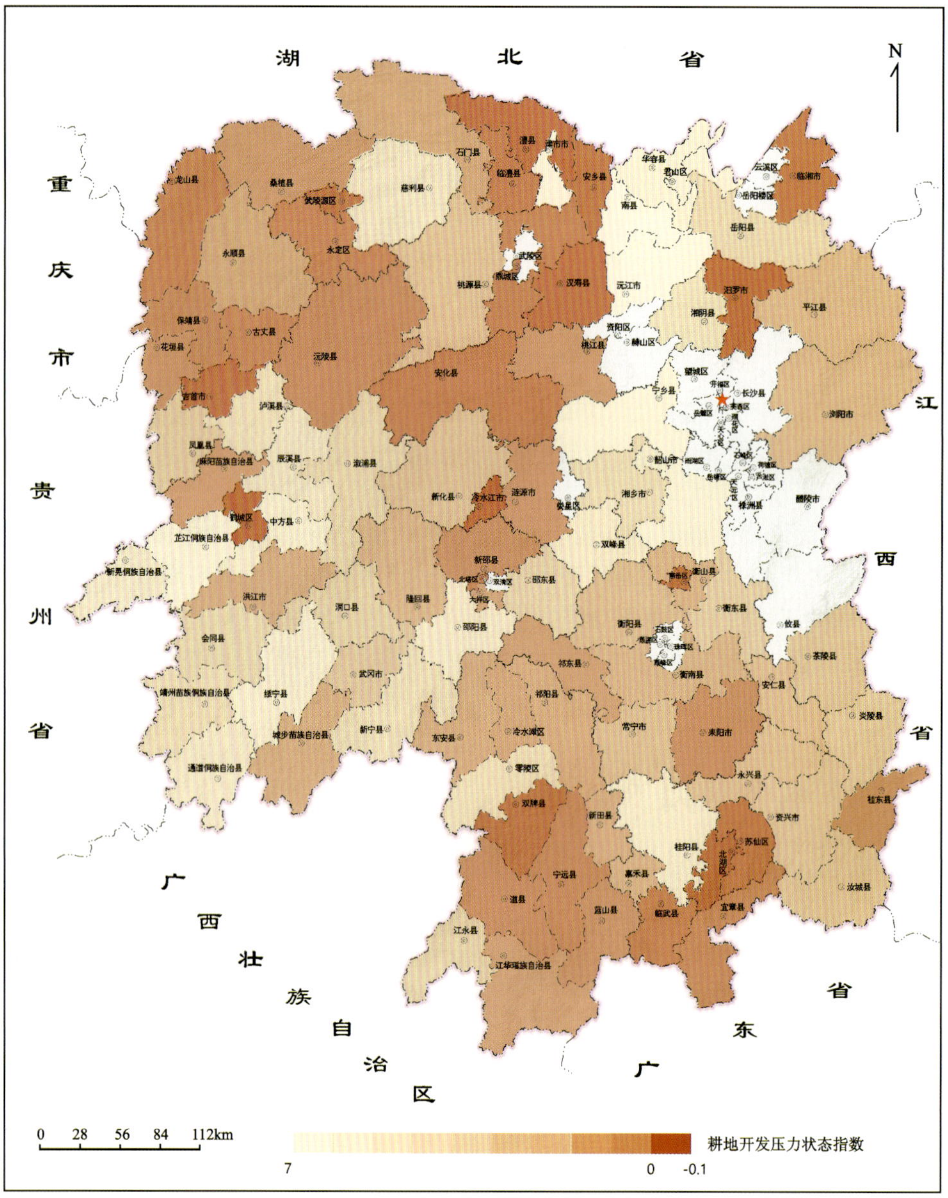

图 6-5　湖南省各县（市、区）耕地开发压力状态指数

第三节　土地资源承载力评价

建设开发与耕地开发有一项超载，或者两者均为临界即判定为土地资源承载力基础状态超载；两者有一项为临界，另一项为可载即判定为土地资源承载力基础状态临界；其他情况土地资源承载力基础状态为可载（表 6-3）。

表 6-3　土地资源承载力基础状态判别

土地资源承载力基础状态		建设用地开发承载状态		
		可载	临界	超载
耕地开发利用承载状态	可载	可载	临界	超载
	临界	临界	超载	超载
	超载	超载	超载	超载

湖南省土地资源承载力没有超载的县(市、区),为临界状态的有芙蓉区、双清区、鹤城区、冷水江市4个,其余均为可载(图6-6)。

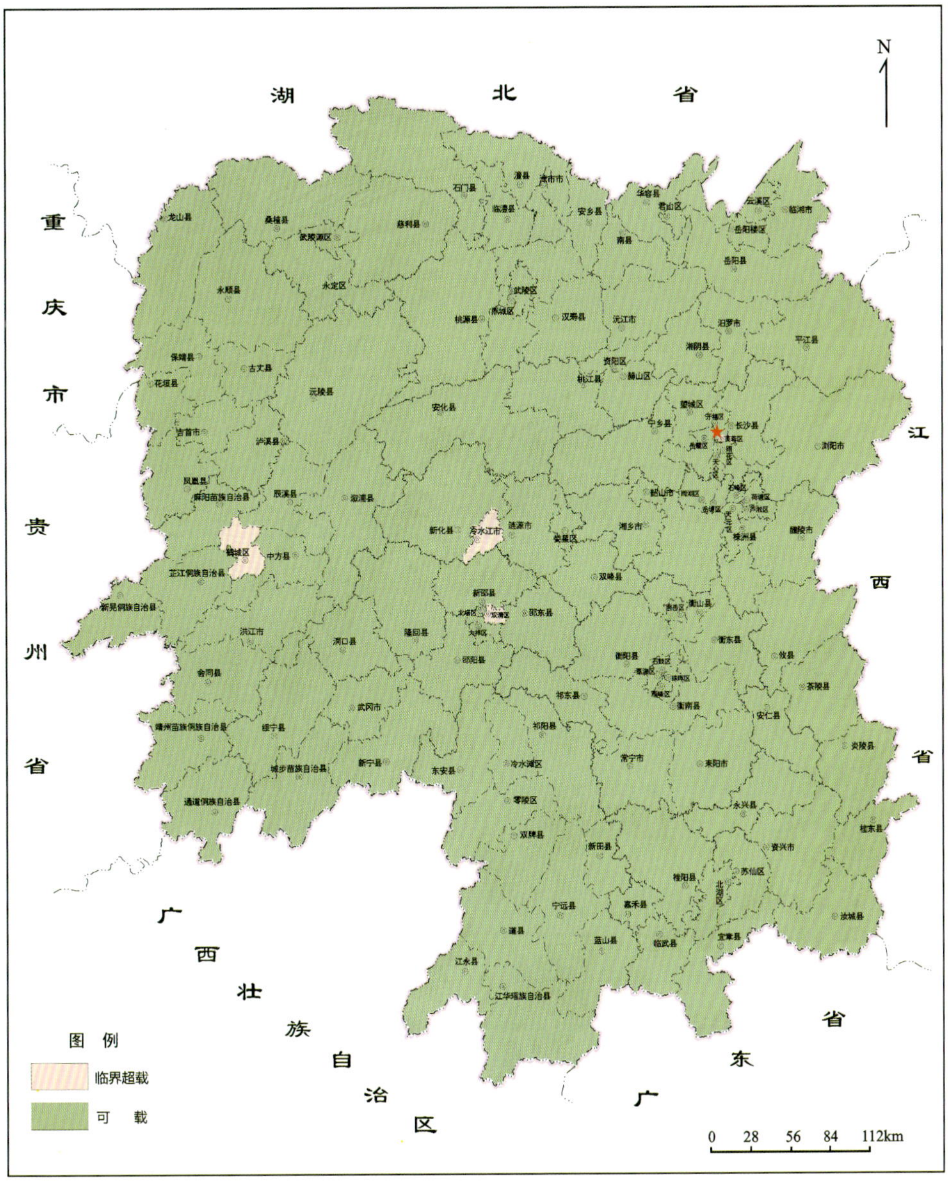

图6-6　湖南省土地资源承载力基础状态

第七章　水资源承载力评价

水既是重要的自然资源，又是重要的自然环境要素，是可持续发展的基础与条件，是环境问题与发展问题的核心。党中央、国务院对我国水资源问题非常重视，要求我们从战略高度认识水资源问题。当今水资源为世界各国所关注，我国的水资源大为短缺，我们过去的认识很不够，必须引起重视。水是人类生存的生命线，是经济发展和社会进步的生命线，是实现生态文明建设的重要物质基础。

第一节　水资源承载力评价技术方法

一、地下水资源承载力评价技术方法

地下水是水资源的重要组成部分，在保障城乡居民生活用水、支持社会经济发展、维持生态平衡等方面具有十分重要的作用。考虑到湖南省目前主要利用的为地表水，对地下水的利用程度不高，故仅通过地下水天然补给资源模数来表征地下水资源的承载力。

二、地表水资源承载力评价技术方法

地表水资源承载力通过水资源开发利用程度和人均用水量表征。

关于水资源利用率的极限阈值，目前尚未有定论。有学者提出国际上认为如果一个国家的水资源开发利用率达到或超过30%，人类与自然的和谐关系就会受到破坏。也有学者提出水资源短缺地区开发利用程度应维持在60%～70%之间，生态环境脆弱地区水资源开发利用程度不应超过50%。有的学者认为采用"净水资源利用率极限阈值40%和合理阈值30%"。考虑到湖南省位于水资源丰沛地区，可容纳的水资源开发利用程度应该较高，故将水资源开发利用率的超载阈值设定为60%。

关于人均用水量，根据《中华人民共和国城市居民生活用水量的国家标准》(GB/T 50331—2002)的相应规定，湖南省城市居民生活用水量标准为日用水量120(L/人·d)～180(L/人·d)(表7-1)。根据《中华人民共和国农村生活饮用水量国家卫生标准》(GB 11730—89)的相应规定，位于第Ⅲ区和第Ⅴ区的湖南省农村居民用水量标准见表7-2。

表7-1　城市居民生活用水量标准

地域分区	日用水量/(L/人·d)	适用范围
一	80～135	黑龙江、吉林、辽宁、内蒙古
二	85～140	北京、天津、河北、山东、河南、山西、陕西、宁夏、甘肃

续表 7-1

地域分区	日用水量/(L/人·d)	适用范围
三	120～180	上海、江苏、浙江、福建、江西、湖北、湖南、安徽
四	150～220	广西、广东、海南
五	100～140	重庆、四川、贵州、云南
六	75～125	新疆、西藏、青海

表 7-2 农村生活饮用水量卫生标准(最高日)

气候分区	供水条件	给水卫生设备类型及最高日生活用水量(L/人·d)		
		集中给水龙头	龙头安装到户	
			无洗涤池	有洗涤池或有洗涤池及淋浴设备
Ⅰ	计量收费供水	20～35	30～40	40～70
Ⅱ		20～35	30～40	40～70
Ⅲ		30～50	40～70	60～100
Ⅳ		30～50	40～70	70～100
Ⅴ		20～40	35～55	50～80
Ⅰ	免费供水		40～60	85～120
Ⅱ			50～70	90～140
Ⅲ			60～100	100～180
Ⅳ			70～100	100～180
Ⅴ			50～90	90～140

注：湖南省的所有县(市)分布于第Ⅲ分区和第Ⅴ分区。

根据以上，得到地表水资源承载力评价标准，如表 7-3 所示。

表 7-3 地表水资源承载力评价标准

	不超载	临界超载	超载
水资源开发利用程度	＜40％	[40％,60％]	＞60％
人均用水量	在国家标准范围内	超过或低于国家标准 10％以内	超过或低于国家标准 10％以上

第二节 地下水资源承载力分析

湖南省地下水资源量由山丘区和平原区的地下水资源量组成。多年平均地下水资源不重复计算量为 66 132 万 m^3。湖南省地形地貌多样，地质构造复杂。湖南省地下水资源在空间上表现为相互连续性较差的、多样化的分布特征。用地下水补给模数的大小来表示地下水资源丰贫程度，补给模数大，表示地下水资源丰富，补给模数小，则表示地下水资源贫乏。

湖南省的地下水天然补给资源模数均值为 23.58 万 $m^3/(km^2 \cdot a)$。郴州市、娄底市、邵阳市、湘西

根据湖南省各县(市、区)的土地退化情况,得到土地退化指数为临界状态的是花垣县、桑植县、凤凰县、大祥区,其余均为盈余。其中,桑植县土地退化指数为29.82%,为全省最高,其次分别为花垣县(29.7%)、凤凰县(28.04%)、大祥区(27.19%)。

二、生态用地面积占比及变化

湖南省122个县(市、区)中(图8-1),芙蓉区、雨花区、天心区和开福区的生态用地面积占比较少。其中芙蓉区生态用地占比仅为2.08%,为全省生态用地面积占比最低的区域。邵阳市双清区、北塔区和大祥区生态用地占比都在10%以下。此外,衡阳市蒸湘区、常德市安乡县生态用地面积占比分别为22.65%、20.78%,在全省也处于较低水平(表8-2)。

双牌县的生态用地面积占比高达93.86%,是全省生态用地面积占比最高的地方,武陵源区和沅陵县次之,生态用地占比分别为91.56%、91.19%。

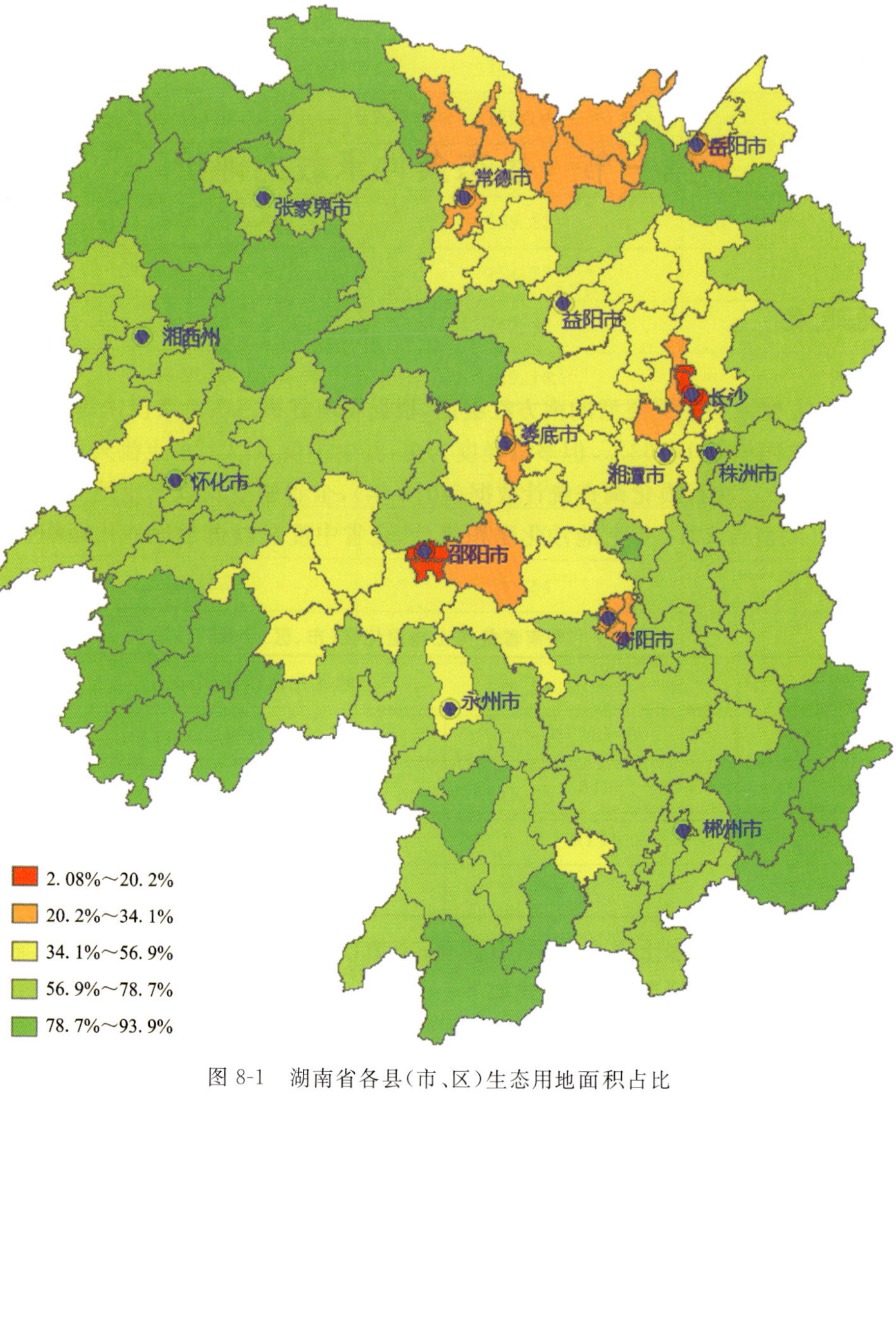

图8-1　湖南省各县(市、区)生态用地面积占比

表 8-2　湖南省各县（市、区）生态用地面积占比（2016 年）

市	县（市、区）名称	生态用地面积占比/%	县（市、区）名称	生态用地面积占比/%
长沙市	芙蓉区	2.08	天心区	21.37
	岳麓区	43.00	开福区	22.51
	雨花区	16.08	望城区	36.14
	浏阳市	75.91	宁乡市	44.89
	长沙县	46.57		
株洲市	石峰区	44.50	芦淞区	58.60
	天元区	48.07	荷塘区	47.58
	醴陵市	61.10	株洲县	61.12
	炎陵县	88.45	攸县	67.15
	茶陵县	75.30		
湘潭市	雨湖区	32.55	岳塘区	38.93
	韶山市	46.39	湘乡市	47.46
	湘潭县	47.67		
衡阳市	雁峰区	25.10	南岳区	82.93
	珠晖区	28.45	石鼓区	31.90
	蒸湘区	22.65	常宁市	59.61
	耒阳市	61.77	衡南县	58.16
	衡山县	62.03	衡东县	65.70
	祁东县	40.23	衡阳县	52.56
邵阳市	大祥区	9.95	双清区	6.89
	北塔区	7.98	武冈市	42.63
	新邵县	63.27	隆回县	53.43
	洞口县	55.10	绥宁县	81.26
	城步苗族自治县	88.47	邵东县	29.69
	新宁县	68.97	邵阳县	48.11
岳阳市	岳阳楼区	30.84	云溪区	42.84
	君山区	40.41	汨罗市	49.77
	临湘市	55.60	平江县	73.94
	湘阴县	54.99	华容县	32.00
	岳阳县	82.50		
常德市	武陵区	26.85	鼎城区	38.82
	津市市	25.23	汉寿县	51.92
	临澧县	29.97	石门县	82.00
	澧县	35.61	安乡县	20.78
	桃源县	61.38		

续表 8-2

市	县(市、区)名称	生态用地面积占比/%	县(市、区)名称	生态用地面积占比/%
张家界市	武陵源区	91.56	永定区	77.32
	慈利县	71.10	桑植县	87.53
益阳市	赫山区	39.84	资阳区	40.39
	沅江市	62.82	桃江县	69.62
	安化县	88.24	南县	24.17
郴州市	北湖区	72.24	苏仙区	78.20
	资兴市	83.41	桂阳县	63.00
	宜章县	76.00	永兴县	67.82
	嘉禾县	47.72	临武县	75.66
	汝城县	82.27	桂东县	84.38
	安仁县	67.53		
永州市	冷水滩区	47.00	零陵区	61.88
	祁阳县	60.55	东安县	70.76
	双牌县	93.86	道县	70.29
	江永县	70.74	江华瑶族自治县	84.38
	宁远县	70.36	新田县	59.98
	蓝山县	80.25		
怀化市	鹤城区	65.33	洪江市	76.07
	新晃侗族自治县	77.25	沅陵县	91.19
	会同县	81.53	靖州苗族侗族自治县	82.81
	麻阳苗族自治县	51.79	通道侗族自治县	87.16
	中方县	73.62	芷江侗族自治县	57.78
	溆浦县	73.73	辰溪县	67.71
娄底市	娄星区	32.38	冷水江市	70.32
	涟源市	42.99	双峰县	37.87
	新化县	63.97		
湘西土家族苗族自治州	吉首市	73.31	保靖县	77.02
	永顺县	85.08	龙山县	82.52
	凤凰县	69.63	泸溪县	72.10
	古丈县	88.09	花垣县	62.39

生态用地面积变化用生态用地面积变化指数衡量。生态用地面积变化指数是指近年来区域内年均生态用地面积变化量占区域生态用地面积的比重。计算公式如下：

$$\text{生态用地面积变化指数}=\frac{\text{生态用地年均变化量}}{\text{生态用地总面积}}$$

各县的生态用地面积变化指数与全国林草覆盖率变化值(−0.005 2)进行比较，比全国数据更差的为超标,比全国数据更好的为不超标。

采用湖南省近10年的生态用地面积变化数据,得出湖南省生态用地面积变化指数超标的有39个县,不超标的有83个县。

三、生态条件承载状态

以土地退化、生态用地面积变化为基础,结合湖南省发改委、林业厅等部门意见,综合评定认为天心区、开福区、雨花区、蒸湘区、大祥区、桑植县、凤凰县、花垣县8个县(市、区)生态条件为临界承载状态,其他各县(市、区)均为可载状态。

第二节　环境质量承载力评价

一、空气质量

2016年全省14个市(州)所在城市全年环境空气中二氧化硫(SO_2)、二氧化氮(NO_2)、一氧化碳(CO)、臭氧(O_3)等4项污染物浓度均优于国家二级标准;可吸入颗粒物(PM_{10})和细颗粒物($PM_{2.5}$)年均浓度超过国家二级标准。

2016年全省14个市(州)所在城市平均优良天数比例为81.3%,轻度污染天数比例为15.8%,中度污染天数比例为2.3%,重度及以上污染天数比例为0.6%。影响14个城市环境空气质量的主要污染物是细颗粒物、臭氧和可吸入颗粒物。按照城市环境空气质量综合指数评价,14个市(州)所在城市的空气质量排名从好到差依次为:吉首、怀化、永州、郴州、张家界、岳阳、娄底、衡阳、常德、邵阳、益阳、长沙、株洲和湘潭(表8-3)。

表8-3　2016年全省14个市(州)所在城市环境空气质量状况

城市	空气质量类别分布/d						优良率/%
	优	良	轻度污染	中度污染	重度污染	严重污染	
长沙	74	192	80	17	3	0	72.7
株洲	67	217	63	15	4	0	77.6
湘潭	83	203	65	13	2	0	78.1
衡阳	93	188	70	9	5	1	76.8
邵阳	88	195	64	14	4	1	77.3
岳阳	67	217	80	1	1	0	77.6
常德	84	183	80	14	5	0	73.0
张家界	95	212	47	10	2	0	83.9
益阳	59	247	56	3	1	0	83.6
郴州	122	205	36	2	1	0	89.3
永州	114	199	49	4	0	0	85.5

续表 8-3

城市	空气质量类别分布/d						优良率/%
	优	良	轻度污染	中度污染	重度污染	严重污染	
怀化	95	228	37	6	0	0	88.3
娄底	102	210	50	3	0	1	85.2
吉首	95	227	33	5	1	0	89.2
合计	1 238	2 923	810	116	29	3	81.3

根据环境保护2016年制定的地级城市空气质量优良天数比例要达到75%的目标，将空气质量优良天数比例大于75%的定义为不超标，70%～75%的定义为临界超标，70%以下定义为超标。可以看出，14个市(州)所在城市除长沙、常德为临界超标外，其他均为不超标。

二、地表水质量

2016年在全省主要江河上布设水质监测站277个，监测河长10 087 km。依据《地表水环境质量标准》(GB 3838—2002)，采用单因子法分全年期、汛期和非汛期进行评价。Ⅱ～Ⅲ类水质河长，全年期为9 885 km，占总评价河长的98.0%；汛期为9 889.1 km，占总评价河长的98.0%；非汛期为9 689.4 km，占总评价河长的96.2%。流经城镇和工矿企业江段区域的水质较差，主要污染项目为氨氮、总磷、五日生化需氧量、挥发酚等。各水期水质状况如下。

全年期：Ⅱ类水质河长为5 626.6 km，占55.8%；Ⅲ类水质河长为4 258.4 km，占42.2%；Ⅳ类水质河长为146.8 km，占1.5%；Ⅴ类水质河长为34.1 km，占0.3%；劣Ⅴ类水质河长为21.1 km，占0.2%。

汛期：Ⅱ类水质河长为5 666.3 km，占56.2%；Ⅲ类水质河长为4 222.8 km，占41.9%；Ⅳ类水质河长为157.8 km，占1.6%；劣Ⅴ类水质河长为40.1 km，占0.4%。

非汛期：Ⅱ类水质河长为4 834.8 km，占48.0%；Ⅲ类水质河长为4 854.6 km，占48.2%；Ⅳ类水质河长为251.9 km，占2.5%；Ⅴ类水质河长为113.8 km，占1.1%；劣Ⅴ类水质河长为21.1 km，占0.2%。

湘江：Ⅱ、Ⅲ类水质占评价河长的比例，全年期为98.7%，汛期为99.1%，非汛期为96.6%，水质较差的河段为干流马厂段、涟水将龙滩桥和湘乡段、浏渭河和捞刀河下游河段，主要污染项目为氨氮、总磷、石油类、溶解氧等。

资江：Ⅱ、Ⅲ类水质占评价河长的比例，全年期、汛期和非汛期为92.8%，水质较差的河段为支流邵水邵东城区段，主要污染项目为氨氮等。

沅江：Ⅱ、Ⅲ类水质占评价河长的比例，全年期为99.7%，汛期为99.2%，非汛期为99.0%，水质较差的河段为太平溪怀化城区段，主要污染项目为氨氮、总磷等。

澧水：澧水干流和支流溇水、渫水在全年期、汛期和非汛期水质均达到Ⅱ～Ⅲ类标准，水质较好。

洞庭湖区河流：Ⅱ、Ⅲ类水质占评价河长的比例，全年期、汛期为94.1%，非汛期为87.0%，水质较差的河段为虎渡河安昌河段和界溪河河段，主要污染项目为氨氮、总磷等。

赣江上犹江：全年期、汛期和非汛期水质均达到Ⅱ～Ⅲ类标准，水质较好。

珠江流域河流：全年期、汛期和非汛期水质均达到Ⅱ～Ⅲ类标准，水质较好。

2016年湖南省主要江河水质状况评价情况见表8-4和图8-2。

表 8-4　2016 年全省主要江河水质状况评价

单位：km

水系		评价河长	全年					汛期					非汛期				
			Ⅱ	Ⅲ	Ⅳ	Ⅴ	劣Ⅴ	Ⅱ	Ⅲ	Ⅳ	Ⅴ	劣Ⅴ	Ⅱ	Ⅲ	Ⅳ	Ⅴ	劣Ⅴ
湘江	干流	701.0	168.7	531.3	1.00.0	0.0	0.0	214.5	486.5	0.0	0.0	0.0	225.1	474.9	0.0	1.0	0.0
	支流	3 741.3	2 371.0	1 314.3	26.8	14.1	15.1	1 982.7	1 717.4	27.1	0.0	14.1	1 679.8	1 913.5	106.1	26.8	15.1
资江	干流	628.7	223.8	404.9	0.0	0.0	0.0	265.9	362.8	0.0	0.0	0.0	223.8	404.9	0.0	0.0	0.0
	支流	283.7	212.7	5.0	66.0	0.0	0.0	212.7	5.0	66.0	0.0	0.0	212.7	5.0	0.0	66.0	0.0
沅江	干流	573.4	183.4	390.0	0.0	0.0	0.0	185.6	387.8	0.0	0.0	0.0	183.4	390.0	0.0	0.0	0.0
	支流	1 550.1	425.1	119.0	0.0	0.0	6.0	1 380.0	152.4	11.7	0.0	6.0	1 425.1	104.0	15.0	0.0	6.0
澧水	干流	535.2	285.8	249.4	0.0	0.0	0.0	389.3	145.9	0.0	0.0	0.0	188.6	346.6	0.0	0.0	0.0
	支流	361.4	361.4	0.0	0.0	0.0	0.0	361.4	0.0	0.0	0.0	0.0	361.4	0.0	0.0	0.0	0.0
赣江上犹江		37.5	37.5	0.0	0.0	0.0	0.0	37.5	0.0	0.0	0.0	0.0	37.5	0.0	0.0	0.0	0.0
长江干流		162.0	0.0	162.0	0.0	0.0	0.0	0.0	162.0	0.0	0.0	0.0	0.0	162.0	0.0	0.0	0.0
洞庭湖区河段		1 244.9	99.4	1 072.5	53.0	20.0	0.0	368.9	803.0	53.0	0.0	20.0	109.9	973.4	130.8	20.0	0.0
珠江流域河段		267.8	257.8	10.0	0.0	0.0	0.0	267.8	0.0	0.0	0.0	0.0	187.5	80.3	0.0	0.0	0.0
合计		10 087.0	5 626.6	4 258.4	146.8	34.1	21.1	5 666.3	4 222.8	157.8	0.0	40.1	4 834.8	4 854.6	251.9	113.8	21.1

第九章　地质环境承载力评价

第一节　技术方法

按评价单元功能的不同，将各评价单元划分为工程建设类和农业生态类。工程建设类、农业生态类区域分别按不同的指标评价地质环境承载本底和承载状态，以汇总单元进行汇总。

一、评价单元功能划分

按表 9-1 将评价单元划分为工程建设类和农业生态类。工程建设类评价单元为以建设用途为主的区域。农业生态类评价单元为以农业、生态用途为主的区域。

表 9-1　评价单元功能区划分标准

工程建设类	农业生态类
城乡建设用地、交通水利用地、其他建设用地	耕地、园地、林地、水域、牧草地、自然保留地、其他农用地

二、指标体系

工程建设类和农业生态类地质环境承载力评价指标体系见表 9-2。

表 9-2　地质环境承载力评价指标体系

评价单元功能	本底评价	状态评价
工程建设类	崩塌、滑坡、泥石流易发程度	崩塌、滑坡、泥石流风险性
	岩溶塌陷易发程度	岩溶塌陷风险性
	采空塌陷易发程度	采空塌陷风险性
农业生态类	—	损毁土地程度
	石漠化敏感性	石漠化发育程度
	土壤质量地球化学背景等级	土壤环境地球化学等级

三、单指标计算方法

崩塌、滑坡、泥石流易发程度：参照《滑坡崩塌泥石流灾害调查规范(1∶50 000)》(DD 2008—02)，将易发程度分为极高易发、高易发、中易发、低易发、不易发 5 个等级。

崩塌、滑坡、泥石流风险性：在崩塌、滑坡、泥石流危险性评价和承灾体易损性评价的基础上评价得出(表 9-3)。崩塌滑坡泥石流危险性评价按《地质灾害危险性评估技术规范》(DZ/T 0286—2015)的规定进行评价。承灾体易损性以人口安全易损性(表 9-4)、资产易损性(表 9-5)中等级较高者为准。

表 9-3　崩塌、滑坡、泥石流风险性分析评定表

崩塌、滑坡、泥石流风险性		承灾体易损性			
		高易损性	中易损性	低易损性	极低易损性
崩塌、滑坡、泥石流危险性	危险性大	高	高	中	低
	危险性较大	高	中	中	低
	危险性中等	中	中	低	低
	危险性小	低	低	低	低

表 9-4　人口安全易损性分级表

等级	高易损性	中易损性	低易损性	极低易损性
因灾死亡人口比/(人/万人)	＞0.1	0.1～0.01	0.01～0.001	＜0.001

表 9-5　资产易损性分级表

等级	高易损性	中易损性	低易损性	极低易损性
因灾经济损失比/(万元/百万元)	＞1	1～0.1	0.1～0.01	＜0.01

岩溶塌陷风险性：划分为高风险、中风险、低风险 3 个等级，在岩溶塌陷易发程度、危害程度、发育程度的基础上按表 9-6 综合确定风险性等级。岩溶塌陷易发程度、危害程度、发育程度均按《地质灾害危险性评估技术规范》(DZ/T 0286—2015)的规定进行评价。

表 9-6　岩溶塌陷风险性分析评定表

易发程度	危害程度	发育程度	风险性等级
高	严重	强	高
		中	高
		弱	高
中	中等	强	高
		中	中
		弱	中
低	轻微	强	中
		中	中
		弱	低

采空塌陷易发程度：分别按表 9-7、表 9-8 判别，以易发程度高的为准。

表 9-7　按采深采厚比判断采空塌陷易发程度

易发程度	低易发	中易发	高易发
采深采厚比	≥100	50～100	<50

表 9-8　按地表移动变形值判断采空塌陷易发程度

判断条件				易发程度
年下沉量/mm	倾斜/(mm/m)	水平变形/(mm/m)	曲率/(mm/m^2)	
≤20	≤3.0	≤2.0	≤0.2	低易发
20～60	3.0～6.0	2.0～4.0	0.2～0.3	中易发
>60	>6.0	>4.0	>0.3	高易发

采空塌陷风险性：划分为高风险、中风险、低风险 3 个等级，在采空塌陷发育程度、采空塌陷危害程度的基础上按表 9-9 综合确定采空塌陷风险性等级。采空塌陷发育程度、采空塌陷危害程度均按《地质灾害危险性评估技术规范》(DZ/T 0286—2015)的规定进行评价。

表 9-9　采空塌陷风险性判别表

采空塌陷风险性		采空塌陷发育程度		
		强	中	弱
采空塌陷危害程度	严重	风险性高	风险性高	风险性中等
	中等	风险性高	风险性中等	风险性中等
	轻微	风险性中等	风险性低	风险性低

损毁土地程度：统计自然和人为因素引起的灾毁土地面积总和，按照表 9-10 进行分级评价。

表 9-10　损毁土地程度等级表

等级	Ⅰ级	Ⅱ级	Ⅲ级
面积/km^2	<0.1	0.1～1	1～10

石漠化敏感性：根据是否为喀斯特地貌、坡度、植被覆盖度，按照表 9-11 进行分级评价。

表 9-11　石漠化敏感性分级表

敏感性	不敏感	轻度敏感	中度敏感	高度敏感	极敏感
喀斯特地貌	不是	是			
坡度/(°)		<15	15～25	25～35	>35
植被覆盖/%		>70	50～70	20～30	<20

石漠化发育程度：根据《区域地质环境调查总则》(DD 2004—02)，按照表 9-12 进行分级评价。

表 9-12　石漠化发育程度分级表

程度类型	划分指标		
	裸露岩石占该地面积/%	裸露岩石分布特征	植被种类
轻度石漠化	30～50	线状＋点状分布	乔草＋灌草
中度石漠化	50～70	线状＋面状分布	疏草＋疏灌
重度石漠化	＞70	面状分布	裸岩(土)＋疏草

土壤质量地球化学背景等级：根据《土地质量地球化学评价规范》(DZ/T 0295—2016)，按照表 9-13 进行分级评价。

表 9-13　土壤质量地球化学背景等级分级表

土壤质量地球化学背景等级	Ⅰ级	Ⅱ级	Ⅲ级	Ⅳ级	Ⅴ级
土壤质量地球化学综合等级	一等	二等	三等	四等	五等

土壤环境地球化学等级：根据《土地质量地球化学评价规范》(DZ/T 0295—2016)进行分级评价。

四、本底评价和状态评价方法

1. 地质环境承载本底评价的方法步骤

(1)按下式计算评价单元的地质环境承载本底得分。

$$F = \sum w_i f_i$$

式中，F 为地质环境承载本底得分；w_i 为第 i 个地质环境本底评价指标的权重(表 9-14)；f_i 为第 i 个地质环境本底评价指标的分值(表 9-14)。

表 9-14　地质环境承载本底评价分值和权重

类	指标	得分						权重
工程建设类	崩塌、滑坡、泥石流易发程度	指标值	不易发	低易发	中易发	高易发	极高易发	0.55
		分值	1	0.8	0.6	0.3	0.1	
	岩溶塌陷易发程度	指标值	低	中	高			0.2
		分值	1	0.6	0.2			
	采空塌陷易发程度	指标值	低易发	中易发	高易发			0.25
		分值	1	0.6	0.2			
农业生态类	石漠化敏感性	指标值	不敏感	轻度敏感	中度敏感	高度敏感	极敏感	0.2
		分值	1	0.8	0.6	0.4	0.2	
	土壤质量地球化学背景等级	指标值	Ⅰ级	Ⅱ级	Ⅲ级	Ⅳ级	Ⅴ级	0.8
		分值	1	0.8	0.5	0.2	0	

(2)按下式计算汇总单元的地质环境承载本底得分。

$$D=\frac{\sum F_j S_j}{\sum S_j}$$

式中，D 为汇总单元的地质环境承载本底得分；F_j 为第 j 个评价单元的地质环境承载本底得分，S_j 为第 j 个评价单元的面积。

(3)按表 9-15 确定汇总单元的地质环境承载本底等级。

表 9-15 地质环境承载本底等级

地质环境承载本底等级	高	较高	中	较低	低
地质环境承载本底得分	0.8～1	0.6～0.8	0.5～0.6	0.2～0.5	0～0.2

2. 地质环境承载状态评价的方法步骤

(1)按下式计算评价单元的地质环境承载状态得分。

$$F=\sum w_i f_i$$

式中，F 为地质环境承载状态得分；w_i 为第 i 个地质环境状态评价指标的权重(表 9-16)，f_i 为第 i 个地质环境状态评价指标的分值(表 9-16)。

表 9-16 地质环境承载状态评价分值和权重

类	指标	得分						权重
工程建设类	崩塌、滑坡、泥石流风险性	指标值	低	中	高			0.6
		分值	1	0.6	0.2			
	岩溶塌陷风险性	指标值	低	中	高			0.2
		分值	1	0.6	0.2			
	采空塌陷风险性	指标值	低	中	高			0.2
		分值	1	0.6	0.1			
农业生态类	损毁土地程度	指标值	Ⅰ级	Ⅱ级	Ⅲ级			0.35
		分值	1	0.6	0.1			
	石漠化发育程度	指标值	轻度石漠化	中度石漠化	重度石漠化			0.15
		分值	1	0.7	0.2			
	土壤环境地球化学等级	指标值	一等	二等	三等	四等	五等	0.5
		分值	1	0.8	0.5	0.2	0	

(2)按下式计算汇总单元的地质环境承载状态得分。

$$D=\frac{\sum F_j S_j}{\sum S_j}$$

式中，D 为汇总单元的地质环境承载状态得分；F_j 为第 j 个评价单元的地质环境承载状态得分；S_j 为第 j 个评价单元的面积。

(3)按表 9-17 确定汇总单元的地质环境承载状态等级。

表 9-17　地质环境承载状态等级

地质环境承载状态等级	可载	临界	超载
地质环境承载状态得分	0.4～1	0.2～0.4	0～0.2

第二节　评价结果

湖南省地质环境承载力没有超载的县(市、区),临界超载的有桑植县、慈利县、武陵源区、安化县、沅陵县、溆浦县、平江县、浏阳市、新化县、冷水江市、涟源市、邵东县、双峰县、娄星区、新邵县、邵东县、湘潭县、绥宁县、洞口县、耒阳市、永兴县、资兴市、桂东县、苏仙区、北湖区、桂阳县、嘉禾县、临武县和宜章县共 29 个县(市、区),其余为可载。

临界超载的地区集中分布在以下 7 个地区。

1. 湘西北地区

为桑植县、慈利县、武陵源区。该区属构造侵蚀低山丘陵区。主要工程地质问题是软弱夹层多,边坡稳定性差,易产生崩塌、滑坡地质灾害。重要工程设施有焦柳铁路、S305 和 S306 省道、江垭大型水库。本区已查明较大地质灾害隐患点 507 处,受威胁人口 16 983 人。区内滑坡隐患点大部分属顺层滑坡,突发性强,危险性大。这些隐患点威胁的居民相对分散,工程治理难度大。滑坡、崩塌、泥石流是本区地质灾害重点防治灾种。

2. 湘西地区

为安化县、沅陵县、溆浦县。主要工程地质问题是边坡稳定性差,地质环境条件脆弱,在强降水作用下易产生崩塌、滑坡、泥石流地质灾害。区内重要工程设施有湘黔铁路、五强溪和柘溪大型水库。本区地质灾害隐患点多面广,分布密度大,对当地居民生命安全构成严重威胁。区内居民分散,隐患治理难度大。本区属地质灾害高易发区和降水高值区。滑坡、崩塌、泥石流是本区地质灾害重点防治灾种。

3. 湘东北地区

为平江县浏阳市。幕阜山、连云山盘踞本区,为中低山地貌。本区地质环境条件较脆弱,崩塌、滑坡、泥石流和矿山采空塌陷地质灾害易发程度高,地质灾害对人民生命财产构成较大威胁。滑坡、崩塌、泥石流是本区地质灾害重点防治灾种。

4. 湘中地区

为新化县、冷水江市、涟源市、邵东县、双峰县、娄星区、新邵县、邵东县。该区以岩溶侵蚀低山丘陵地貌为主,洼地、漏斗、落水洞、溶峰等岩溶地貌发育。区内中型以上煤矿有 30 余处,开采规模大,影响范围广,地质环境条件较差,人为引发地面塌陷的危险性和危害性大,严重威胁区内居民的生命财产安全和地方经济发展。恩口煤矿从 1972 年至 1996 年塌陷总数多达 8 700 多处,破坏农田 9 500 亩,拆迁民房 18 300 m^2,毁坏小型水库 8 座、山塘 180 多口。本区重点防治的地质灾害种类为矿业活动引发的地面塌陷,其次为崩塌、滑坡和泥石流地质灾害。

5. 湘潭地区

为湘潭市区、湘潭县北部。主要工程地质问题是岩溶发育较强烈，地面塌陷地质灾害易发程度高。区内地面塌陷主要分布在湘潭市区，对市区居民生命财产安全构成严重威胁。防治的主要地质灾害种类为过量抽排岩溶地下水引发的地面塌陷。

6. 湘西南地区

为绥宁县和洞口县。该区地处雪峰山脉南端，境内地势高低起伏大，沟谷深切，属构造侵蚀中低山地貌。主要工程地质问题是花岗岩风化较强烈，土质边坡稳定性差，在强降水作用下，发生崩塌、滑坡、泥石流地质灾害的可能性大。滑坡、崩塌、泥石流是本区地质灾害重点防治灾种。

7. 湘南地区

为耒阳市、永兴县、资兴市、桂东县、苏仙区、北湖区、桂阳县、嘉禾县、临武县和宜章县。诸广山、八面山、骑田岭及莽山盘踞本区，地貌以中低山为主，丘陵次之。煤矿和有色金属矿山主要分布于耒阳市、永兴县、嘉禾县、临武县、宜章县、资兴市、苏仙区等，是我省矿业活动最发达的地区之一。骑天岭花岗岩分布区地势陡峭，岩石风化强烈，崩塌、滑坡、泥石流地质灾害易发程度高。区内矿山地质环境条件差，采空塌陷和岩溶塌陷频繁发生。柿竹园多金属矿等矿区尾砂、弃渣分布普遍，较易形成泥石(矿渣)流地质灾害，危害严重。郴州市区碳酸盐岩分布区岩溶发育强烈，岩溶塌陷频发，对市区居民生命财产安全构成严重威胁。本区地质灾害重点防治灾种为降水引发的崩塌、滑坡和泥石流地质灾害，矿业活动引发的地面塌陷，过量抽排地下水引发的岩溶塌陷。

第十章　综合承载力评价

第一节　基于短板效应的土地综合承载力修正

一、基于水资源系统的土地综合承载状态判定

按《国土资源环境承载力评价技术要求(试行)》，当水资源系统临界或可载时，需对土地资源进行基于水资源评价临界点时的情景模拟校正，校正方法为：

$$\text{水资源系统临界点建设开发规模}=\frac{\text{可利用水资源潜力}}{\text{现状生活和工业用水资源量/现状城乡规模}}+\text{现状城乡规模}$$

当水资源系统临界点建设开发规模大于或者等于建设用地压力状态指数测算中开发程度阈值对应的建设开发规模时，综合承载力状态不变；当水资源系统临界点建设开发规模小于建设用地压力状态指数测算中开发程度阈值对应的建设开发规模时，将水资源系统临界点建设开发规模对应的开发程度作为阈值重新测算建设用地压力状态指数。

2016 年湖南全省可利用水资源潜力约为 2 197 亿 m^3，用水量为 330.36 亿 m^3，各市(州)可利用水资源潜力见表 10-1。根据计算，张家界市的可利用水资源可承载建设规模相当于现状建设规模的23.62 倍，湘西州为 17.47 倍，怀化市为 15.96 倍。除这 3 个倍数较大的市(州)外，其他地区可利用水资源可承载建设规模相当于现状建设规模的 10 倍以下，最低的是湘潭市，为 2.70 倍。

可以看出，各市(州)可利用水资源可承载建设规模均大于建设用地压力状态指数测算中开发程度阈值对应的建设开发规模，土地综合承载力状态不变。

表 10-1　湖南省各市(州)可利用水资源可承载建设规模

市(州)	可利用水资源潜力/亿 m^3	现状用水量/亿 m^3	可承载建设规模/现状建设规模
长沙市	139.3	36.63	3.80
株洲市	128.7	22.02	5.84
湘潭市	53.54	19.8	2.70
衡阳市	118	32.53	3.63

续表 10-1

市(州)	可利用水资源潜力/亿 m^3	现状用水量/亿 m^3	可承载建设规模/现状建设规模
邵阳市	172.7	27.1	6.37
岳阳市	137.5	36.45	3.77
常德市	173.2	37.68	4.60
张家界市	120	5.08	23.62
益阳市	126.3	22.18	5.69
郴州市	248.8	23.96	10.38
永州市	247.1	25.13	9.83
怀化市	276.2	17.31	15.96
娄底市	91.68	15.12	6.06
湘西州	163.7	9.37	17.47

二、基于生态条件与环境质量的土地综合承载状态判定

基于短板效益理念，运用判断矩阵的方式开展基于矿产资源、水资源和生态环境承载力的土地资源承载状态校正，具体校正方法见表 10-2。

表 10-2 土地承载状态校正判断矩阵

土地资源综合承载状态		矿产资源、水资源、生态环境承载状态		
		盈余	临界	超载
土地资源承载力基础状态	盈余	盈余	临界	超载
	临界	临界	超载	超载
	超载	超载	超载	超载

根据上表，得出湖南省没有超载的县(市、区)；处于临界超载状态的有 18 个县(市、区)，其中城市型 9 个、农业型 5 个、资源型 3 个、生态型 1 个；其余各县(市、区)均为可载状态(图 10-1，表 10-3)。

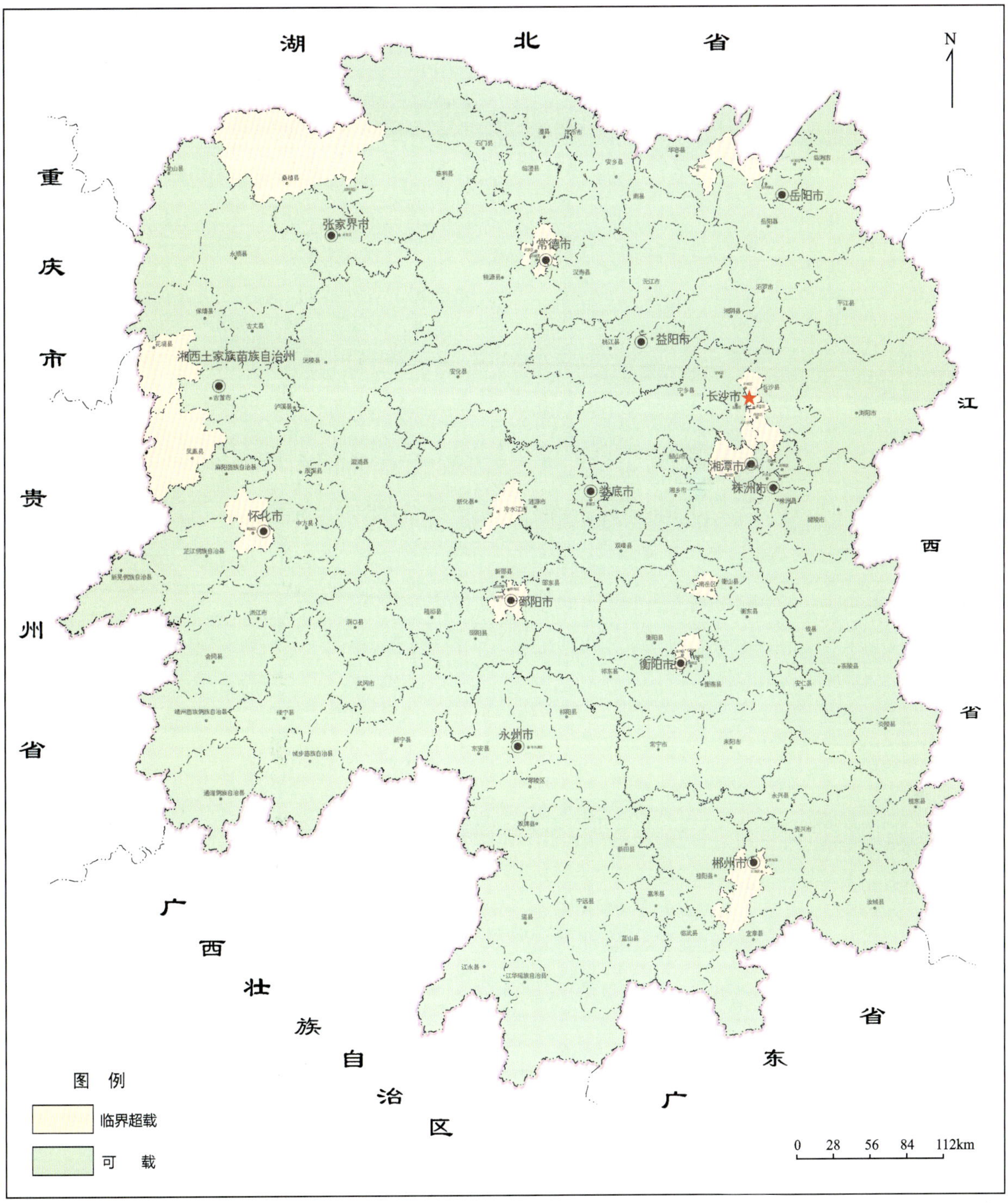

图 10-1　湖南省土地综合承载状态

表 10-3　基于生态条件与环境质量的土地综合承载状态

市	县(市、区)	土地基础承载状态	水资源承载状态	生态条件承载状态	环境质量承载状态	土地综合承载状态
长沙市	芙蓉区	临界	可载	可载	可载	临界
	天心区	可载	可载	临界	临界	临界
	岳麓区	可载	可载	可载	可载	可载
	开福区	可载	可载	临界	可载	临界
	雨花区	可载	可载	临界	可载	临界
	长沙县	可载	可载	可载	可载	可载
	望城区	可载	可载	可载	可载	可载
	宁乡市	可载	可载	可载	可载	可载
	浏阳市	可载	可载	可载	可载	可载
株洲市	荷塘区	可载	可载	可载	可载	可载
	芦淞区	可载	可载	可载	可载	可载
	石峰区	可载	可载	可载	可载	可载
	天元区	可载	可载	可载	可载	可载
	株洲县	可载	可载	可载	可载	可载
	攸县	可载	可载	可载	可载	可载
	茶陵县	可载	可载	可载	可载	可载
	炎陵县	可载	可载	可载	可载	可载
	醴陵市	可载	可载	可载	可载	可载
湘潭市	雨湖区	可载	临界	可载	临界	临界
	岳塘区	可载	临界	可载	可载	可载
	湘潭县	可载	临界	可载	可载	可载
	湘乡市	可载	临界	可载	可载	可载
	韶山市	可载	临界	可载	可载	可载
衡阳市	珠晖区	可载	可载	可载	可载	可载
	雁峰区	可载	可载	可载	可载	可载
	石鼓区	可载	可载	可载	临界	临界
	蒸湘区	可载	可载	临界	可载	临界
	南岳区	可载	可载	可载	临界	临界
	衡阳县	可载	可载	可载	可载	可载
	衡南县	可载	可载	可载	可载	可载
	衡山县	可载	可载	可载	可载	可载
	衡东县	可载	可载	可载	可载	可载
	祁东县	可载	可载	可载	可载	可载
	耒阳市	可载	可载	可载	可载	可载
	常宁市	可载	可载	可载	可载	可载

续表 10-3

市	县(市、区)	土地基础承载状态	水资源承载状态	生态条件承载状态	环境质量承载状态	土地综合承载状态
邵阳市	双清区	临界	可载	可载	可载	临界
	大祥区	可载	可载	临界	可载	临界
	北塔区	可载	可载	可载	可载	可载
	邵东县	可载	可载	可载	可载	可载
	新邵县	可载	可载	可载	可载	可载
	邵阳县	可载	可载	可载	可载	可载
	隆回县	可载	可载	可载	可载	可载
	洞口县	可载	可载	可载	可载	可载
	绥宁县	可载	可载	可载	可载	可载
	新宁县	可载	可载	可载	可载	可载
	城步苗族自治县	可载	可载	可载	可载	可载
	武冈市	可载	可载	可载	可载	可载
岳阳市	岳阳楼区	可载	可载	可载	可载	可载
	云溪区	可载	可载	可载	可载	可载
	君山区	可载	可载	可载	临界	临界
	岳阳县	可载	可载	可载	可载	可载
	华容县	可载	可载	可载	可载	可载
	湘阴县	可载	可载	可载	可载	可载
	平江县	可载	可载	可载	可载	可载
	汨罗市	可载	可载	可载	可载	可载
	临湘市	可载	可载	可载	可载	可载
常德市	武陵区	可载	可载	可载	临界	临界
	鼎城区	可载	可载	可载	可载	可载
	安乡县	可载	可载	可载	可载	可载
	汉寿县	可载	可载	可载	可载	可载
	澧县	可载	可载	可载	可载	可载
	临澧县	可载	可载	可载	可载	可载
	桃源县	可载	可载	可载	可载	可载
	石门县	可载	可载	可载	可载	可载
	津市市	可载	可载	可载	可载	可载
张家界市	永定区	可载	可载	可载	可载	可载
	武陵源区	可载	可载	可载	可载	可载
	慈利县	可载	可载	可载	可载	可载
	桑植县	可载	可载	临界	可载	临界

续表 10-3

市	县(市、区)	土地基础承载状态	水资源承载状态	生态条件承载状态	环境质量承载状态	土地综合承载状态
益阳市	资阳区	可载	可载	可载	可载	可载
	赫山区	可载	可载	可载	可载	可载
	南县	可载	可载	可载	可载	可载
	桃江县	可载	可载	可载	可载	可载
	安化县	可载	可载	可载	可载	可载
	沅江市	可载	可载	可载	可载	可载
郴州市	北湖区	可载	可载	可载	临界	临界
	苏仙区	可载	可载	可载	可载	可载
	桂阳县	可载	可载	可载	可载	可载
	宜章县	可载	可载	可载	可载	可载
	永兴县	可载	可载	可载	可载	可载
	嘉禾县	可载	可载	可载	可载	可载
	临武县	可载	可载	可载	可载	可载
	汝城县	可载	可载	可载	可载	可载
	桂东县	可载	可载	可载	可载	可载
	安仁县	可载	可载	可载	可载	可载
	资兴市	可载	可载	可载	可载	可载
永州市	零陵区	可载	可载	可载	可载	可载
	冷水滩区	可载	可载	可载	可载	可载
	祁阳县	可载	可载	可载	可载	可载
	东安县	可载	可载	可载	可载	可载
	双牌县	可载	可载	可载	可载	可载
	道县	可载	可载	可载	可载	可载
	江永县	可载	可载	可载	可载	可载
	宁远县	可载	可载	可载	可载	可载
	蓝山县	可载	可载	可载	可载	可载
	新田县	可载	可载	可载	可载	可载
	江华瑶族自治县	可载	可载	可载	可载	可载

续表 10-3

市	县(市、区)	土地基础承载状态	水资源承载状态	生态条件承载状态	环境质量承载状态	土地综合承载状态
怀化市	鹤城区	临界	可载	可载	可载	临界
	中方县	可载	可载	可载	可载	可载
	沅陵县	可载	可载	可载	可载	可载
	辰溪县	可载	可载	可载	可载	可载
	溆浦县	可载	可载	可载	可载	可载
	会同县	可载	可载	可载	可载	可载
	麻阳苗族自治县	可载	可载	可载	可载	可载
	新晃侗族自治县	可载	可载	可载	可载	可载
	芷江侗族自治县	可载	可载	可载	可载	可载
	靖州苗族侗族自治县	可载	可载	可载	可载	可载
	通道侗族自治县	可载	可载	可载	可载	可载
	洪江市	可载	可载	可载	可载	可载
娄底市	娄星区	可载	可载	可载	可载	可载
	双峰县	可载	可载	可载	可载	可载
	新化县	可载	可载	可载	可载	可载
	冷水江市	临界	可载	可载	可载	临界
	涟源市	可载	可载	可载	可载	可载
湘西州	吉首市	可载	可载	可载	可载	可载
	泸溪县	可载	可载	可载	可载	可载
	凤凰县	可载	可载	临界	可载	临界
	花垣县	可载	可载	临界	可载	临界
	保靖县	可载	可载	可载	可载	可载
	古丈县	可载	可载	可载	可载	可载
	永顺县	可载	可载	可载	可载	可载
	龙山县	可载	可载	可载	可载	可载

第二节　国土资源环境综合承载力评价

综合承载力表征的是县(市、区)的承载能力盈余情况,主要考虑土地资源承载力、矿产资源承载力、水资源承载力、地质环境承载力、生态环境承载力等要素,各要素权重见表10-4。计算时,对各要素进行0～1标准化,标准化值越接近0,表示承载状态越超载、承载盈余越低,标准化值越接近1,表示承载状态越不超载、承载盈余越高。

表10-4　综合承载力权重

要素	权重
土地资源承载力	0.35
水资源承载力	0.25
地质环境承载力	0.15
生态环境承载力	0.25

承载盈余较低的主要是各市辖区,集中分布在长株潭、邵阳、衡阳、常德、岳阳、娄底等市。

大部分县(市、区)的主要资源环境短板单一。其中,君山区、岳阳楼区、武陵源区、津市市、南县、华容县主要是可供开发利用的土地面积少;蒸湘区、北塔区、大祥区、天心区主要是生态环境保护压力大;冷水江市、常宁市、资兴市主要是矿产资源形势严峻。少数县(市、区)资源环境问题略显复杂,其中芙蓉区、雨花区、开福区、双清区以及安乡县主要的承载压力来自于可供开发利用的土地面积少、生态环境保护压力大;涟源市面临矿产资源、供开发利用土地面积的双重考验。

湖南省所有县(市、区)的综合承载力得分情况以及综合承载力评价结果见表10-5、表10-6和图10-2。

表10-5　综合承载状态分级

综合承载状态	超载	临界	可载				
			压力大	压力较大	压力适中	压力小	几乎无压力
分值	0～0.15	0.15～0.3	0.3～0.45	0.45～0.6	0.6～0.75	0.75～0.9	0.9～1

表10-6　湖南省各县(市、区)综合承载力得分及状态

行政区	得分	状态	行政区	得分	状态	行政区	得分	状态	行政区	得分	状态
长沙市											
芙蓉区	0.16	临界	天心区	0.28	临界	岳麓区	0.50	压力较大	开福区	0.31	压力大
雨花区	0.21	临界	望城区	0.59	压力较大	浏阳市	0.73	压力适中	宁乡市	0.70	压力适中
长沙县	0.65	压力适中									
株洲市											
石峰区	0.38	压力大	芦淞区	0.56	压力较大	天元区	0.55	压力较大	荷塘区	0.51	压力较大
醴陵市	0.67	压力适中	株洲县	0.77	压力小	炎陵县	0.79	压力小	攸县	0.76	压力小
茶陵县	0.74	压力适中									

续表 10-6

行政区	得分	状态	行政区	得分	状态	行政区	得分	状态	行政区	得分	状态
湘潭市											
雨湖区	0.47	压力较大	岳塘区	0.29	临界	韶山市	0.67	压力适中	湘乡市	0.67	压力适中
湘潭县	0.70	压力适中									
衡阳市											
雁峰区	0.36	压力大	南岳区	0.62	压力适中	珠晖区	0.45	压力大	石鼓区	0.45	压力大
蒸湘区	0.33	压力大	常宁市	0.57	压力较大	耒阳市	0.69	压力适中	衡南县	0.71	压力适中
衡山县	0.69	压力适中	衡东县	0.72	压力适中	祁东县	0.60	压力较大	衡阳县	0.68	压力适中
邵阳市											
大祥区	0.35	压力大	双清区	0.24	临界	北塔区	0.34	压力大	武冈市	0.61	压力适中
新邵县	0.68	压力适中	隆回县	0.66	压力适中	洞口县	0.65	压力适中	绥宁县	0.77	压力小
城步苗族自治县	0.78	压力小	邵东县	0.55	压力较大	新宁县	0.72	压力适中	邵阳县	0.67	压力适中
岳阳市											
岳阳楼区	0.26	临界	云溪区	0.59	压力较大	君山区	0.47	压力较大	汨罗市	0.69	压力适中
临湘市	0.74	压力适中	平江县	0.72	压力适中	湘阴县	0.66	压力适中	华容县	0.75	压力适中
岳阳县	0.79	压力小									
常德市											
武陵区	0.44	压力大	鼎城区	0.74	压力适中	津市市	0.65	压力适中	汉寿县	0.72	压力适中
临澧县	0.70	压力适中	石门县	0.79	压力小	澧县	0.76	压力小	安乡县	0.65	压力适中
桃源县	0.84	压力小									
张家界市											
武陵源区	0.45	压力大	永定区	0.72	压力适中	慈利县	0.75	压力适中	桑植县	0.78	压力小
益阳市											
赫山区	0.58	压力较大	资阳区	0.60	压力较大	沅江市	0.78	压力小	桃江县	0.71	压力适中
安化县	0.75	压力适中	南县	0.67	压力适中						
郴州市											
北湖区	0.66	压力适中	苏仙区	0.70	压力适中	资兴市	0.66	压力适中	桂阳县	0.74	压力适中
宜章县	0.72	压力适中	永兴县	0.72	压力适中	嘉禾县	0.66	压力适中	临武县	0.71	压力适中
汝城县	0.77	压力小	桂东县	0.74	压力适中	安仁县	0.71	压力适中			
永州市											
冷水滩区	0.61	压力适中	零陵区	0.69	压力适中	祁阳县	0.66	压力适中	东安县	0.71	压力适中
双牌县	0.76	压力小	道县	0.72	压力适中	江永县	0.77	压力小	江华县	0.75	压力适中
宁远县	0.69	压力适中	新田县	0.68	压力适中	蓝山县	0.73	压力适中			

续表 10-6

行政区	得分	状态	行政区	得分	状态	行政区	得分	状态	行政区	得分	状态
怀化市											
鹤城区	0.60	压力较大	洪江市	0.75	压力适中	新晃县	0.77	压力小	沅陵县	0.80	压力小
会同县	0.76	压力小	靖州县	0.79	压力小	麻阳县	0.66	压力适中	通道县	0.80	压力小
中方县	0.77	压力小	芷江县	0.74	压力适中	溆浦县	0.74	压力适中	辰溪县	0.73	压力适中
娄底市											
娄星区	0.42	压力大	冷水江市	0.52	压力较大	涟源市	0.46	压力较大	双峰县	0.59	压力较大
新化县	0.68	压力适中									
湘西州											
吉首市	0.67	压力适中	保靖县	0.73	压力适中	永顺县	0.78	压力小	龙山县	0.75	压力适中
凤凰县	0.74	压力适中	泸溪县	0.74	压力适中	古丈县	0.77	压力小	花垣县	0.69	压力适中

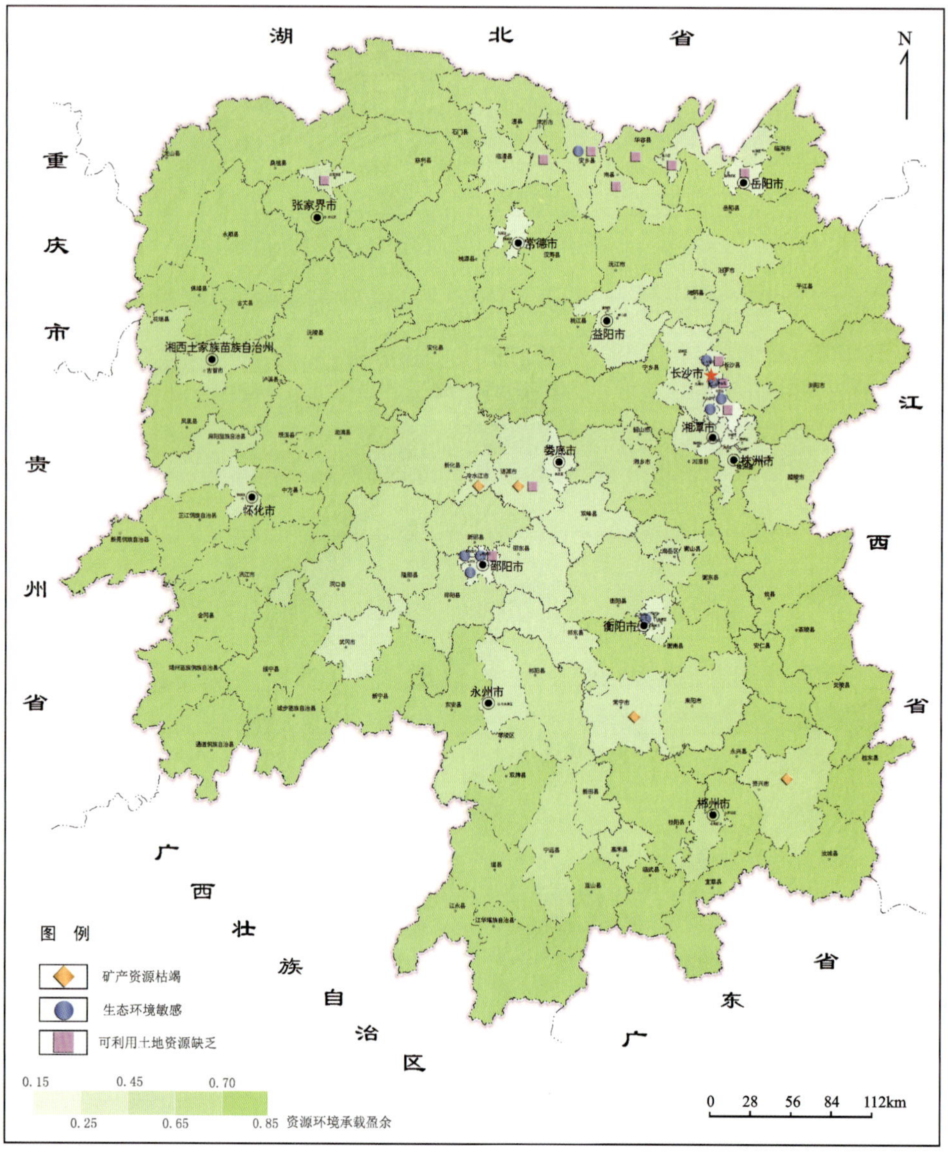

图 10-2　湖南省综合承载力评价结果

第三节　短板要素分析和对策建议

一、短板要素分析

根据湖南省综合承载状态评价结果，湖南省土地资源承载状况良好，超载区域呈现大分散、小集中的特点，超载成因各异，土地、生态环境等多因素交织，典型县(市、区)的主要资源环境问题和相关建议见表10-7。

表10-7　典型县(市、区)资源环境问题及建议

地区	资源环境问题	建议
芙蓉区、双清区	可供开发利用的土地面积少	①加强土地集约节约利用；②释放工业废弃地、废弃矿山占用的建设用地空间
鹤城区、天心区、开福区、雨花区、雨湖区、石鼓区、蒸湘区、南岳区、大祥区、君山区、武陵区、桑植县、北湖区、凤凰县、花垣县	可供开发利用的土地面积少，水源涵养能力、水土保持能力较低，生态环境较为脆弱	①加强土地集约节约利用；②加强城市生态建设，增加城市绿地空间；③强化地质环境综合整治，健全防灾减灾体系
冷水江市、常宁市、资兴市	矿产资源形势严峻	①加快产业转型；②适当加大资源勘查投入
涟源市	矿产资源形势严峻、可供开发利用的土地面积少	①加快产业转型；②加强土地集约节约利用
衡阳市、娄底市、湘潭市	缺水	①调整经济、工业结构；②加强水利设施建设

全省土地承载压力较大的区域中67%为市(州)的市辖区。这些区域土地开发利用率高、耕地后备资源有限、生态环境质量堪忧，导致土地资源承载状态临界。其中长沙市市辖区是土地综合承载压力较大的集中区域。长沙市是湖南省的省会，近年来城市新增建设用地快速扩张，城镇和产业园用地规模增长较快，大量耕地和生态空间被挤占。同时，由于生态环境保护跟不上城镇化和工业的发展步伐，如雨花区内的圭塘河存在重度黑臭水体段、湘江天心区段水质较差，极大地影响了土地资源承载能力。

对湘西和湘南的临界超载地区，大部分是由于地质地貌原因，可利用土地资源比例偏少，水源涵养能力、水土保持能力较低，生态环境较为脆弱，不当的人为活动加剧了生态环境负荷。

对临界超载状态的资源型城市，主要原因是区内矿业生产活动对环境造成了非常负面的影响，整体生态系统健康度偏低。同时，这些区域的经济社会发展过于依赖矿业，产业发展不均衡。

湖南省地表水资源承载压力较大的区域为衡阳市、娄底市、湘潭市。这3个地区水资源量在湖南省处于较低水平，但这3个地区为工业地区，需水量较大，导致缺水率较高，其中衡阳市、湘潭市为重度缺水。

二、承载力提升对策建议

1.建立资源环境承载力监测预警长效机制

(1)开展市(县)级资源环境承载力评价。在开展土地适宜性评价的基础上，积极开展全省各市(县)

资源环境承载能力评价，规范空间开发秩序，合理控制开发强度，为国土空间开发和资源保护、国土规划编制、国土综合整治、地质环境保护提供强有力的支撑，进一步提高国土资源管理决策的科学性，助推生态文明建设。

（2）建立常态化监测预警机制。坚持定期评估与实时监测相结合。针对不同区域资源环境承载能力状况，定期开展全域和特定区域评估，实时监测重点区域动态，提高监测预警效率。坚持设施建设与制度建设相结合。结合资源环境承载能力监测预警需求，既强化相关基础设施建设，又着力完善配套政策和创新体制机制，增强监测预警能力。坚持从严管制与有效激励相结合。针对不同资源环境超载类型，坚持因地制宜制定差异化、可操作的管控制度，既限制资源环境恶化地区，又激励资源环境改善地区，提高监测预警水平。坚持政府监管与社会监督相结合。坚持统分结合、上下联动、整体推进，强化政府监管能力，鼓励社会各方积极参与，充分发挥社会监督作用，形成监测预警合力。

2. 提高国土空间利用效率和质量

（1）科学确定城镇空间规模和布局。以国土空间适宜性评价为依据，引导人口向发展基础好、资源环境承载力大、集聚能力强、区位条件优、地质环境稳定的城镇空间有序迁移和适度集聚，形成规模适度、布局合理、集约高效的城镇建设空间。限制湘西、湘西南和湘东南等生态环境敏感地区进行大规模高强度的工业化和城镇化开发；协调湘北洞庭湖平原和湘中衡阳盆地、娄邵盆地等区域优质耕地保护与城镇开发建设的矛盾。严格控制城镇建设用地规模，合理安排大中小城镇新增建设用地。

（2）实行最严格的节约集约制度。合理确定城市用地规模和开发边界，强化城市建设用地开发强度、土地投资强度、人均用地指标整体控制，提高区域平均容积率，优化城市内部用地结构，促进城市紧凑发展，提高城市土地综合承载能力。引导工业向开发区集中、人口向城镇集中、住宅向社区集中，推动农村人口向中心村、中心镇集聚，产业向功能区集中，耕地向适度规模经营集中。着力释放存量建设用地空间，提高存量建设用地在土地供应总量中的比重。按照土地利用总体规划和土地整治规划，在安排新增建设用地时同步减少原有存量建设用地，既保持建设用地总量不变又增加建设用地流量，保障经济社会发展用地，提高土地节约集约利用水平。在确保城乡建设用地总量稳定、新增建设用地规模逐步减少的前提下，逐步增加城乡建设用地增减挂钩、工矿废弃地复垦利用和城镇低效用地再开发等流量指标，统筹保障建设用地供给。

（3）内涵挖潜，盘活存量，集约使用建设用地。积极引导用地单位转变思路，眼睛向内，致力挖掘存量土地潜力，狠抓闲置土地清理，大力推行存量土地的盘活利用，初步形成利用存量土地解决建设项目用地的机制。使城区存量土地利用率大大提高，闲置土地得到充分利用。在城镇新增建设用地的，应当按“占多少，减多少”的原则，由建设用地单位到农村去减少相应面积的农村建设用地，将低效使用的农村建设用地进行整理，增加耕地面积。

3. 严格保护耕地和基本农田

（1）数量、质量、生态并重。按照数量、质量、生态“三位一体”全面保护的要求，大力加强耕地管护力度，确保实有耕地面积基本稳定、质量不下降、产能有提高。加强建设项目选址论证，强化对非农建设占用耕地的控制和引导，确需占用耕地的，必须在“占一补一、占优补优、占水田补水田、先补后占”的原则下补充质量、数量相当的耕地，确保耕地数量不减少、质量有提高。在保护和改善生态环境的前提下，科学合理地开发利用滩涂、裸地、沙地等耕地后备资源，增加有效耕地面积。加强耕地抗污染和抗灾能力建设，减少人为污染及自然灾害损毁耕地数量，对污染、灾毁耕地及时治理复垦，改善土地生态环境。积极实施“沃土工程”“移土培肥”等工程，提高耕地综合生产能力，充分发挥耕地的生产、生态、景观的间隔功能。

（2）构建新型农业产业体系，增强农业综合生产能力。依据国土空间适宜性，宜耕则耕、宜林则林、宜果则果、宜牧则牧、宜渔则渔，科学合理引导农业结构调整，提高农用地综合效益和质量。稳定发展粮食生产，突出粮食产能建设，实施藏粮于地、藏粮于技战略。在优质稻生产优势县、生态良好的区域积极发展高档优质稻，打造优质口粮核心区；在大湘西和湘南山地发展玉米、红薯、马铃薯、豆类等优质专用旱粮。

(3)落实最严格的耕地保护制度。完善以耕地和基本农田保护为重点的耕地保护责任制，确保基本农田总量不减少，质量不降低。将耕地保有量和基本农田保护面积纳入基层负责人的考核目标，层层签订耕地与基本农田保护责任书，做到耕地与基本农田保护和建设责任明确，落实到人，家喻户晓，努力形成耕地保护“控得严、保得住、补得实”的新局面。

4. 强化重点生态区保护

(1)实施自然生态空间用途管制制度。将用途管制扩大到所有自然生态空间，综合考虑主体功能定位、空间开发需求、资源环境承载能力和粮食安全，明确生态空间保护目标与布局。按照生态空间用途分区，依法制定区域准入条件，从严控制生态空间转为城镇空间和农业空间，禁止生态保护红线内空间违法转为城镇空间和农业空间。明确采取休禁措施的区域规模、布局、时序安排，促进区域生态系统自我恢复和生态空间休养生息。

(2)强化水源涵养功能。在湘东南南岭山地、湘西北山地低山丘陵等重点水源涵养区，严格限制影响水源涵养功能的各类开发活动，重建恢复森林、草地、湿地等生态系统，提高水源涵养功能。对远山边山人口稀少地区的森林植被遵循森林自然演替规律，以封育、天然更新为主，辅以“造、补、抚、管”促进天然更新；对浅山退化防护林采取培育改造、抚育和人工补植，逐步提高生态保护功能；荒山荒地营造水源涵养林，恢复森林植被；对山前丘陵台地实施坡耕地综合整治、沟道治理、林草植被建设等措施。积极推进退耕还林还水，采取综合措施，恢复湿地功能。开展水和土壤污染协同防治，综合防治农业面源污染和生产生活用水污染。

(3)增强水土保持能力。遵循自然规律，采取生物和工程措施相结合，坚持预防为主，防治结合，以大湘西与湘南地区为重点，加快实施重要江河源头区、重要水源地和山洪灾害易发区等水土流失治理和石漠化治理，改善区域生态环境和农业生产条件。规划期内，重点推进湘水中上游、资水流域的中上游低山丘陵区、湘西地区沅水流域的中游山丘区、湘西北地区澧水流域的中游山丘区等地区的水土流失以及湘西武陵山片区、湘中衡邵盆地、湘南郴州永州两市的石漠化治理。

(4)促进生态安全屏障建设。按照生态文明建设要求，实施山水林田湖综合整治，构建以洞庭湖为中心，以武陵—雪峰、南岭、罗霄—幕阜山脉为构架，以湘、资、沅、澧水系为脉络的“一湖三山四水”生态安全屏障。加强生态环境保护和修复，大力建设生态国土。在开展国土整治中，切实加强对禁止开发区、重点生态功能区、生态环境敏感区和脆弱区等区域的保护，严格控制对天然林、天然草地、河湖、湿地等的开发，禁止在公益林等不符合主体功能定位的区域进行各类开发活动，严禁任意改变用途，不得在重点国有林区、国有林场内开展土地整治；加强对江河湖库水系、重要交通干道、天然林和草原等的土地生态修复和建设。重点加强生态公益林保护工程、森林植被恢复工程、森林培育与结构调整工程。

5. 严格水资源开发利用强度

(1)统筹配置和有序利用水资源。加强水资源用途管制工作，合理有序地使用地表水、控制使用地下水、积极利用非常规水。做好流域和区域水资源统筹调配，严格水资源开发利用强度控制，减少水资源消耗。强化水资源统一调度，加强洞庭湖区、湘江、资水、沅江、澧水干流及重要支流主要控制断面最小流量管理。统筹协调生活、生产、生态用水。

(2)加快节水型社会建设。提高水资源利用效率，增强水资源调配能力，全面保障城乡居民饮水安全。基本完成大型灌区和重点中型灌区续建配套与节水改造任务，推进规模化高效节水灌溉工程建设，建成一批节水型、生态型现代化灌区。

(3)增强农田水利建设。我省农田水利设施老化失修情况较为普遍，绝大部分中小型灌区、干支渠完好率不足60%，农业灌溉的“最后一公里”问题和干支渠梗阻问题较为突出。灌区建设推进缓慢，大中型灌区续建配套与节水改造投入不足，配套与节水改造率低，基本未开工新建灌区。农业灌溉技术水平落后，农田灌溉水有效利用系数仅达到0.496，远低于0.53的全国平均水平，但农业用水总量约占全省用水量的60%，节水空间大。

6. 强化地质环境综合整治

(1)开展矿山地质环境治理。明确地方政府治理历史遗留矿山地质环境问题的主体责任，拓宽资金渠道，加快推进治理恢复进程。采取加固加高尾砂坝体、回填采坑、平整覆土、恢复矿山地质环境和土壤环境的措施。在规划期内重点推进煤炭、锰、石膏等重点治理区和独立工矿区矿山地质环境治理；对永州零陵区、冷水滩区、湘潭县、湘潭雨湖区、邵东县、邵阳县、临武县、桂阳县、宜章县、涟源市、新化县、冷水江市、临澧县、石门县、常宁市、衡山县、平江县、安化县、益阳赫山区、浏阳市、花垣县、攸县、会同县、溆浦县、慈利县等25个县(市、区)的历史遗留矿山地质环境问题开展重点治理，逐步解决历史遗留问题。

(2)推进矿区土地复垦。坚持“谁破坏，谁复垦”的原则，依法落实新建和在建矿山土地复垦主体的土地复垦责任，严格执行土地复垦履约金制度，加强历史遗留矿山废弃地复垦，突出政府主体责任，充分发挥社会资金的作用，建立多元化投资渠道，优先恢复废弃矿区原土地用途，因地制宜适度复垦为耕地。将矿山废弃地复垦与新增建设用地置换、挂钩。重点在湘东北金属、非金属开采区及周边，湘中煤、非金属开采区及周边，湘南能源、有色金属、非金属开采区及周边，湘西金属、非金属开采区及周边等区域实施工矿废弃地复垦。

(3)强化矿区土壤污染治理。建立项目库，规范、有序开展全省矿产集中开发区区域受污染地块的治理与修复。开展土壤污染状况详查，以影响农产品质量和人居环境安全的突出土壤污染问题为重点，优先保护耕地土壤环境，对轻、中度污染土壤集中开展治理试点示范，对重度污染的地块实施风险管控。开展污染场地修复工作；衡阳水口山地区、郴州三十六湾及周边地区、娄底锡矿山等地区加大历史遗留重金属污染防控，控制累积性环境风险。

7. 健全综合防灾减灾体系

(1)完善自然灾害监测预警体系。坚持以防为主、防抗救相结合，提高抵御气象、水文、地震、地质等自然灾害的综合防范能力，优化监测台、站、网的布局，推进灾害一体化监测体系建设。完善和升级突发性地质灾害群专结合的监测体系和群测群防网络，加快暴雨洪涝、高温干旱等气象灾害监测预警体系建设，加强部门合作，建立国土资源、气象、水利等多部门联动机制，建立自然灾害预报预警会商制度，建立防灾减灾信息开放共享平台和灾害预测预报现代技术体系。

(2)加强重点区域灾害防治。以长株潭城市群和岳阳、郴州、怀化城市组团等“一核三极四带”人口密集区为重点，开展地震、地质、气象、洪涝等自然灾害危险源的调查、观测、探测和排查，实现地质灾害高发易发区应查尽查，科学评估各类自然灾害风险等级和规模。抓住湖南列为全国地质灾害综合防治体系建设重点省份的契机，实施新一轮多层次地质灾害调查与评价，健全完善全省地质灾害调查与评价数据库。推广应用减隔震技术和房屋加固技术，实施中小学校舍与农村住房抗灾能力提升工程，提高城乡建筑和公共设施的设防标准和抗灾能力。结合易地扶贫搬迁安置，有序组织地质灾害重大隐患点移民搬迁。

(3)提升自然灾害综合应对能力。实施自然灾害防御工程，加快推进防汛抗旱、防震抗震、防寒抗冻、防风抗潮、森林草原防火、重大灾害预防、病虫害防治、野生动物疫病疫源防控等骨干工程建设。重点推进地质灾害防治高标准“十有县”建设，推进综合减灾示范社区创建活动，建立城市避难场所。完善省、市、县救灾物资储备体系，完善自然灾害救助制度，健全救灾应急社会动员机制，推动形成多灾种共防、各部门协同、跨区域合作的综合防灾减灾工作格局。

第十一章　国土空间布局建议

第一节　三类空间布局建议

一、划分方法

“三区三线”的划定需要考虑的因素有很多，自然资源环境承载能力是其基础因素之一。基于自然资源环境承载能力评价划定“三区三线”的总体思路为在生态重要性、生态敏感性、建设开发适宜性、农业开发适宜性评价的基础上，结合土地资源、水资源、生态环境、地质环境承载能力评价，按“生态优先、绿色发展”的原则综合划定“三区三线”。

具体方法为：

(1)将生态重要性、生态敏感性、建设开发适宜性、农业开发适宜性评价结果数值化，分别得到属性[STZYX]、[STMGX]、[JSSYX]、[NYSYX]。

(2)计算城镇空间、生态空间、农业空间的适宜性分值。添加[F_CZ]、[F_NY]、[F_ST]属性，分别代表城镇空间、农业空间、生态空间的适宜性分值，计算方法为：

[F_CZ]=2×[JSSYX]−[NYSYX]−max([STZYX],[STMGX])

[F_NY]=2×[NYSYX]−[JSSYX]−max([STZYX],[STMGX])

[F_ST]=2×max([STZYX],[STMGX])−[NYSYX]−[JSSYX]

(3)初步划定城镇空间、生态空间、农业空间。方法为：

比较城镇空间、生态空间、农业空间的适宜性分值的大小，如果[F_CZ]>[F_NY]且[F_CZ]>[F_ST]，则划分为城镇空间；如果[F_NY]>[F_CZ]且[F_NY]>[F_ST]，则划分为农业空间；如果[F_ST]>[F_CZ]且[F_ST]>[F_NY]，则划分为生态空间。

当[F_CZ]=[F_ST]、[F_NY]=[F_CZ]或[F_NY]=[F_ST]时，则对比生态重要性、生态敏感性、建设开发适宜性、农业开发适宜性评价时所考虑的指标情况，按照“生态优先”的原则划分。例如某评价单元的[F_CZ]=[F_ST]，通过对比指标情况发现该评价单元的现状为森林，坡度为15°～25°，故将其划分为生态空间。

(4)根据土地资源(建设用地、耕地)、水资源、生态环境、地质环境承载能力评价结果，结合土地利用现状，调整城镇空间、生态空间、农业空间的布局。建设用地承载能力临界或超载的区域需要严格控制新增建设用地。耕地承载能力超载的区域需要适当增加耕地面积，调整农业开发高适宜区为耕地。水资源承载能力临界或超载的区域，需要严格控制农业开发，适当控制建设开发。生态环境承载能力临界或超载的区域，需要严格控制建设开发和农业开发。地质环境承载能力超载的区域，城镇空间布局时要适当避开。例如，某评价单元初步被划定为城镇空间，但是该评价单元所在的汇总单元生态环境承载能力评价结果为超载(超载原因为大气污染物和水污染物浓度超标严重),故该评价单元不适合划为城镇空间,该评价单元土地利用现状为荒草地,将其调整为生态空间。

(5)根据城镇空间、生态空间、农业空间的实际功能需要微调“三区”布局。例如,城镇空间、农业空间、生态空间以适当集中为宜,某评价单元初步划定为城镇空间,但其远离其他集中的城镇空间,考虑到其周围的评价单元均为生态空间,故将其调整为生态空间。再例如,农业空间的划分需要考虑农民的工作半径,某评价单元初步划定为农业空间,但其距离最近的居民点为 20 km,宜调整为生态空间。

(6)根据城镇空间、生态空间、农业空间布局划定“三线”。结合土地利用现状和城镇空间集中区,划定城镇开发边界。将生态空间中生态极重要或极敏感的区域划定为生态保护红线。将农业空间中农业开发适宜性高的区域划定为永久基本农田。

二、划分结果

按上述划分方法,得出到 2035 年甚至更长时间,湖南省总体建设开发空间占比(最大值)为 20.22%,农业开发空间占比(建议值)为 30.3%,生态保护空间占比(建议值)为 49.48%(图 11-1)。

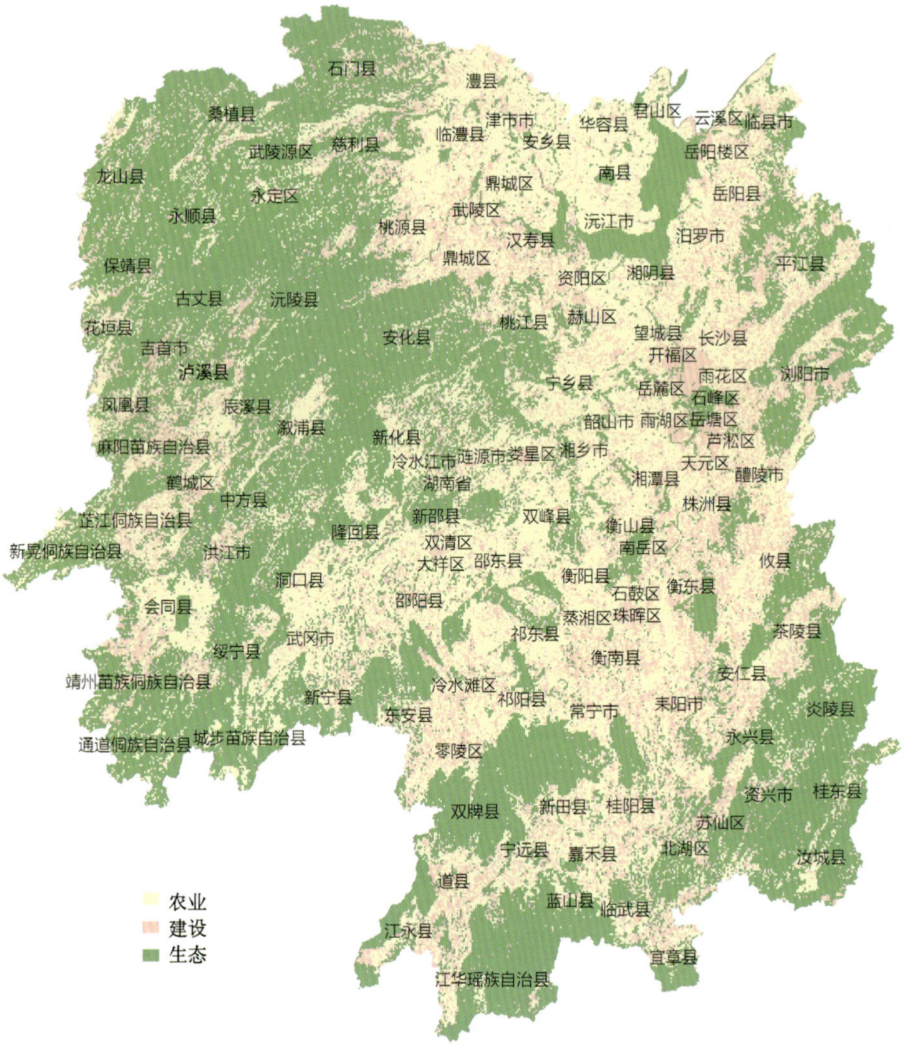

图 11-1　湖南省三类空间划分建议

第二节　国土空间功能分区建议

一、划分方法

农业开发适宜性、建设开发适宜性、生态重要性、生态敏感性的属性值数值按分值赋值(表 11-1)。

表 11-1　国土空间开发适宜性按百分制赋值

农业开发适宜性		建设开发适宜性		生态重要性		生态敏感性	
属性	数值(按分值)	属性	数值(按分值)	属性	数值(按分值)	属性	数值(按分值)
高适宜	92	高适宜	93	极重要	90	极敏感	90
中适宜	82	中适宜	82	高度重要	80	高度敏感	80
低适宜	48	低适宜	51	中等重要	50	中等敏感	50
不适宜	0	不适宜	0	一般重要	0	一般敏感	0

然后进行 Anselin Local Moran's I 分析:

计算 Local Moran's I 值、z 得分、伪 p 值和表示每个具有统计显著性的要素的聚类类型的编码,目的是识别具有统计显著性的热点、冷点和空间异常值。z 得分和伪 p 值表示计算出的指数值的统计显著性。

空间关联的 Local Moran's I 统计数据如下:

$$I_i = \frac{x_i - \overline{X}}{S_I^2} \sum_{j=1, j \neq i}^{n} w_{i,j}(x_j - \overline{X})$$

其中,x_i 是要素 i 的属性;$\overline{X}$ 是对应属性的平均值;$w_{i,j}$是要素 i 和 j 之间的空间权重,并且:

$$S_i^2 = \frac{\sum_{j=1, j \neq i}^{n} (x_j - \overline{X})^2}{n-1}$$

其中,n 为要素的总数目。

统计数据的 Z_{I_i} 得分的计算方法如下:

$$Z_{I_i} = \frac{I_i - E[I_i]}{\sqrt{V[I_i]}}$$

其中:

$$E[I_i] = \frac{\sum_{j=1, j \neq i}^{n} w_{ij}}{n-1}$$

$$V[I_i] = E[I_i^2] - E[I_2]^2$$

二、划分结果

经空间分析,把湖南省划分为如下 15 个区:1 -武陵山区、2 -资沅澧下游区、3 -洞庭湖区、4 -湘江下游区、5 -幕连九山区、6 -长株潭都市区、7 -雪峰山区、8 -武雪丘陵区、9 -邵阳盆地区、10 -衡阳—零祁盆地区、11 -武功山区、12 -茶永盆地区、13 -南岭区、14 -阳明山区、15 -郴道盆地区。

各区具体划分和位置见图 11-2。

图 11-2 湖南省空间分区建议

在 15 个区中，建设开发空间占比（最大值）最大的为长株潭都市区（58.43%）；其次为衡阳—零祁盆地、湘江下游区、茶永盆地区、郴道盆地区，均在 30%以上；较小的为洞庭湖区、武功山区、雪峰山区、阳明山区、南岭区，在 10%以下。农业开发空间占比（建议值）最大的为资沅澧下游区（57.08%）；其次为衡阳—零祁盆地区、湘江下游区，均在 45%以上；较小的为洞庭湖区、武功山区、阳明山区，在 10%以下。生态保护空间占比（建议值）较大的为洞庭湖区、武功山区、阳明山区，在 80%以上；其次为雪峰山区、幕连九山区，在 60%以上；较小的为邵阳盆地区、资沅澧下游区、衡阳—零祁盆地区，在 20%以下（表 11-2）。

表 11-2 湖南省空间分区及三类空间占比

单位：%

分区	建设开发空间占比（最大值）	农业开发空间占比（建议值）	生态保护空间占比（建议值）
长株潭都市区	58.43	10.47	31.1
洞庭湖区	9.15	7.44	83.41
资沅澧下游区	28.93	57.08	13.99
湘江下游区	34.12	46.44	19.44
衡阳—零祁盆地区	34.9	49.83	15.28

续表 11-2

分区	建设开发空间占比（最大值）	农业开发空间占比（建议值）	生态保护空间占比（建议值）
武雪丘陵区	24.45	30.24	45.31
幕连九山区	18.25	13.92	67.83
邵阳盆地区	22.85	55.9	21.26
武功山区	9.48	7.37	83.15
武陵山区	10.12	11.98	77.9
雪峰山区	9.76	21.5	68.74
阳明山区	3.14	6.46	90.4
茶永盆地区	33.32	30.56	36.12
郴道盆地区	32.02	38.25	29.73
南岭区	9.87	12.31	77.81
湖南省	20.22	30.3	49.48

从不同空间区域建设开发空间占比（最大值）、农业开发空间占比（建议值）、生态保护空间占比（建议值）三角图（图 11-3）上可以看出，15 个空间区域分为 4 类：1 -武陵山区、3 -洞庭湖区、5 -幕连九山区、7 -雪峰山区、11 -武功山区、13 -南岭区、14 -阳明山区为一类，其特点是生态保护空间占比较高、建设开发空间和农业开发空间占比较低；8 -武雪丘陵区、12 -茶永盆地区、15 -郴道盆地区为一类，其特点是生态保护空间、建设开发空间和农业开发空间占比较为均衡；2 -资沅澧下游区、4 -湘江下游区、9 -邵阳盆地区、10 -衡阳—零祁盆地区为一类，特点是农业开发空间占比较高，建设开发空间、生态保护空间占比较低；6 -长株潭都市区为一类，其特点是建设开发空间占比较高，农业开发空间、生态保护空间占比较低。

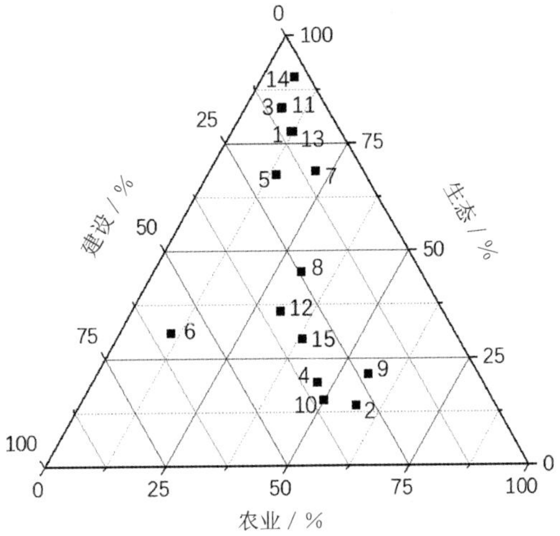

图 11-3　湖南省不同空间区域建设开发空间占比（最大值）、农业开发空间占比（建议值）、生态保护空间占比（建议值）三角图

1 -武陵山区；2 -资沅澧下游区；3 -洞庭湖区；4 -湘江下游区；5 -幕连九山区；6 -长株潭都市区；7 -雪峰山区；8 -武雪丘陵区；9 -邵阳盆地区；10 -衡阳—零祁盆地区；11 -武功山区；12 -茶永盆地区；13 -南岭区；14 -阳明山区；15 -郴道盆地区

对国土生态空间保护提出以下建议：

（1）加强洞庭湖湿地及生物多样性生态功能区建设。洞庭湖是长江中下游地区目前仅存的两个通

江湖泊之一，承担着调蓄长江和湖南“四水”的重要任务，其流域生态环境保护对于保障长江流域水资源安全和维持洞庭湖区的生态平衡有着极其重要的作用。与此同时，洞庭湖区是我国的主要粮、棉、油产区之一，具有发展农业的得天独厚的优越条件，在我国重要农产品生产和供应体系中占有举足轻重的战略地位。通过开展河湖疏浚活化、湖区污染治理、扩大湿地保护范围等手段，增强水体净化能力，恢复湿地生态系统，切实加强水生生物资源保护和水域生态修复，充分发挥其洪水调蓄、生物多样性保护、气候调节等功能。

(2)加强林区生物多样性及生态功能建设。加强武陵—雪峰山区生物多样性及水土保持生态功能区、南岭山区森林及生物多样性生态功能区、罗霄—幕阜山区森林及生物多样性生态功能区建设，加大天然林和生态公益林保护力度，推进山体造林绿化和封山育林，促进草山草坡植被恢复，巩固退耕还林还草成果，保护自然生态走廊和野生动物栖息地，维系生物多样性，提高水源涵养和水土保持能力，打造维护全省生态稳定、保持水土、美化环境、减灾防灾的多功能生态绿色屏障。保护湘西北武陵山区、湘中湘西雪峰山麓、湘南南岭山区和湘东幕阜山区的湘资沅澧及其主要支流的发源地，禁止非保护性采伐，实施植树造林和封山育林，提高森林覆盖率，增强水源涵养功能。

(3)加强湘江、资江、沅江、澧水干流及其支流的湿地生物多样性生态功能区建设。严格保护由洞庭湖水系、长江干流、珠江水系组成的水生态系统，推进生态脆弱河流和地区水生态修复，提升河流水体的维护生物多样性、调洪蓄洪、保持水土、净化污染物、美化景观等生态服务功能。保持河流水系连贯畅通，保护和恢复水生生物洄游通道，改善生态联系，实施河道和流域生态修复、水土流失治理、防洪保安、生态景观区提质等工程，把沿岸建成生态经济带和秀美风光带，改善人居环境质量，打造集生态、文化、景观、休闲功能于一体的绿色清水长廊，形成覆盖全域的生态安全网络。加大对湘江中上游、资水中上游、沅水中游、澧水中游、汨罗江—新墙河中上游重要水土保持生态功能区的建设和修复力度，重点实施水土流失预防监控和生态修复工程，加强流域综合治理，营造水土保持林，保护和修复自然生态系统，增强区域水土保持能力。

(4)强化人居生态环境保护。加强长株潭城市群、洞庭湖城市组团、湘南城市组团、大湘西城市组团等人口集聚地区的资源环境保护与修复，提升区域中心城市的人居环境质量。以恢复和保障城市生态用地为重点，结合城市河流整治、河湖连通等工程开展滨河滨湖植被保护带建设，规划建设绿心、绿楔、绿带、绿廊等结构性绿地，强化城市园林绿地系统建设，加强城乡生态系统之间的有机连接，完善区域生态安全网络。

湖南省耕地高适宜区主要集中在环洞庭湖平原、湘中南丘岗地区，此外，武陵—雪峰—南岭—罗霄山脉山地地区也有较好的耕地开发条件。建议以基本农田为基础，以发展大宗优质农产品为重点，着力构建以长株潭都市农业圈，环洞庭湖平原农业区，娄邵衡永丘岗农业带和武陵、雪峰、南岭、罗霄山脉山地农业带为主体的“一圈一区两带”农业发展格局。以保障粮食安全和农业可持续发展为核心，依托优质农用地分布引导粮食主产区、优势农产品生产基地集中布局，推进农业供给侧结构性改革，提高农业综合产出效益。

建设用地适宜性评价结果显示，长沙、株洲、湘潭、岳阳、衡阳、常德、邵阳、怀化、郴州、娄底、益阳、永州、张家界、吉首等几个城市的建设开发适宜性高，且高适宜性区域集中连片，在城镇建设和发展方面有较大的空间支撑。故建议：在严格保护基本农田和生态环境的前提下，顺应省域城镇空间结构发展演进趋势，统筹谋划、合理布局城镇化和工业化发展建设空间，发挥中心城市支撑城镇化格局的重要支点作用，加快把长沙、株洲、湘潭建设成为具有全国影响力的现代化大都市，支持岳阳、衡阳、常德、邵阳、怀化建设成为省域次中心城市，进一步增强郴州、娄底、益阳、永州、张家界、吉首等地区中心城市的经济实力和辐射带动能力。

第三节　空间结构建议

一、划分方法

农业开发适宜性、建设开发适宜性、生态重要性、生态敏感性的属性值数值按等级赋值（表 11-3）。

表 11-3　属性值数值示例

农业开发适宜性		建设开发适宜性		生态重要性		生态敏感性	
属性	数值(按级别)	属性	数值(按级别)	属性	数值(按级别)	属性	数值(按级别)
高适宜	3	高适宜	3	极重要	3	极敏感	3
中适宜	2	中适宜	2	高度重要	2	高度敏感	2
低适宜	1	低适宜	1	中等重要	1	中等敏感	1
不适宜	0	不适宜	0	一般重要	0	一般敏感	0

然后进行 Getis-Ord Gi＊分析，对数据集中的每一个要素计算 Getis-Ord Gi＊统计，通过得到的 z 得分和 p 值，判断高值或低值要素在空间上发生聚类的位置，目的是识别具有统计显著性的热点和冷点。

Getis-Ord Gi＊ 统计为：

$$G_i^* = \frac{\sum_{j=1}^{n} w_{i,j} x_j - \overline{X} \sum_{j=1}^{n} w_{i,j}}{S \sqrt{\frac{\left[n \sum_{j=1}^{n} w_{i,j}^2 - \left(\sum_{j=1}^{n} w_{i,j} \right)^2 \right]}{n-1}}}$$

其中，x_j 是要素 j 的属性值；$w_{i,j}$ 是要素 i 和 j 之间的空间权重；n 为要素总数，且：

$$\overline{X} = \frac{\sum_{j=1}^{n} x_j}{n}$$

$$S = \sqrt{\frac{\sum_{j=1}^{n} x_j^2}{n} - (\overline{X})^2}$$

二、划分结果

生态重要性和敏感性热点分析结果显示，湘西武陵山区、雪峰山区、南岭区、洞庭湖区、湘东北丘陵区是生态重要性和敏感性热点区域。

农业开发适宜性热点区域和建设开发适宜性热点区域基本重合，说明农业开发和建设开发竞争性非常高，优质耕地与城镇化地区高度重叠，耕地保护与开发建设的矛盾较为突出，适合农业开发的区域也适合建设开发，反之亦然。二者基本分布在环洞庭湖区、长株潭区、湘中区、衡阳-邵阳盆地区、湘南区。建设开发热点区呈点状辐射分布，除“3＋5”城市群涉及的地区建设用地适宜性高之外，郴州、永州、邵阳、怀化、湘西州、张家界等地区的建设用地开发适宜性也较高，且也相对集中。

湖南省农业开发热点区主要集中在环洞庭湖平原、湘中南丘岗地区，此外，武陵—雪峰—南岭—罗霄山脉山地地区也有较好的耕地开发条件。建议以基本农田为基础，以发展大宗优质农产品为重点，着力构建以长株潭都市农业圈、环洞庭湖平原农业区、娄邵衡永丘岗农业带和武陵、雪峰、南岭、罗霄山脉山地农业带为主体的"一圈一区两带"农业发展格局。

从建设用地的现状布局来看，湖南省国土集约发展程度不断提高，城乡发展逐渐协调，通过由点带线、以线带面、重点突出的空间组织模式，形成了以长沙、株洲、湘潭 3 个城市为中心，辐射岳阳、常德、益阳、娄底、衡阳 5 个周边城市的"3＋5"城市群。

通过建设用地和耕地适宜性评价可以看出，湖南省可开发建设土地资源占比少，优质耕地与城镇化地区高度重叠，耕地保护与开发建设的矛盾较为突出。建设用地适宜性评价表明，除"3＋5"城市群涉及的地区建设用地适宜性高之外，郴州、永州、邵阳、怀化、湘西州、张家界等地区的建设用地开发适宜性也较高，且也相对集中。

基于建设用地和耕地适宜性评价，就湖南省国土空间布局(参见附表 2)给出以下建议：

(1)功能分区。建设用地高、中适宜区可作为建设开发优先区，耕地高、中适宜区可作为耕地开发优先区。建设用地低适宜区、耕地低适宜区主要是现状为林地、坡度较大的地区，可作为生态功能区。

(2)推动形成核心引领、板块联动、极带互动、多点支撑的整体格局。建设用地适宜性评价表明，湖南省的建设开发高适宜区呈点状辐射分布，适合"以点带面、辐射联动"的发展模式，充分发挥特大城市、大城市的人口集聚和辐射带动能力。因此，建议在湖南"一带一部"新定位的背景下，全面对接"一带一路"、长江经济带建设等国家区域发展战略，加快推进长株潭一体化，依托长株潭两型试验区、自主创新示范区和湘江新区等国家级平台，打造长江中游城市群核心引领区。同时，打造岳阳、郴州、怀化 3 个新增长极。以京广沿线长株潭、衡阳、郴州等重要城市为节点，打造京广高铁经济带。以娄底、邵阳为重要支点，以湘中经济走廊为腹地，建设沪昆高铁经济带。以岳阳、常德、益阳为主体，建设环洞庭湖经济带。以张家界、湘西州、怀化为主体，建设张吉怀精品生态文化旅游经济带。依托国家级新区、国家级经济技术开发区、高新技术开发区和一些特色园区，形成多个基础扎实、实力雄厚、特色明显、产城融合的新增长点。

(3)洞庭湖适合发展成为生态-农业-经济区。适宜性评价结果显示，洞庭湖区耕地适宜性高，湿地生态、洞庭文化等资源丰富，故洞庭湖区适合建设高标准农田和现代农业基地，构建资源能源高效利用、生态环境干扰破坏最小化、综合效益最大化的生态经济体系。

(4)推进湘南地区开放发展。根据《国务院办公厅关于批准衡阳市城市总体规划的通知》(国办函〔2017〕16 号)，衡阳市定位为湘南地区中心城市。从建设用地适宜性评价结果来看，湘南地区郴州、永州、衡阳三市中，衡阳市的建设开发高适宜区面积最大、最为集中，有力地支撑衡阳市为湘南地区中心城市。同时也显示，永州、郴州、衡阳地区的建设开发潜力大，能较好地支撑湘南地区的经济社会发展。湘南地区应积极融入泛珠三角、中国东盟自贸区等国际平台，形成湖南加快改革开放的先行区、招商引资的密集区、先进制造业集聚地带。

(5)扶持大湘西地区加快发展。建设用地适宜性评价结果显示，湘西地区的怀化、湘西州、张家界地区建设开发适宜性高，开发潜力大。湘西地区依托武陵山片区区域发展和扶贫攻坚、西部大开发、革命老区建设、湘西地区开发等扶持政策，加快推进精准脱贫、交通通达、生态保护、重点城镇、农村公共服务、教育均衡发展等工程建设，支持特色优势产业做大做强，努力缩小与全省发展差距。尊重自然山水脉络、历史传统和民族文化，引导人口和产业向中心城市适度集聚，立足世界级山水文化资源和文化生态区域，构建绿色宜居、文化传承的新型城镇化特色发展带。

附表 1　湖南省主要县(市、区)矿业排污数据(计算值)

行政区	工业废水量/t	工业固体废物/t	重金属/g	二氧化硫/kg	氮氧化物/kg
岳麓区	0.00	0.00	0.00	0.00	0.00
长沙县	0.00	0.00	0.00	0.00	0.00
宁乡县	1 204.00	0.00	0.00	430 430.00	451 409.70
浏阳市	93 338.06	41 768.82	1 880 716.13	4.65	136.09
荷塘区	0.00	0.00	0.00	0.00	0.00
石峰区	0.00	0.00	0.00	0.00	0.00
天元区	0.00	0.00	0.00	0.00	0.00
株洲县	0.00	0.00	0.00	0.00	0.00
攸县	15 050.00	1 341.60	0.00	1.29	37.75
茶陵县	36 116.60	3 423.00	118.09	3.02	88.41
炎陵县	0.00	0.00	0.00	0.00	0.00
醴陵市	19 567.11	31 341.18	495 613.74	0.00	0.00
市辖区	0.00	0.00	0.00	0.00	0.00
雨湖区	4 008.00	0.00	0.00	1 432 860.00	1 502 699.40
湘潭县	0.00	0.00	0.00	0.00	0.00
湘乡市	0.00	0.00	0.00	0.00	0.00
衡阳县	0.00	0.00	0.00	0.00	0.00
衡南县	8 175.82	2 637.36	1 107.69	0.00	0.00
衡山县	0.00	0.00	0.00	0.00	0.00
衡东县	1 646.43	508.58	799 140.47	0.00	0.00
祁东县	2 564.34	787.70	710 279.27	0.00	0.00
耒阳市	1.65	0.01	42.82	572.00	599.88
常宁市	281 892.61	382 647.81	25 944 226.29	0.00	0.00
双清区	0.00	0.00	0.00	0.00	0.00
邵东县	0.00	0.00	0.00	0.00	0.00
新邵县	180 012.27	292 098.04	8 090.69	0.00	0.00
邵阳县	0.00	0.00	0.00	0.00	0.00
隆回县	7 875.00	13 275.00	197.25	0.00	0.00
洞口县	0.00	0.00	0.00	0.00	0.00
绥宁县	0.00	0.00	0.00	0.00	0.00
新宁县	0.00	0.00	0.00	0.00	0.00

续附表 1

行政区	工业废水量/t	工业固体废物/t	重金属/g	二氧化硫/kg	氮氧化物/kg
城步县	0.00	0.00	0.00	0.00	0.00
武冈市	0.00	0.00	0.00	0.00	0.00
平江县	364 087.50	613 747.50	9 119.53	0.00	0.00
汨罗市	0.00	0.00	0.00	0.00	0.00
临湘市	0.00	0.00	0.00	0.00	0.00
市辖区	0.00	0.00	0.00	0.00	0.00
鼎城区	0.00	0.00	0.00	0.00	0.00
澧县	0.00	0.00	0.00	0.00	0.00
临澧县	0.00	0.00	0.00	0.00	0.00
桃源县	9 056.25	15 266.25	226.84	0.00	0.00
石门县	38 500.00	3 432.00	0.00	3.30	96.58
市辖区	0.00	0.00	0.00	0.00	0.00
永定区	0.00	0.00	0.00	0.00	0.00
慈利县	0.00	0.00	0.00	0.00	0.00
桑植县	0.00	0.00	0.00	0.00	0.00
赫山区	0.00	0.00	0.00	0.00	0.00
桃江县	4 066.77	2 541.04	1 463.24	0.00	0.00
安化县	7 395.86	3 850.26	2 088.92	0.00	0.00
北湖区	9 872.70	4 070.46	20 302.05	0.00	0.00
苏仙区	49 636.49	9 353.77	6 437 565.22	2.39	70.02
桂阳县	164 077.76	51 815.93	61 008 319.00	0.00	0.00
宜章县	3 898.83	1 427.83	719 911.33	0.00	0.00
永兴县	0.00	0.00	0.00	0.00	0.00
嘉禾县	0.00	0.00	0.00	0.00	0.00
临武县	10 998.67	3 736.87	198 884.88	0.05	1.54
汝城县	842.25	352.34	1 434.14	0.00	0.00
桂东县	0.00	0.00	0.00	0.00	0.00
安仁县	0.00	0.00	0.00	0.00	0.00
资兴市	0.00	0.00	0.00	0.00	0.00
零陵区	3 296.00	0.00	0.00	1 178 320.00	1 235 752.80
冷水滩区	0.00	0.00	0.00	0.00	0.00

续附表 1

行政区	工业废水量/t	工业固体废物/t	重金属/g	二氧化硫/kg	氮氧化物/kg
祁阳县	0.00	0.00	0.00	0.00	0.00
东安县	271.22	169.46	97.58	0.00	0.00
道县	0.00	0.00	0.00	0.00	0.00
江永县	0.00	0.00	0.00	0.00	0.00
宁远县	0.00	0.00	0.00	0.00	0.00
蓝山县	0.00	0.00	0.00	0.00	0.00
江华县	2 569.60	1 100.50	1 067 380.31	0.00	0.00
中方县	0.00	0.00	0.00	0.00	0.00
沅陵县	0.00	0.00	0.00	0.00	0.00
辰溪县	0.00	0.00	0.00	0.00	0.00
溆浦县	7 875.00	13 275.00	197.25	0.00	0.00
会同县	0.00	0.00	0.00	0.00	0.00
麻阳县	0.00	0.00	0.00	0.00	0.00
新晃县	0.00	0.00	0.00	0.00	0.00
芷江县	0.00	0.00	0.00	0.00	0.00
靖州县	0.00	0.00	0.00	0.00	0.00
通道县	0.00	0.00	0.00	0.00	0.00
洪江市	0.00	0.00	0.00	0.00	0.00
娄星区	0.00	0.00	0.00	0.00	0.00
双峰县	1 462.13	2 464.73	36.62	0.00	0.00
新化县	5 853.75	9 867.75	146.62	0.00	0.00
冷水江市	37 747.22	23 585.61	13 581.57	0.00	0.00
涟源市	8 750.00	780.00	0.00	0.75	21.95
吉首市	0.00	0.00	0.00	0.00	0.00
泸溪县	0.00	0.00	0.00	0.00	0.00
凤凰县	0.00	0.00	0.00	0.00	0.00
花垣县	49 886.07	13 112.01	4 679 893.50	2 574 000.00	2 699 460.00
保靖县	0.00	0.00	0.00	0.00	0.00
古丈县	2 912.00	0.00	0.00	1 041 040.00	1 091 781.60
永顺县	0.00	0.00	0.00	0.00	0.00
龙山县	0.00	0.00	0.00	0.00	0.00
合计	1 434 507.94	1 543 778.40	104 000 181.04	6 657 237.46	6 982 155.73

附表 2　各县三类空间建议值

市	行政区代码	县	建设(最大值，面积百分比)/%	农业(建议值，面积百分比)/%	生态(建议值，面积百分比)/%
长沙市	430102	芙蓉区	95.45	2.27	2.27
	430103	天心区	77.14	12.86	10
	430104	岳麓区	39.66	34.26	26.07
	430105	开福区	59.04	32.98	7.98
	430111	雨花区	91.53	0	8.47
	430121	长沙县	38.4	40.17	21.43
	430122	望城区	26.65	58.73	14.63
	430124	宁乡市	22.13	56.12	21.75
	430181	浏阳市	26.84	24.51	48.65
株洲市	430202	荷塘区	67.2	23.2	9.6
	430203	芦淞区	54.17	34.26	11.57
	430204	石峰区	50.71	17.14	32.14
	430211	天元区	51.2	39.52	9.28
	430221	株洲县	41.2	40.15	18.65
	430223	攸县	33.26	34.44	32.3
	430224	茶陵县	25.51	24.37	50.12
	430225	炎陵县	1.52	6.77	91.71
	430281	醴陵市	32.44	39.69	27.87
湘潭市	430302	雨湖区	36.22	54.22	9.56
	430304	岳塘区	38.65	10.63	50.72
	430321	湘潭县	33.15	56.26	10.6
	430381	湘乡市	22.7	53.75	23.56
	430382	韶山市	20.49	53.69	25.82
衡阳市	430405	珠晖区	37.9	52.05	10.05
	430406	雁峰区	60	32.94	7.06
	430407	石鼓区	52.88	45.19	1.92
	430408	蒸湘区	50	44.64	5.36
	430412	南岳区	12.09	12.09	75.82
	430421	衡阳县	23.84	50.41	25.75
	430422	衡南县	42.03	45.25	12.72

续附表 2

市	行政区代码	县	建设(最大值，面积百分比)/%	农业(建议值，面积百分比)/%	生态(建议值，面积百分比)/%
衡阳市	430423	衡山县	38.49	40.72	20.79
	430424	衡东县	39.32	36.57	24.12
	430426	祁东县	20.76	52.83	26.41
	430481	耒阳市	39.98	41.14	18.88
	430482	常宁市	26.64	42.02	31.34
邵阳市	430502	双清区	32.37	66.91	0.72
	430503	大祥区	18.06	73.15	8.8
	430511	北塔区	20	78.75	1.25
	430521	邵东县	22.3	60.14	17.57
	430522	新邵县	14.88	34.07	51.05
	430523	邵阳县	26.63	53.9	19.47
	430524	隆回县	17.3	41.02	41.68
	430525	洞口县	12.06	38.97	48.97
	430527	绥宁县	14.69	15.24	70.07
	430528	新宁县	15.53	23.3	61.17
	430529	城步县	4.65	32.75	62.6
	430581	武冈市	20.34	56.6	23.07
岳阳市	430602	岳阳楼区	45.95	44.72	9.34
	430603	云溪区	29.19	46.45	24.37
	430611	君山区	20.43	56.71	22.87
	430621	岳阳县	23.35	29.17	47.48
	430623	华容县	17.75	61.3	20.95
	430624	湘阴县	21.88	41.82	36.3
	430626	平江县	22	34.86	43.14
	430681	汨罗市	35.49	48.76	15.75
	430682	临湘市	27.12	36.03	36.85
常德市	430702	武陵区	44.47	39.66	15.87
	430703	鼎城区	33.08	53.94	12.98
	430721	安乡县	23.28	62.61	14.11
	430722	汉寿县	39.77	38.57	21.66
	430723	澧县	29.75	52	18.25

废弃物、废水、废气对环境的污染。矿山地质环境问题主要集中在花岗岩开采过程中造成的基岩大片裸露，植被难以恢复；废石堆积量大，易发生滑坡、崩塌、泥石流等矿山地质灾害。其中，弼时镇和川山坪镇地区的花岗岩开采区矿山生态环境破坏较为严重。目前汨罗市开展矿区环境综合治理，恢复矿山占用破坏土地资源，消除地质灾害隐患，矿山地质生态环境治理恢复工作逐步推进。

3. 水环境现状

2016年汨罗市整体水质较好，水质状况均为达标。通过采用溶解氧、高锰酸盐指数、氨氮、总磷、氟化物及氯化物等共30余项水质评价指标，对汨罗市江河水库上共布设的9个水质监测断面（或监测点）进行每月或每季水质评价。结果显示，除车对河赵公桥、磊石断面个别季度的水质监测类别为第Ⅳ类以外，其余监测断面（或监测点）的水质监测结果均为第Ⅱ类或第Ⅲ类，无第Ⅴ类和劣Ⅴ类的监测断面（或监测点），整体水质状况较好。

第四节　地质环境现状

汨罗市处于幕阜山脉与洞庭湖平原的过渡地带。该地貌的过渡性，导致全市地表形态的多样性，台地、平原、水系相间，山地、丘陵、湖泊交错。汨罗市最明显的地质构造行迹为新华夏构造体系及北东向压扭性断裂，控制着区内隆起和断陷盆地的形成与发展。据《汨罗市地质灾害调查》相关统计数据，汨罗市地质灾害数量不多、灾种较少，且分布不广。地质灾害类型以滑坡为主，次为泥石流、管涌。各类型的地质灾害，主要发生在雨季，尤以暴雨时最为突出，地质灾害在时间分布上具有与大气降水规律的高度一致性。

境内的滑坡、崩塌（岸）的分布，受地形地貌、地层、岩性、构造、水文、气象及人类工程活动诸多因素的制约，主要分布在海拔110 m～500 m岗地—低山丘陵区，物质组成成分则主要以强风化花岗岩砂质黏性土和坡积层碎石土为主，且大多数滑坡都具有复活的特点；汨罗市境内泥石流地质灾害虽然不发育，但是具有形成泥石流地质灾害条件的地段较多，在降雨季节（暴雨），极易发展形成泥石流地质灾害；境内沿洞庭湖堤岸的部分区域易出现管涌，目前基本稳定，但当洞庭湖涨水时有可能造成严重损失。

第五节　矿产资源现状

截至2015年底，汨罗市已探明的矿种有黄金、高岭土、花岗岩、钾长石、石英、云母、砂砾石、耐火黏土、砖瓦用黏土、水泥配料用土等18种矿产，其中已开发利用的矿产资源有饰面用花岗岩、建筑用花岗岩、高岭土、水泥配料用石英等4种。全市共发现矿床、矿点、矿化点100多处，矿产资源潜在经济价值300亿元以上。2015年度采矿业规模以上企业总产值为1.79亿元，占全市规模以上工业企业总产值750.92亿元的0.23%，相关产品加工制造业总产值为31.81亿元。

汨罗市砂金矿主要分布于汨罗江河床和沿河两岸向外延伸的地层中，矿化面积达500 km^2，预测地质储量20 t左右，是长江以南最大的矿金矿床；高岭土矿产资源丰富，且质地优良，主要分布于白水镇、弼时镇、长乐镇及三江镇等乡镇，预测地质总储量5 000万t以上；花岗石的预测地质总储量在5 000亿 m^3 以上，可开采利用储量7 000万 m^3 以上，以弼时镇，川山坪镇等地花岗岩质量较优。

第十三章　建设用地、耕地适宜性评价

第一节　适宜性评价技术方法

一、基本思路和方法

在自然地理条件、生态环境、制度政策3个要素方面提取指标进行建设用地、耕地适宜性评价(图13-1)。在评价方法上，采用“减分制”，即优先考虑建设用地、耕地的限制性因素，如生态保护红线、基本农田范围内的坚决不能突破的指标，设置为禁止性指标，实行“一票否决”；对生态环境等有限制性要求的，设置为限制性指标，严格加以限制，以此避免出现与生态文明建设理念不合的情况(如基本农田区域被评价为适合建设用地开发、林地保护区被评价为适合耕地开发等)。

采用专家打分法，对符合禁止性指标的，赋值为0，禁止性指标之外的，赋值为1；对限制性指标赋值为0～100，分数越高，表示越适宜。综合适宜性得分计算方法见下式：

$$L=\prod_{i=1}^{m}J_i\times\sum_{k=1}^{n}w_kX_k$$

其中，L为综合适宜性得分；i为禁止性指标编号；m为禁止性指标个数；J_i为第i个禁止性指标的得分；k为限制性指标编号；n为限制性指标个数；w_k为限制性指标的权重；X_k为第k个限制性指标的得分。

根据综合适宜性得分，将建设用地、耕地适宜性划分为不适宜、一般适宜、较适宜、最适宜4类。

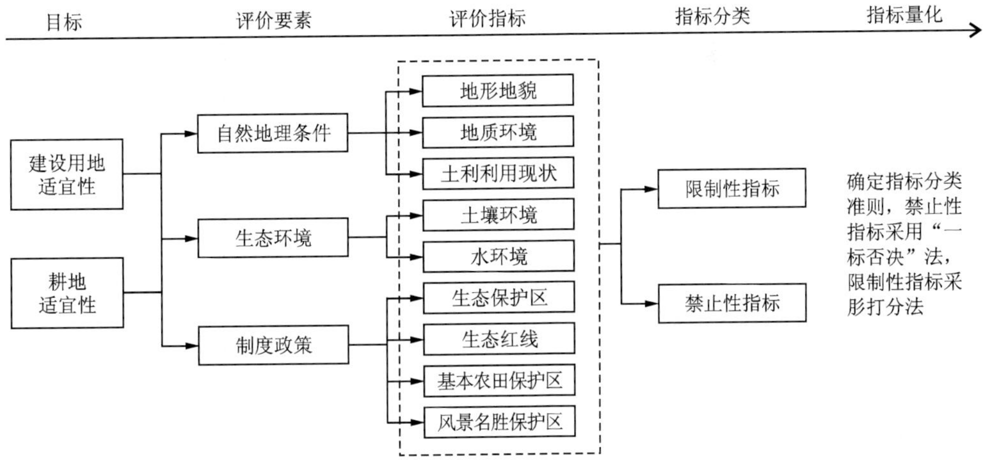

图13-1　建设用地、耕地适宜性评价基本思路

二、建设用地适宜性评价方法

1. 指标体系

为落实最严格的生态环境保护政策，对生态红线范围内、生态保护区（动物栖息地保护区、湿地保护区、各级森林公园、水库河流湖泊保护区等）范围内、基本农田范围内、风景名胜保护区内、土壤环境经评估不适合建设用地开发或水环境经评估不适合建设用地开发的区域，禁止进行建设开发，相应的建设用地适宜性评价结果为不适宜。

坡度条件直接关系着建设开发的经济成本和工程技术难度，同时，山地生态环境的再生恢复能力差、抗扰动性差。据前人研究，当坡度为25°以上时，不适宜进行建设开发，为禁止性指标。当坡度为25°以下时，对应的适宜性分值见表13-1。

蓄滞洪区一般是洪水自然滞蓄场所。为遵循“人水和谐”的理念，本研究中将蓄滞洪保留区的建设适宜性分值设置为60分，一般蓄滞洪区、重要蓄滞洪区的分值相应递减为30分、10分（表13-1）。

土地利用现状是影响建设开发的重要方面。本研究设置该指标总的原则是尊重现有的土地利用格局，建设开发过程中尽量少占耕地、林地等，各现状地类对应的建设用地适宜性分值见表13-1。

地质环境对开发建设有显著的影响，各类地质灾害对人民群众的财产安全和生命安全有很大的危险性。本研究中将严重采空塌陷区的适宜性分值赋为10分，主要是考虑到采空塌陷区的施工难度大，后期可能造成的地面塌陷、沉降等问题突出。其他类型的地质环境问题按危害影响程度赋适宜性分值（表13-1）。

限制性指标的坡度、蓄滞洪区、土地利用现状、地质环境4个指标的权重采用专家打分法，分别赋为0.2、0.3、0.3、0.2（表13-1）。

表13-1　建设用地适宜性评价指标体系

指标		指标分类	分值/分	权重
禁止性指标	生态红线	生态红线范围内	0	
		生态红线范围外	1	
	生态保护区	生态保护区范围内	0	
		生态保护区范围外	1	
	基本农田	基本农田范围内	0	
		基本农田范围外	1	
	风景名胜保护区	风景名胜保护区内	0	
		风景名胜保护区外	1	
	土壤环境	经评估不适合建设用地开发的	0	
		经评估适合建设用地开发的	1	
	水环境	经评估不适合建设用地开发的	0	
		经评估适合建设用地开发的	1	
	坡度	25°以上	0	

续表 13-1

指标		指标分类	分值/分	权重
限制性指标	坡度	15°～25°	30	0.2
		6°～15°	70	
		0°～6°	100	
	蓄滞洪区	重要蓄滞洪区	10	0.3
		一般蓄滞洪区	30	
		蓄滞洪保留区	60	
		非蓄滞洪区	100	
	土地利用现状	耕地、水域	10	0.3
		其他农用地	20	
		林地	30	
		草地、园地	50	
		自然保留地	70	
		其他用地	90	
		建设用地	100	
	地质环境	严重采空塌陷区	10	0.2
		崩塌、滑坡、泥石流、洪水等突发地质灾害高易发区；地震设防区	40	
		崩塌、滑坡、泥石流、洪水等突发地质灾害中易发区	60	
		崩塌、滑坡、泥石流、洪水等突发地质灾害低易发区	80	
		无地质灾害风险	100	

2. 适宜性分类

根据式(13-1)计算出综合适宜性得分 L，$L=0$ 为不适宜，$0<L\leqslant 26$ 为一般适宜，$26<L\leqslant 69$ 为较适宜，$69<L\leqslant 100$ 为最适宜。

三、耕地适宜性评价方法

1. 指标体系

耕地适宜性评价与建设用地适宜性评价类似，把生态红线、生态保护区（动物栖息地保护区、湿地保护区、各级森林公园、水库河流湖泊保护区等）、风景名胜保护区作为禁止性指标，禁止进行耕地开发，相应的耕地适宜性评价结果为不适宜（表 13-2）。

以《土壤环境质量标准》（GB 15618—1995）、《地表水环境质量标准》（GB 3838—2002）、《地下水质量标准》（GB/T 14848—2017）中的分类分级方案，将土壤环境质量劣于Ⅲ类土壤、地表水环境劣于Ⅴ类地表水、地下水环境劣于Ⅴ类地下水的区域划入禁止区，相应的耕地适宜性评价结果为不适宜(表 13-2)。

土层厚度对作物的生长质量、耕作便利度有较大影响。坡度是决定耕地开发难度和耕地质量的关键性指标，坡度越大，耕地开发难度越大，开发后耕地面临水土流失等损毁的风险越高。参照《全国耕地后备资源调查评价技术方案》(国土资厅发〔2014〕13 号)，把土层厚度小于 30 cm、坡度在 25°以上的区域划入禁止区，相应的耕地适宜性评价结果为不适宜(表 13-2)。

限制性指标考虑了坡度、蓄滞洪区、土地利用现状、地质环境、土层厚度、土壤质地、地貌。其中，坡度、土层厚度、土壤质地、地貌参照《中国耕地质量等级调查与评定(湖南卷)》《全国耕地后备资源调查评价技术方案》(国土资厅发〔2014〕13 号)中的分级评价标准赋予适宜性分值(表 13-2)。

由于洪水带来肥沃的土壤，加之良好的灌溉条件、耕作便利，一直以来蓄滞洪区范围内都有农民进行耕种。在"尊重自然"的理念下，本研究将重要蓄滞洪区、一般蓄滞洪区、蓄滞洪保留区耕地适宜性分值分别设置为 30 分、50 分、70 分。

近年来，在"严守耕地红线""耕地占补平衡"的政策下，部分地区在山区林地开垦了大量耕地，形成"秃头山"现象。为减少此类现象的发生，既保护耕地数量又注重耕地质量，本研究将土地利用现状为林地、水域的适宜性分值设置为 10 分。同时，为满足"增减挂钩"、土地复垦的需求，将土地利用现状为建设用地的适宜性分值设置为 10 分。土地利用现状为草地、园地、自然保留地、其他用地的适宜性分值分别为 20 分、30 分、50 分。

表 13-2　耕地适宜性评价指标体系

指标		指标分类	分值/分	权重
禁止性指标	生态红线	生态红线范围内	0	
		生态红线范围外	1	
	生态保护区	生态保护区范围内	0	
		生态保护区范围外	1	
	风景名胜保护区	风景名胜保护区内	0	
		风景名胜保护区外	1	
	土壤环境	劣于Ⅲ类土壤	0	
		Ⅲ类或优于Ⅲ类土壤	1	
	地表水环境	劣于Ⅴ类地表水	0	
		Ⅴ类或优于Ⅴ类地表水	1	
	地下水环境	劣于Ⅴ类地下水	0	
		Ⅴ类或优于Ⅴ类地下水	1	
	洪水位线	河流、湖泊洪水位线以下	0	
		其他	1	
	土层厚度	小于 30 cm	0	
		大于 30 cm	1	
	坡度	25°以上	0	

续表 13-2

指标		指标分类	分值/分	权重
限制性指标	坡度	15°～25°	20	0.1
		6°～15°	60	
		2°～6°	80	
		0°～2°	100	
	蓄滞洪区	重要蓄滞洪区	30	0.1
		一般蓄滞洪区	50	
		蓄滞洪保留区	70	
		非蓄滞洪区	100	
	土地利用现状	林地、水域	10	0.3
		草地、园地	20	
		自然保留地	30	
		其他用地	50	
		建设用地	70	
		其他农用地	90	
		耕地	100	
	地质环境	崩塌、滑坡、泥石流、洪水等突发地质灾害高易发区	60	0.05
		崩塌、滑坡、泥石流、洪水等突发地质灾害中易发区	80	
		崩塌、滑坡、泥石流、洪水等突发地质灾害低易发区	90	
		无地质灾害风险	100	
	土层厚度	30 cm～60 cm	60	0.15
		60 cm～90 cm	80	
		＞90 cm	100	
	土壤质地	砾质土	30	0.2
		砂土	50	
		黏土	80	
		壤土	100	
	地貌	峡谷、陡坡山地	10	0.1
		缓坡山地	30	
		丘陵	60	
		岗地、台地	90	
		平原	100	

2. 适宜性分类

根据式(13-1)计算出综合适宜性得分 L，$L=0$ 为不适宜，$0<L\leqslant 39$ 为一般适宜，$39<L\leqslant 77.5$ 为较适宜，$77.5<L\leqslant 100$ 为最适宜。

第二节　主要禁止性、限制性条件

据汨罗市环保局提供的数据，汨罗市水环境、大气环境、土壤环境均达标。通过对汨罗市各禁止性指标、限制性指标的分析，影响汨罗市建设用地、耕地适宜性的主要禁止性指标为生态红线、生态保护区、基本农田，主要限制性条件为土地利用现状和坡度。

一、生态红线、生态保护区

汨罗全市的生态红线和各类生态保护区(含县级公益林等)面积共计 72 915.84 hm²，约占汨罗市总面积的 48.8%。主要分布在汨罗江等河流沿岸、主要的林地保护区，北部及中部区域的生态红线和保护区范围明显多于南部区域。三江镇的生态红线及生态保护区面积最大，为 9 834.40 hm²，约占其总面积的 74.2%，川山坪镇次之。此外，罗江镇、弼时镇、白塘镇以及桃林寺镇等镇均有较大范围的生态红线和生态保护区(表 13-3)。

表 13-3　汨罗市各乡镇生态红线及生态保护区面积统计表

乡镇名称	生态红线及生态保护区面积/hm²	乡镇名称	生态红线及生态保护区面积/hm²
白水镇	3 111.30	罗江镇	6 862.28
白塘镇	6 396.04	汨罗镇	420.66
弼时镇	6 761.82	屈子祠镇	4 385.28
川山坪镇	8 585.13	三江镇	9 834.40
长乐镇	2 696.74	神鼎山镇	5 610.55
大荆镇	3 711.68	桃林寺镇	6 348.13
古培镇	3 823.26	新市镇	1 865.10
归义镇	325.45	总计	72 915.84

二、基本农田

汨罗市的基本农田共计 40 134.2 hm²，约占汨罗市总面积的 24.02%(表 13-4)。汨罗市的耕地主要分布在河流沿岸，基本农田则主要分布于耕地质量较好、立地条件优良的区域，以河流沿岸为中心向外扩展分布，避开了地势较高的山地丘陵区。归义镇、新市镇为汨罗市的重点建设区域，几乎未划定基本农田。罗江镇和桃林寺镇耕地质量好，耕种条件优良，基本农田面积大。其中，罗江镇的基本农田面积为4 812.07 hm²，占其总面积的 30.85%，为汨罗市基本农田范围最大的乡镇。

表 13-4　汨罗市各乡镇基本农田面积统计表

乡镇名称	基本农田面积/hm²	乡镇名称	基本农田面积/hm²
白水镇	1 846.32	汨罗镇	1 295.41
白塘镇	2 118.38	屈子祠镇	2 696.89
弼时镇	3 411.54	三江镇	1 905.17
川山坪镇	3 013.75	神鼎山镇	3 204.86
大荆镇	2 387.81	桃林寺镇	4 668.14
古培镇	2 083.17	新市镇	82.59
归义镇	90.44	长乐镇	1 846.49
罗江镇	4 812.07	总计	35 463.03

三、坡度

从坡度来看(表 13-5,图 13-2),汨罗市呈现出典型的冲积平原特点,整体上多为 15°以下,其占比约为 85.37%。其中,全市坡度 0°～2°区域面积为 44 559.80 hm²,占汨罗市总面积的 29.82%;2°～6°区域面积共计 48 273.15 hm²,占汨罗市总面积的 32.30%;6°～15°区域面积共计 34 743.39 hm²,占汨罗市总面积的 23.25%;15°～25°区域面积共计 14 341.48 hm²,占汨罗市总面积的 9.60%;>25°的区域面积共计 7 515.11 hm²,占汨罗市总面积的 5.03%。

表 13-5　汨罗市各乡镇坡度等级规模结构　单位:hm²

乡镇名称	0°～2°	2°～6°	6°～15°	15°～25°	>25°
白水镇	2 169.96	2 685.18	2 140.00	98.28	66.47
白塘镇	7 964.59	2 290.55	572.26	0.00	0.00
弼时镇	2 226.79	4 472.74	3 229.98	2 871.15	1 225.88
川山坪镇	1 848.26	3 202.98	3 507.06	4 046.79	2 434.95
大荆镇	1 595.49	3 742.61	2 373.98	58.56	0.00
古培镇	2 038.64	2 915.39	2 918.88	282.28	209.26
归义镇	2 334.82	218.34	108.93	1.06	0.00
罗江镇	5 137.85	5 673.89	4 357.68	428.30	0.00
汨罗镇	2 877.18	415.86	133.01	19.93	0.00
屈子祠镇	3 825.44	4 214.99	2 040.39	37.11	0.00
三江镇	2 177.80	1 260.41	2 830.65	4 134.01	2 851.39
神鼎山镇	2 027.72	3 811.32	4 149.93	1 560.25	397.56
桃林寺镇	3 219.36	9 333.99	2 848.50	0.52	0.00
新市镇	879.04	2 430.53	1 884.89	211.46	60.98
长乐镇	1 847.77	1 560.32	1 575.37	577.15	268.63
总计	44 559.80	48 273.15	34 743.39	14 341.48	7 515.11

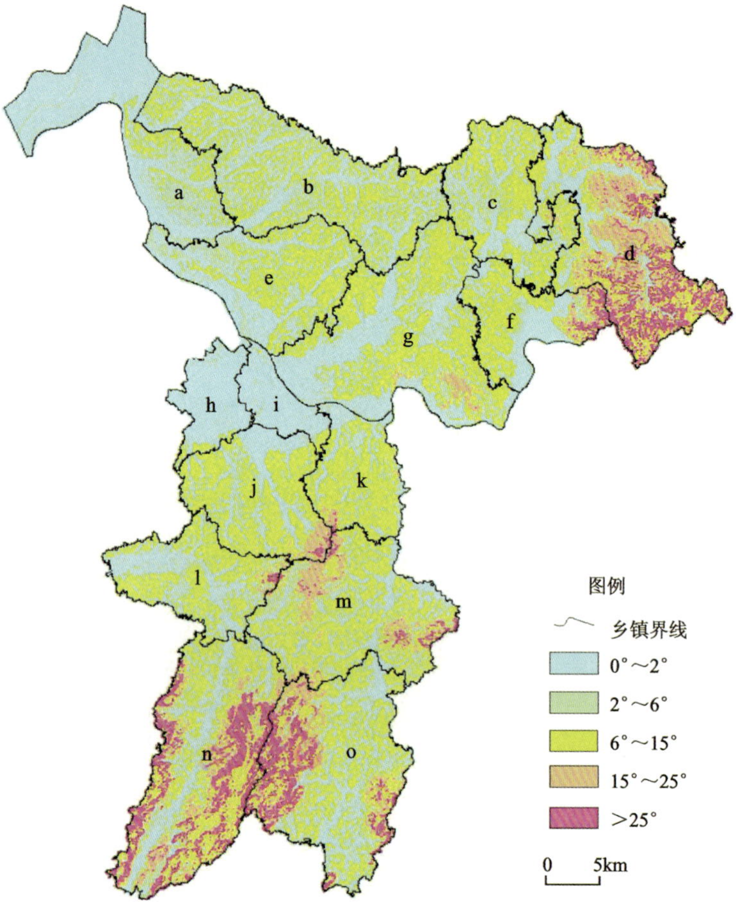

图 13-2　汨罗市坡度等级分布情况

a-白塘镇；b-桃林寺镇；c-大荆镇；d-三江镇；e-屈子祠镇；f-长乐镇；g-罗江镇；h-汨罗镇；i-归义镇；j-古培镇；k-新市镇；l-白水镇；m-神鼎山镇；n-川山坪镇；o-弼时镇

汨罗市的地形坡度走势以汨罗镇、归义镇为中心，向东北、西南方向坡度逐渐升高，由平原过渡到山地，地形也逐渐变得复杂。汨罗镇、归义镇超过 80%的地形坡度为 0°～2°，且无 25°以上坡地，地势平坦开阔，土地开发利用程度高。三江镇、川山坪镇以及弼时镇地貌类型以山地为主，坡度 15°以上的区域呈集中连片分布，其中三江镇坡度 15°～25°的占比约为 31%，坡度 25°以上的占比约为 22%，地形条件限制性较强。

第三节　建设用地适宜性分析

一、汨罗市建设用地适宜性分析

采用上述提出的建设用地适宜性评价方法，得出汨罗市的建设用地适宜性评价结果（图 13-3）。汨罗市适宜进行建设开发的土地面积为 31 081.95 hm^2，占汨罗市总面积（149 432.9 hm^2）的 20.8%。其中，适宜性评价结果为一般适宜的为 10 217.78 hm^2，较适宜的为 1 136.21 hm^2，最适宜的为 19 727.97 hm^2，分别占适宜进行建设开发土地面积的 32.87%、3.66%、63.47%，整体建设开发用地适宜性程度较高。

汨罗市适宜进行建设开发的土地集中分布在归义镇和新市镇，在其他乡镇呈零散分布。适宜进行建设开发的土地整体上以现状建设用地为基础，向背离河流沿岸、靠近林地的方向展布，适宜性由最适宜到一般适宜，避开了河流沿岸冲积区域，充分保护了耕地和林地，为耕地开发留足了空间(图 13-4)。

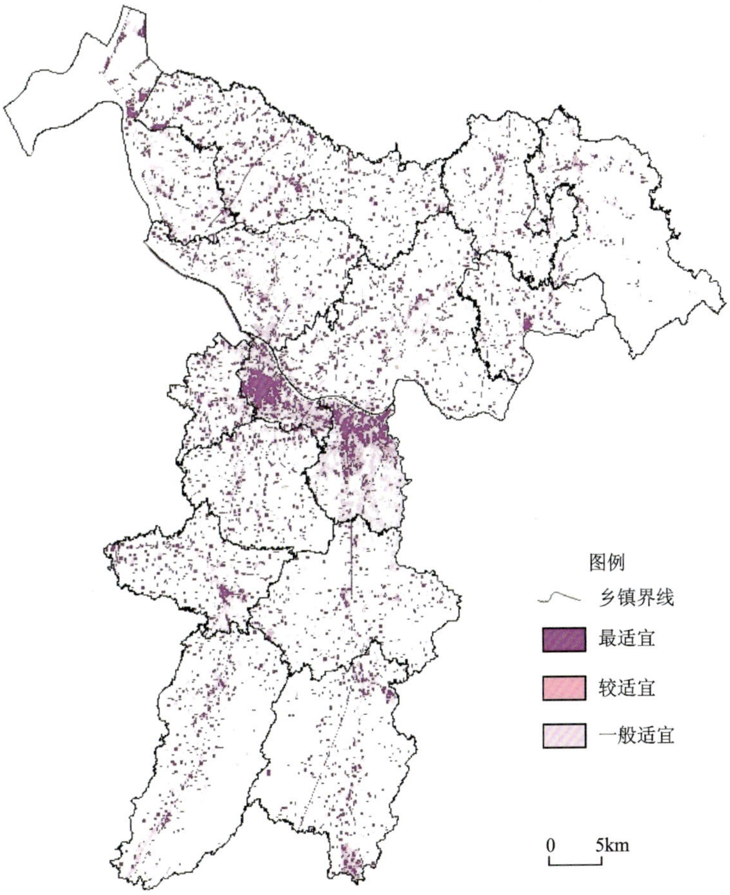

图 13-3　汨罗市建设用地适宜性评价结果

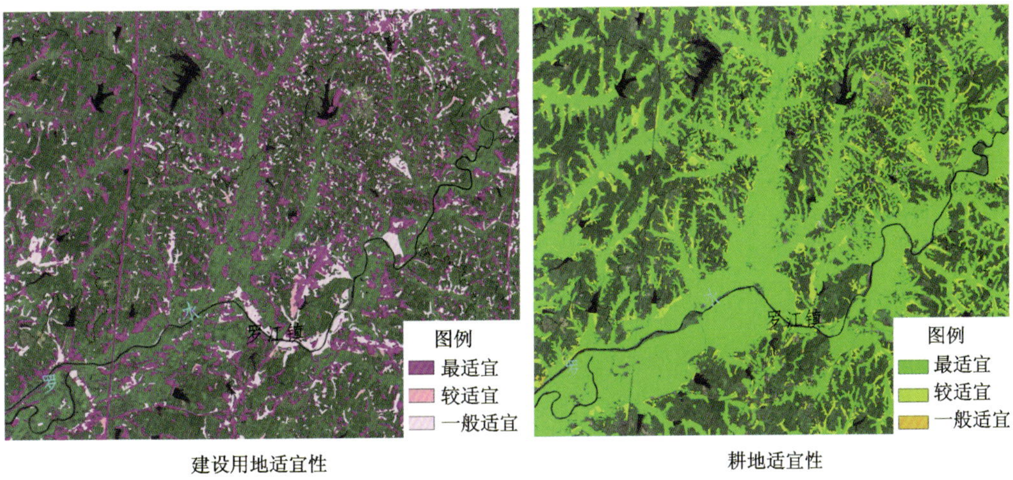

图 13-4　同一区域建设用地、耕地适宜性对比

二、建设用地适宜性等级结构分析

从汨罗市建设用地适宜性等级的规模结构来看(表 13-6,图 13-5),一般适宜的土地中,主要现状地类为耕地;较适宜的土地中,主要现状地类为其他农用地、林地;最适宜的土地中,主要现状地类为城乡建设用地、交通水利建设用地、其他农用地。除去土地利用现状为城乡建设用地、交通水利建设用地、其他建设用地区及耕地保有量面积,汨罗市适宜进行建设开发的极限剩余潜力为 13 327.28 hm^2。

表 13-6 汨罗市建设用地适宜性等级的规模结构 单位:hm^2

现状地类(2015 年)	较适宜	一般适宜	最适宜	总计
城乡建设用地	0	0	12 119.21	12 119.21
耕地	0	10 174.95	0	10 174.95
交通水利建设用地	0	0	1 584.56	1 584.56
林地	365.90	1.31	471.66	838.87
其他建设用地	0	0	654.90	654.90
其他农用地	717.64	38.20	4 732.04	5 487.89
滩涂沼泽	1.72	0	8.64	10.37
园地	40.28	2.62	126.90	169.80
自然保留地	10.66	0.70	30.04	41.40
总计	1 136.21	10 217.78	19 727.97	31 081.95

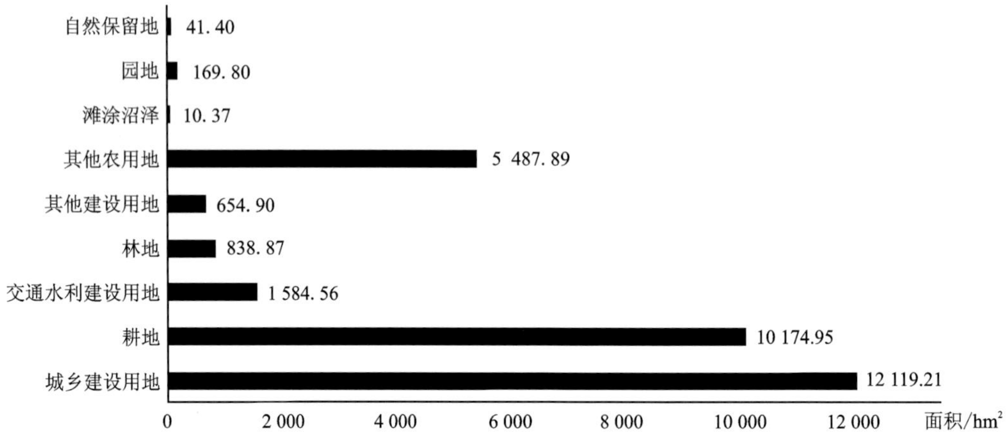

图 13-5 汨罗市各现状地类适宜建设用地面积汇总

三、汨罗市各乡镇建设用地适宜性分析

汨罗市建设开发用地适宜性程度较高,各下辖镇适宜性等级为最适宜的土地占比均在 50%以上。新市镇、桃林寺镇、罗江镇以及弼时镇适宜进行建设开发的土地面积较大,其中,新市镇适宜建设开发用地的面积为 3 192.62 hm^2,约占全市适宜进行建设开发总面积的 10.27%,是汨罗市适宜建设开发用地面积最大的区域。相比之下,长乐镇适宜进行建设开发的潜力相对较低,其适宜进行建设开发的面积在 1 000 hm^2 以下(表 13-7,图 13-6)。

在行政区分布上，汨罗市适宜进行建设开发的土地主要分布在归义镇、新市镇及汨罗镇（这 3 个乡镇的现状建设用地较多），且主要为最适宜区，适宜用地呈集中分布；三江镇、川山坪镇、弼时镇地形地貌以山地丘陵为主，林地面积较大，建设用地适宜性主要受限于地形因素，适宜建设开发的土地主要分布在地势较为平坦的非林地区域，呈狭长带状分布，充分保护了林地；白塘镇的西北侧属洞庭湖平原区，适宜进行建设开发的土地避开了河流沿岸冲积区域，均匀分布于东南侧的平原区域；除上述乡镇以外的地区适宜建设开发的土地均分布较为稀疏均匀。

表 13-7　汨罗市各下辖镇建设用地适宜性等级规模　单位：hm^2

乡镇名称	一般适宜	较适宜	最适宜	总计
新市镇	190.82	1 409.31	1 592.49	3 192.62
桃林寺镇	46.59	698.70	2 322.35	3 067.65
罗江镇	112.66	826.80	1 965.87	2 905.33
弼时镇	148.38	663.81	1 878.98	2 691.18
川山坪镇	88.91	798.61	1 396.43	2 283.94
屈子祠镇	64.09	869.58	1334.11	2 267.78
神鼎山镇	186.98	673.72	1 378.45	2 239.15
归义镇	1.83	800.44	1 405.26	2 207.53
古培镇	71.50	465.11	1 166.51	1 703.12
白塘镇	10.98	628.59	1 004.65	1 644.22
白水镇	54.91	431.51	1 107.64	1 594.06
汨罗镇	0.28	703.35	752.26	1 455.88
大荆镇	50.58	436.73	870.50	1 357.81
三江镇	80.78	456.07	630.66	1 167.51
长乐镇	26.92	339.95	607.28	974.16
总计	1 136.21	10 217.78	19 727.97	31 081.95

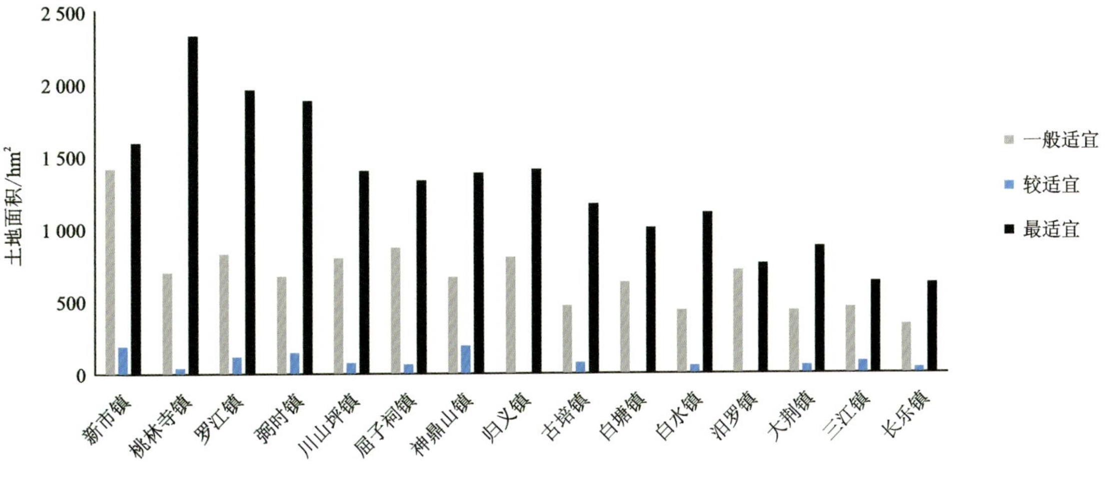

图 13-6　汨罗市各下辖镇建设用地适宜性等级的规模结构

第四节 耕地适宜性分析

一、汨罗市耕地适宜性分析

采用上述提出的耕地适宜性评价方法，得出汨罗市的耕地适宜性评价结果（图 13-7）。汨罗市适宜进行耕作的土地面积为 63 761.87 hm^2，占汨罗市总面积的 42.67%。其中，适宜性评价结果为一般适宜的为 1 022.39 hm^2，较适宜的为 9 908.13 hm^2，最适宜的为 52 831.35 hm^2，分别占适宜进行耕作的土地面积的 1.60%、15.54%、82.86%。

整体来看，汨罗市适宜进行耕作的土地面积占比较大，且主要为最适宜进行耕作，这与汨罗市为洞庭湖平原区的地理背景相符。汨罗市适宜进行耕作的最适宜区主要分布于洞庭湖平原区、汨罗江等大中小水系的沿岸。较适宜区、一般适宜区分布在最适宜区的外围。在川山坪镇、神鼎山镇、三江镇的部分山区主要为一般适宜区，且分布较为稀疏。

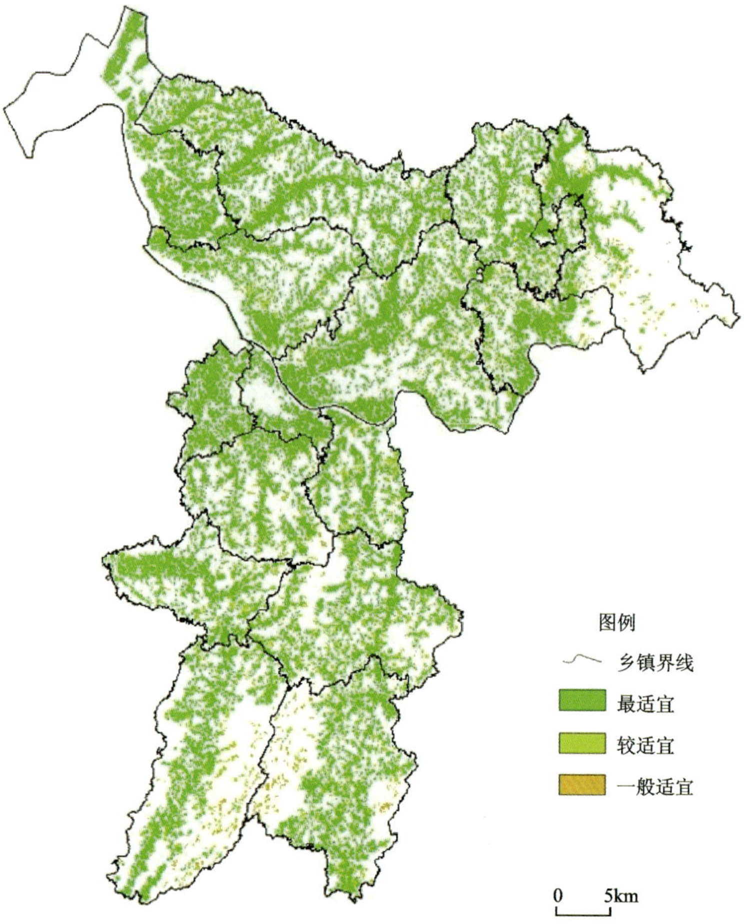

图 13-7 汨罗市耕地适宜性评价结果

二、耕地适宜性等级结构分析

汨罗市适宜进行耕作的土地利用现状主要为耕地、其他农用地、城乡建设用地、林地等。除去土地利用现状为耕地、城乡建设用地、交通水利建设用地、其他建设用地、其他农用地，汨罗市可供耕地开发的储备土地资源为 1 060.44 hm^2，虽然能够满足耕地保有量的指标需求，但数量较小，建议汨罗市加强建设用地集约节约利用、拆迁复垦和高标准农田建设（表 13-8，图 13-8）。

表 13-8　汨罗市耕地适宜性等级的规模结构　　单位：hm^2

现状地类(2015 年)	较适宜	一般适宜	最适宜	总计
城乡建设用地	3 643.95	286.76	6 447.58	10 378.29
耕地	4 917.39	657.77	40 070.72	45 645.88
交通水利建设用地	92.39	1.15	437.25	530.79
林地	365.90	1.31	471.66	838.87
其他建设用地	117.53	32.12	505.25	654.90
其他农用地	718.30	39.97	4 733.31	5 491.58
滩涂沼泽	1.72	0	8.64	10.37
园地	40.28	2.62	126.90	169.80
自然保留地	10.66	0.70	30.04	41.40
总计	9 908.13	1 022.39	52 831.35	63 761.87

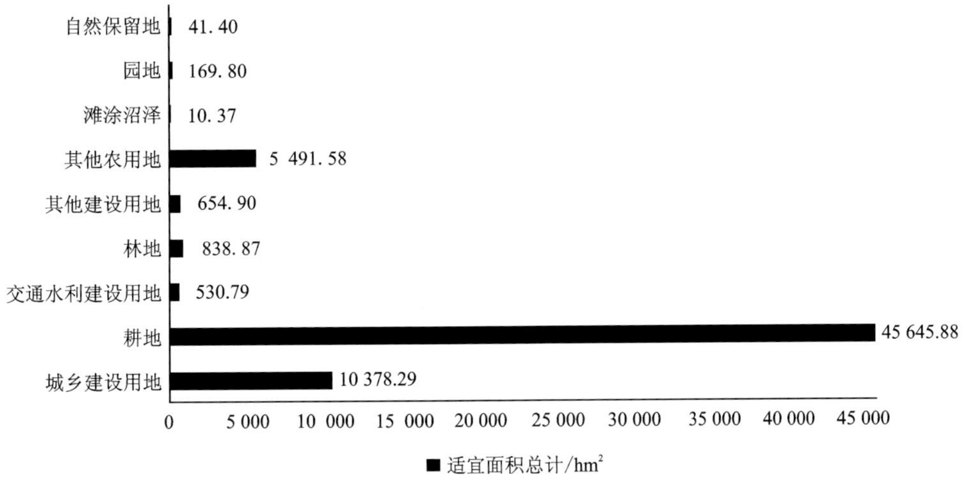

图 13-8　各现状地类宜耕面积总计

三、汨罗市各乡镇耕地适宜性分析

汨罗市各下辖镇的耕地适宜性评价结果（表13-9，图13-9）主要为较适宜和最适宜，各镇最适宜的土地占比均在70%以上，一般适宜占比均不及10%，耕地适宜性程度较高。汨罗镇适宜耕种的土地适宜性等级全部为最适宜，归义镇、白塘镇最适宜的土地占比也在90%以上。其中，桃林寺镇适宜进行耕作的土地面积最大，为7 600.22 hm^2，在0°～2°的低坡度区域集中分布，约占全市适宜进行耕作土地总面积的11.92%。归义镇宜耕土地的剩余潜力相对较低，适宜进行耕种的土地面积不大。

在行政区分布上，汨罗市适宜进行耕作的土地主要分布在汨罗镇和归义镇，其中汨罗镇适宜进行耕作的土地约占其辖区总面积的80%，且主要为最适宜区；三江镇、川山坪镇和弼时镇适宜进行耕作的土地主要分布在地势平坦的平原地区，避开了坡度较大的山地丘陵区，充分保护了林地；白塘镇受限于西北侧的河流水域，适宜耕作的土地主要集中分布在东南侧的平原区，适宜性程度高且分布范围较广；白水镇、罗江镇、长乐镇以及桃林寺镇境内都有呈集中连片分布的适宜耕作的区域，且适宜性程度均较高，建议加强高标准农田的建设；除上述乡镇以外的地区适宜进行耕作的土地均为稀疏均匀分布。

表13-9 汨罗市各下辖镇耕地适宜性等级规模 单位：hm^2

乡镇名称	一般适宜	较适宜	最适宜	总计
桃林寺镇	0.00	855.86	6 744.36	7 600.22
罗江镇	24.92	891.03	6 683.08	7 599.03
弼时镇	363.59	1 323.58	4 333.76	6 020.93
神鼎山镇	60.46	1 454.77	3 837.69	5 352.92
川山坪镇	345.42	1 211.07	3 604.63	5 161.12
屈子祠镇	0.51	541.95	4 292.75	4 835.22
白塘镇	0.00	227.04	3 504.34	3 731.38
古培镇	27.11	622.54	3 070.78	3 720.42
大荆镇	0.54	553.39	3 093.19	3 647.12
白水镇	10.27	526.34	2 780.75	3 317.36
三江镇	157.89	604.70	2 288.21	3 050.80
汨罗镇	0.63	10.82	2 703.43	2 714.88
长乐镇	17.57	416.73	2 277.66	2 711.95
新市镇	13.48	608.24	1 944.46	2 566.18
归义镇	16.07	0.00	1 396.16	1 412.23
总计	9 908.13	1 022.39	52 831.35	63 761.87

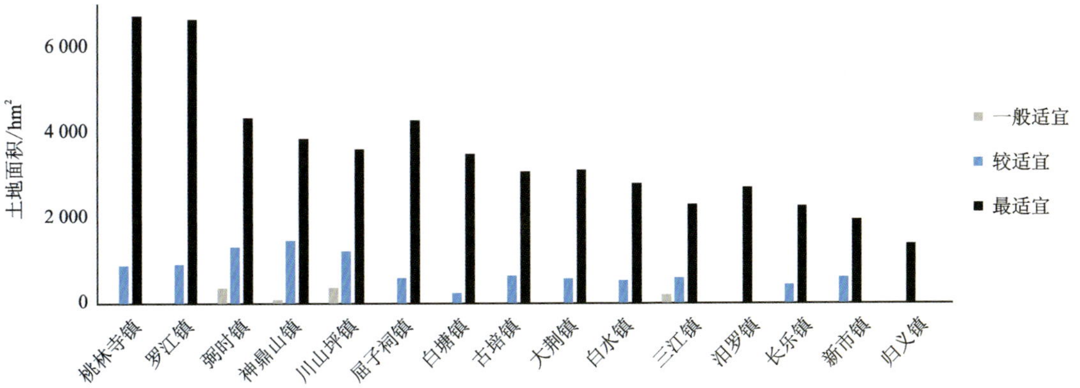

图 13-9　汨罗市各下辖镇耕地适宜性等级的规模结构

第五节　空间冲突区分析

一、汨罗市空间冲突区分析

由于部分地区既适合进行建设开发，又适合进行耕地开发，造成了耕地适宜区和建设用地适宜区的空间冲突。通过对建设用地适宜性评价成果和耕地适宜性评价成果进行空间相交分析得出空间冲突区。

汨罗市冲突区整体呈零散点状分布，在汨罗镇、新市镇较为聚集；川山坪镇、神鼎山镇、三江镇等山区分布不均匀，在河流两侧呈聚集状分布；除上述乡镇以外的地区分布较为均匀。

从汨罗市各下辖镇的冲突区面积来看，桃林寺镇、罗江镇、弼时镇以及新市镇的冲突区面积较大，长乐镇冲突区域面积则相对较小。其中，桃林寺镇的冲突面积最大，为 2 932.65 hm²，占汨罗市总冲突区域面积的 10.44%（图 13-10、图 13-11，表 13-10）。

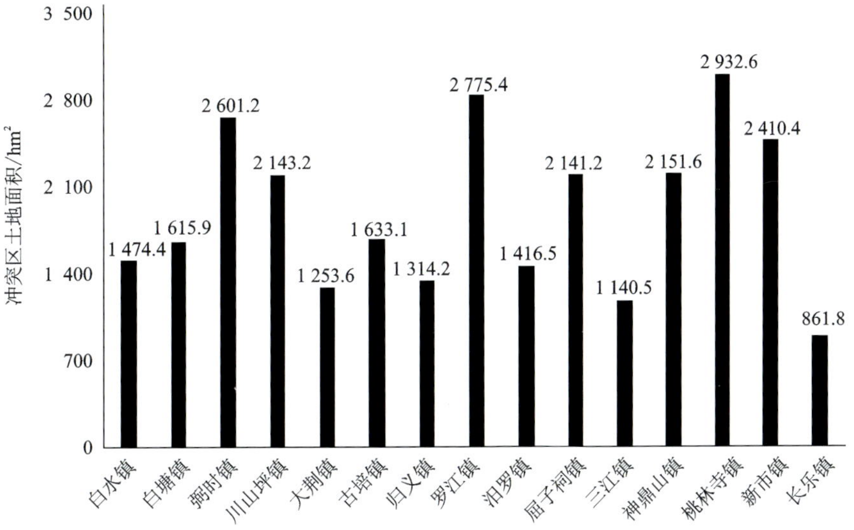

图 13-10　汨罗市各下辖镇冲突区规模结构

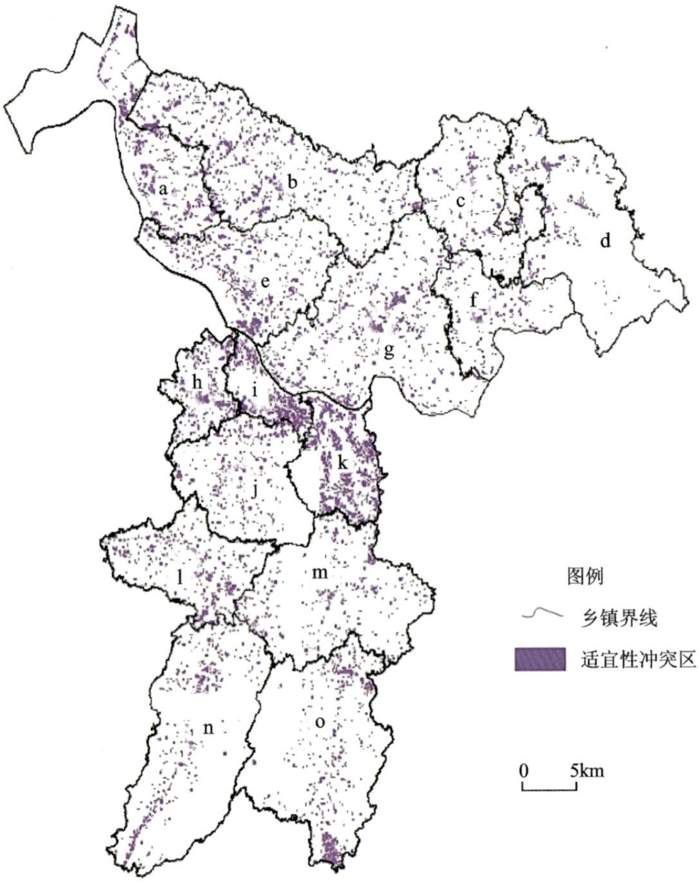

图 13-11　汨罗市适宜建设开发和适宜耕地开发冲突区分布情况

a－白塘镇；b－桃林寺镇；c－大荆镇；d－三江镇；e－屈子祠镇；f－长乐镇；g－罗江镇；h－汨罗镇；i－归义镇；j－古培镇；k－新市镇；l－白水镇；m－神鼎山镇；n－川山坪镇；o－弼时镇

表 13-10　汨罗市各下辖镇冲突区面积　　单位：hm^2

乡镇名称	冲突区面积	乡镇名称	冲突区面积
桃林寺镇	2 932.65	白塘镇	1 615.89
罗江镇	2 775.41	白水镇	1 474.37
弼时镇	2 601.21	汨罗镇	1 416.50
新市镇	2 410.40	归义镇	1 314.25
神鼎山镇	2 151.63	大荆镇	1 253.65
川山坪镇	2 143.21	三江镇	1 140.47
屈子祠镇	2 141.22	长乐镇	861.82
古培镇	1 633.11	总计	28 086.73

二、空间冲突区结构分析

汨罗市耕地适宜区和建设用地适宜区相冲突的区域面积为28 086.73 hm^2。冲突区域中耕地适宜性评价结果为最适宜、较适宜、一般适宜的占比分别为75.11%、23.19%、1.7%；建设用地适宜性评价结果为最适宜、较适宜、一般适宜的占比分别为60.12%、4.08%、35.8%(图13-12)。

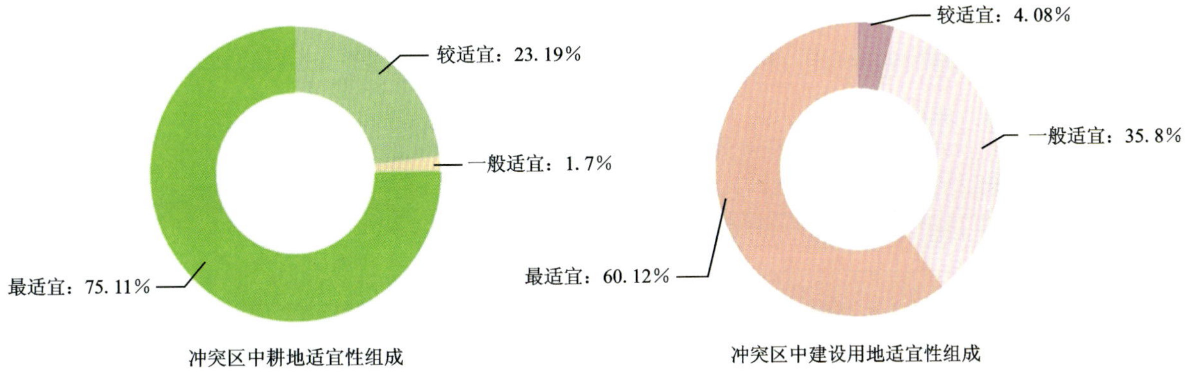

图13-12 冲突区中耕地和建设用地适宜性组成

冲突区域中，主要现状土地类型为城乡建设用地(36.88%)、耕地(35.65%)、其他农用地(19.9%)。除去现状中为城乡建设用地、耕地、其他农用地、其他建设用地、交通水利建设用地外，耕地适宜区和建设用地适宜区相冲突的区域面积仅为1 042.66 hm^2(图13-13)。

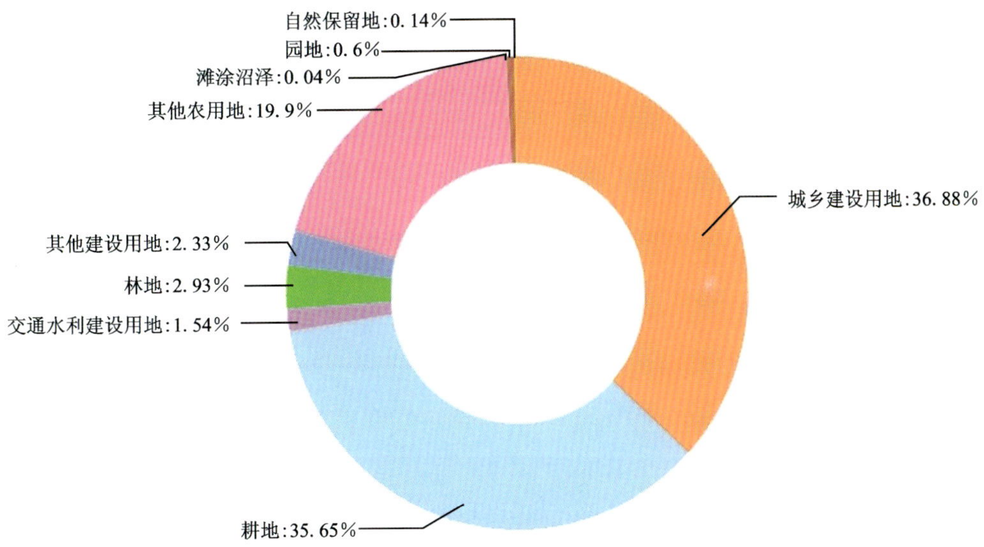

图13-13 冲突区中现状土地类型

第六节　相关建议

(1)继续加强生态环境保护。汨罗市在经济社会发展过程中,应该继续加强对水资源、森林、风景名胜区等生态环境的保护,严格控制风景名胜区、城镇绿化用地区、生态以及水源保护区的土地开发利用,严守生态红线,不断增强国土资源环境承载能力。

(2)节约集约利用土地。前文分析得出汨罗市适宜进行建设开发的极限剩余潜力仅为 13 327.28 hm^2,要满足此后几十上百年甚至更久的发展略显吃力。建议统筹安排各类、各区域用地,提高土地利用效率,新增建设用地的供给首先以盘活闲置和低效利用土地为前提,优先在建设用地最适宜区进行开发建设。

(3)严格保护耕地,实现耕地总量动态平衡。汨罗市可供耕地开发的储备土地资源偏低,仅为 1 060.44 hm^2。建议必须严格控制建设占用耕地,保持耕地总量动态平衡,积极改造中低产田,稳步提高耕地生产效益。建设开发过程中,严格保护基本农田和耕地最适宜区,如必须占用耕地,优先占用耕地一般适宜区。

(4)适当向山要地、向林要地,平衡建设开发、耕地保护、林地保护关系。通过分析可知,汨罗市的建设用地资源紧张,耕地保护压力大,相对而言林地的比例稍大。根据湖南省发展和改革委员会、湖南省国土资源厅、湖南省林业厅联合下发的《关于进一步规范利用涉林地类进行耕地开垦的通知》(湘发改农〔2017〕93 号)精神,在不进行毁林开发破坏生态环境的前提下,允许对坡度 25°以下的一般灌木林、疏林地、宜林地进行耕地开垦。建议汨罗市在合法合规、不破坏生态环境的前提下,适当向山要地、向林要地,平衡建设开发、耕地保护、林地保护关系。

第十四章　土地资源承载力评价

第一节　土地资源承载力评价技术方法

一、建设用地承载力评价技术方法

建设用地承载力评价在建设用地适宜性评价的基础上，以建设用地现状开发程度表征，计算步骤如下。

1. 建设用地开发强度

依据建设用地适宜性评价结果，将高、中、低适宜性空间与现状建设用地的空间并集视为极限开发规模，并测算极限开发强度与现状开发强度，计算公式如下：

$$\mathrm{LDI}=[(E_1+E_2)\cup C]/S$$

式中，LDI 为极限开发强度；E_1、E_2 分别为土地建设开发适宜性评价中的最适宜和基本适宜区域；C 为区域现状建设用地面积；S 为县域单元总面积。

$$\mathrm{DI}=C/S$$

式中，DI 为现状开发强度；C 为区域现状建设用地面积；S 为评价单元总面积。

2. 建设用地现状开发程度

以现状开发强度与极限开发强度之比表征建设用地现状开发程度，计算公式如下：

$$P=\frac{\mathrm{DI}}{\mathrm{LDI}}$$

式中，P 为区域建设用地现状开发程度；DI 为现状开发强度；LDI 为极限开发强度。

二、耕地承载力评价技术方法

耕地承载力以汨罗市各乡镇的人均耕地生产能力当量表征。根据评价区域变更调查数据及耕地分等定级成果，计算人均耕地生产能力当量。计算公式如下：

$$\text{人均耕地生产能力}=\frac{\sum_{i=1}^{n}S_iD_i}{N}$$

式中，S_i 为第 i 宗耕地面积；D_i 为第 i 宗耕地等别；N 为评价范围常住人口。

第二节　建设用地承载力分析

一、汨罗市建设用地承载力分析

汨罗市的建设用地承载力用区域建设用地现状开发程度（P 值）当量来表示。从整体来看，汨罗市各乡镇的建设用地现状开发程度彼此差异不大，均处于30%～55%的阈值区间。全市的现状建设用地面积为13 408.27 hm^2，适宜建设用地的面积（依据建设用地适宜性评价结果，包含一般适宜、较适宜和最适宜3类适宜性空间）共计31 081.95 hm^2，区域建设用地现状开发程度为43.14%，整体承载压力不大。

从地域空间分布来看（图14-1），汨罗市的西北部及中部大部分区域属汨罗江岸冲积平原和丘陵混合地带，立地条件较好，建设用地开发程度整体偏低，建设用地承载压力普遍较小；东北部地区丘陵、山地广布，土地的开发利用受限于地形因素，适宜建设开发利用的土地面积比较有限，建设用地现状开发程度也相对较高，其建设用地承载压力较大；汨罗市南部大部分区域的建设用地开发程度居于中等水平，其建设用地承载压力除弼时镇外普遍适中。

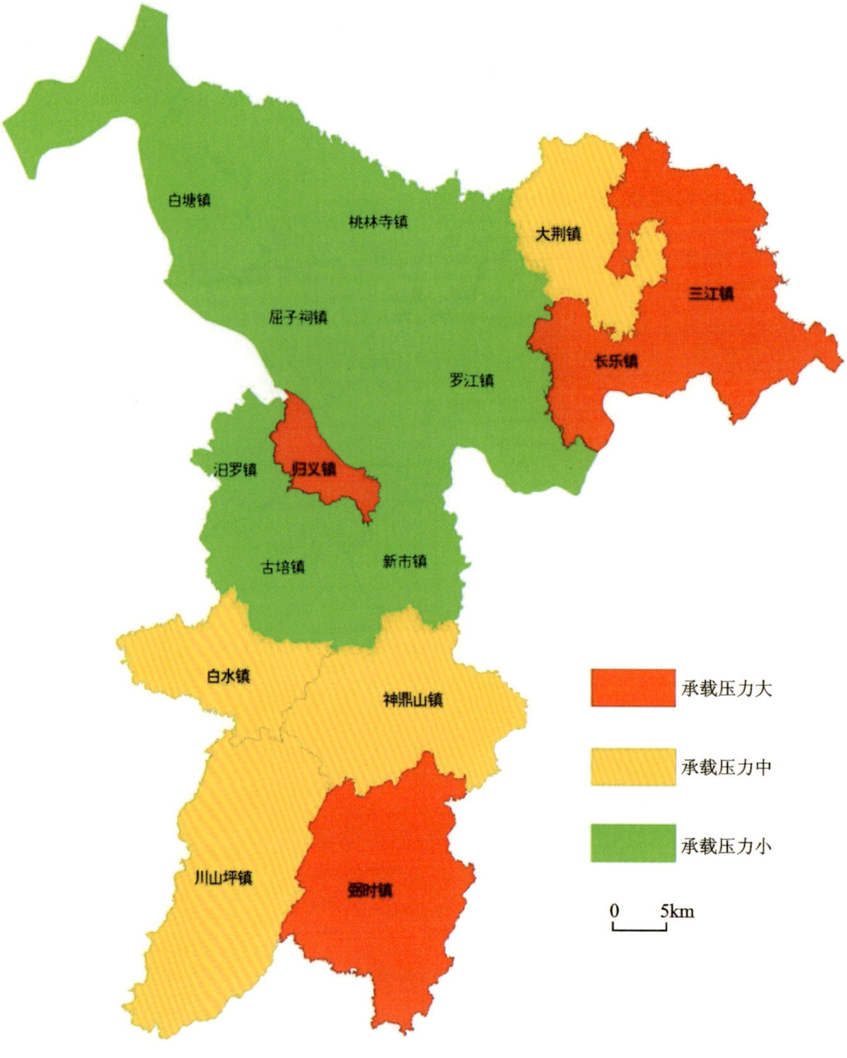

图14-1　汨罗市建设用地承载状态

二、各乡镇建设用地承载力分析

从各乡镇具体来看(表 14-1,图 14-2),汨罗镇、古培镇、白塘镇、屈子祠镇、罗江镇等位于汨罗江岸,为冲积平原和丘陵混合地带,耕地保有量多且质量高,耕地开发利用程度高,建设用地现状开发程度则相对较低。新市镇则属汨罗江岸的平原区,现状建设用地面积相对较小,而适宜建设用地面积很大,虽建设用地承载压力较小,但耕地开发保护和建设用地开发利用矛盾较为突出。桃林寺镇位于汨罗市北部,适宜建设用地的面积较大,建设用地承载压力相对较小。

白水镇、神鼎山镇虽然现状建设用地面积相对其他乡镇不算多,但是适宜开发建设的土地面积也相对不足(大部分为生态保护区),其建设用地压力承载状态适中。川山坪镇和大荆镇建设用地开发程度不高,现状建设用地面积相对较少,川山坪镇山地面积广布,地形坡度较大,地形因素的限制性突出。

归义镇属汨罗江岸的平原区,建设用地开发程度高,建设利用和生态保护的矛盾较为突出,建设用地承载压力较大。三江镇和弼时镇主要为丘陵、山地地区,土地的开发利用受制于地形因素,适宜开发建设的土地面积较少(大部分为生态保护区),其建设用地承载压力较大。长乐镇现状建设用地和适宜开发建设的土地面积均较小,建设用地现状开发程度(P 值)较大,其建设用地承载压力较大。

表 14-1　汨罗市各乡镇建设用地承载状态

乡镇名称	P 值(区域建设用地现状开发程度/%)	承载压力状态
白水镇	45.19	承载压力中
白塘镇	34.38	承载压力小
弼时镇	49.93	承载压力大
长乐镇	52.35	承载压力大
川山坪镇	44.57	承载压力中
大荆镇	44.56	承载压力中
古培镇	43.21	承载压力小
归义镇	50.26	承载压力大
罗江镇	43.49	承载压力小
汨罗镇	33.98	承载压力小
屈子祠镇	37.94	承载压力小
三江镇	51.25	承载压力大
神鼎山镇	44.60	承载压力中
桃林寺镇	43.80	承载压力小
新市镇	37.37	承载压力小

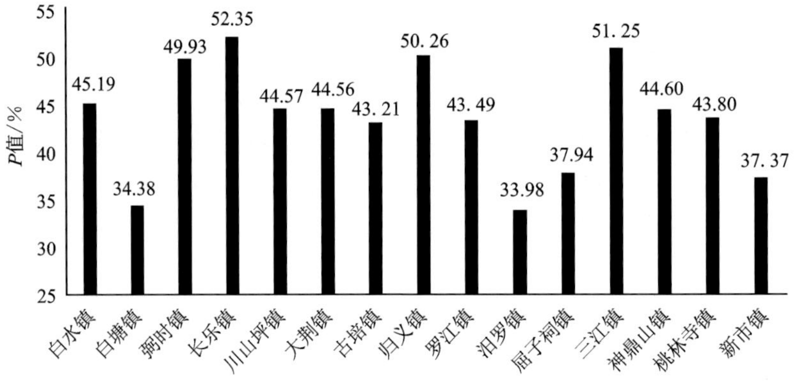

图 14-2　汨罗市各乡镇建设用地现状开发程度

第三节　耕地承载力分析

汨罗市的耕地承载力以各乡镇的人均耕地生产能力当量表征。整体来看，汨罗市的耕地面积共计 46 357.88 hm^2，约占其总面积的(汨罗市总面积为 149 432.92 hm^2)30%左右。截至 2015 年年末，全市人口共计 73.59 万人，人均耕地生产能力为 4 722.54，整体耕地承载压力不大。各乡镇中，除归义镇的人均耕地生产能力处于 600～1 000 承载压力大的阈值区间之外，其余各乡镇的耕地承载力评价结果均为承载压力小(表 14-2，图 14-3、图 14-4)。

表 14-2　汨罗市各乡镇耕地承载力

乡镇名称	人均耕地生产能力	耕地承载力
罗江镇	7 422.71	承载压力小
白塘镇	7 266.77	承载压力小
古培镇	6 656.90	承载压力小
神鼎山镇	6 081.98	承载压力小
桃林寺镇	5 930.39	承载压力小
长乐镇	5 825.53	承载压力小
屈子祠镇	5 731.29	承载压力小
三江镇	5 670.17	承载压力小
汨罗镇	5 446.86	承载压力小
弼时镇	5 182.74	承载压力小
川山坪镇	5 140.89	承载压力小
新市镇	4 839.89	承载压力小
白水镇	4 048.81	承载压力小
归义镇	795.83	承载压力大

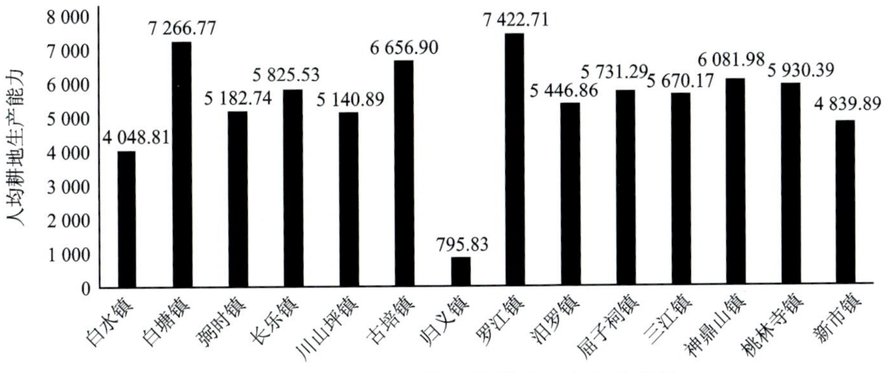

图 14-3　汨罗市各乡镇人均耕地生产能力统计

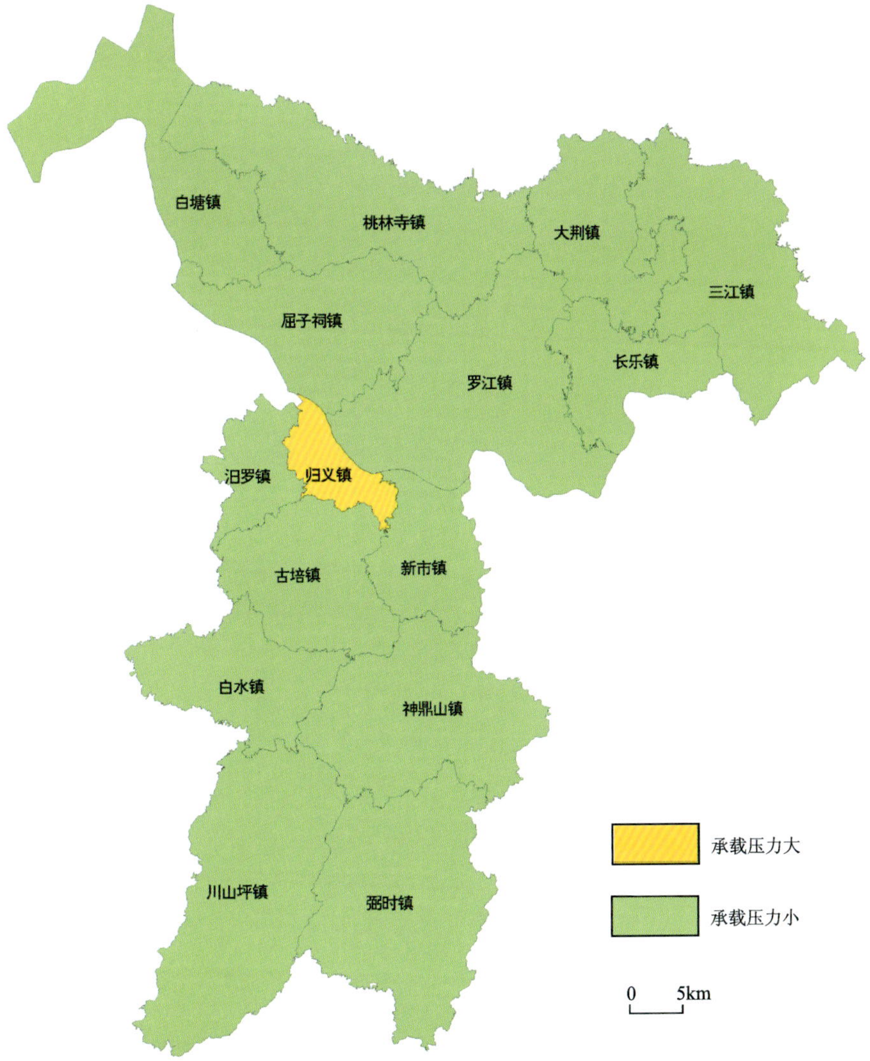

图 14-4　汨罗市耕地承载状态

具体来看，归义镇为汨罗市的城镇核心区域，人口集聚度高，但其土地面积整体较小，耕地面积也相对有限，人均耕地生产能力仅为 795.83，是全市人均耕地生产能力最低的区域，耕地承载压力大。大荆镇和白塘镇的耕地整体生产能力在全市处于中等水平，但因其人口密度偏低，人均耕地生产能力则在各乡镇中处于较高水平，其中，大荆镇的人均耕地生产能力为 8 260.52，是全市人均耕地生产能力最高的区域；罗江镇是汨罗市耕地面积最大的乡镇，整体的耕地生产能力最好，其人均耕地生产能力在全市也处于较高水平；除上述乡镇之外的其余各乡镇的测算值均处于4 000～7 000的阈值评价范围，人均耕地生产能力较高，耕地承载力盈余。

第四节　相关建议

（1）积极培育环汨罗江经济增长点，提高沿江建设开发潜力。在“环洞庭湖生态经济圈”和“长江经济带”联合带动下，汨罗江两岸具有较好的发展优势，是汨罗城市发展和基础设施建设相对适宜的地区。汨罗江南岸的归义镇承载压力较大，建议国土空间开发利用方向向汨罗江北岸（屈子祠镇、罗江镇等承载力盈余地区）适当转移，缓解归义镇的发展压力。

（2）加强丘陵山地地区的耕地开发和整治力度。桃林寺镇、大荆镇等丘陵、山地地区的耕地承载状态为盈余，有很大的开发潜力和提质空间。

（3）加强集约节约利用，保证城镇发展的同时有效控制城镇规模边界。

第十五章　生态环境承载力评价

第一节　生态环境承载力评价技术方法

生态环境承载力理论上应该考虑土壤环境、水环境、生态用地保护等要素。但是，根据《湖南省人民政府关于印发＜湖南省土壤污染防治工作方案＞的通知》(湘政发〔2017〕4 号)，农用地土壤污染的面积、分布及其对农产品质量的影响要到 2018 年底前查明，有色金属冶炼、有色金属矿采选、化工、电解锰、电镀、制革、石油加工、危险废物经营等重点行业企业用地中的污染地块分布及其环境风险情况要到 2019 年底前才掌握，本工作中尚未获取汨罗市土壤污染的相关资料，故暂不考虑土壤环境要素，只考虑水环境、生态用地保护两个方面。

水环境承载力从总体水质状况方面表征。承载状态阈值划分见表 15-1。

表 15-1　水环境承载力评价阈值划分

	承载压力小	承载压力中	承载压力大
总体水质状况	Ⅴ类水质断面(或监测点)数小于 5%且无劣Ⅴ类水质断面(或监测点)	Ⅴ类水质断面(或监测点)数为 5%～10%，或劣Ⅴ类水质断面(或监测点)小于 5%	Ⅴ类水质断面(或监测点)数大于 10%，或劣Ⅴ类水质断面(或监测点)大于 5%

第二节　水环境承载能力分析

2016 年汨罗市主要江河水库上共布设水质监测点 9 个。水质监测断面(或监测点)名称依次为：窑洲、兰家洞水库、新市断面、南渡断面、罗滨桥断面、罗江三江口、车对河赵公桥、磊石断面和汨罗水库。其中，窑洲和兰家洞水库的断面属性为饮用水，其余监测点的断面属性均为地表水。

通过采用溶解氧、高锰酸盐指数、氨氮、总磷、氟化物及氯化物等共 30 余项评价指标对各监测断面(或监测点)进行每月或每季水质评价，结果显示窑洲、兰家洞水库、新市断面、南渡断面、罗滨桥断面、罗江三江口和汨罗水库的水质评价结果均为达标，且水质类别以Ⅱ、Ⅲ类为主；车对河赵公桥第二、三季度的水质监测类别均为第Ⅳ类，磊石断面第一季度的监测类别为第Ⅳ类。整体来看，汨罗市无第Ⅴ类和劣Ⅴ类的水质断面(或监测点)，水质状况均为达标，整体水质状况较好，水环境承载压力小(表 15-2)。

表 15-2　2016 年汨罗市水质状况监测结果

断面名称	断面属性	监测频次	水质监测结果	达标情况
窑洲	饮用水	每月	1 月份、2 月份和 10 月份水质为Ⅱ类，其余月份水质为Ⅲ类	达标
兰家洞水库	饮用水	每月	1—5 月份、7 月份和 10 月份水质为Ⅱ类，其余各月水质为Ⅲ类	达标

续表 15-2

断面名称	断面属性	监测频次	水质监测结果	达标情况
新市断面	地表水	每月	10 月份水质为Ⅱ类，其余各月水质均为Ⅲ类	达标
南渡断面	地表水	每月	6 月份和 10 月份的水质为Ⅱ类，其余月份为Ⅲ类	达标
罗滨桥断面	地表水	每季	前三季度的水质为Ⅲ类，第四季度为Ⅱ类	达标
罗江三江口	地表水	每季	一、三季度的水质为Ⅱ类，二、四季度为Ⅲ类	达标
车对河赵公桥	地表水	每季	一、四季度的水质为Ⅲ类，二、三季度的水质为Ⅳ类	达标
磊石断面	地表水	每季	一季度的水质为Ⅳ类，其余季度为Ⅲ类	达标
汨罗水库	地表水	每季	各季度的水质均为Ⅲ类	达标

第三节　生态用地面积占比

整体来看，汨罗市的生态环境较好，植被覆盖率高，生态用地面积占比较大。其生态用地面积共计 73 084.11 hm^2，约占汨罗市总面积（汨罗市总面积共计 149 432.92 hm^2）的 49%左右。汨罗市的各下辖乡镇中，除汨罗镇和归义镇的生态用地面积相对不足，生态承载压力较大之外，其他各乡镇的生态承载压力均不大（表 15-3，图 15-1、15-2）。

表 15-3　汨罗市各乡镇生态承载力

乡镇名称	生态用地面积占比/%	生态承载力
三江镇	70.71	承载压力小
川山坪镇	58.27	承载压力小
白塘镇	57.83	承载压力小
弼时镇	49.94	承载压力小
神鼎山镇	48.42	承载压力小
大荆镇	47.40	承载压力小
古培镇	46.80	承载压力小
长乐镇	45.77	承载压力小
白水镇	43.83	承载压力小
罗江镇	43.35	承载压力小
屈子祠镇	42.95	承载压力小
桃林寺镇	41.45	承载压力小
新市镇	39.58	承载压力小
归义镇	12.58	承载压力大
汨罗镇	9.88	承载压力大

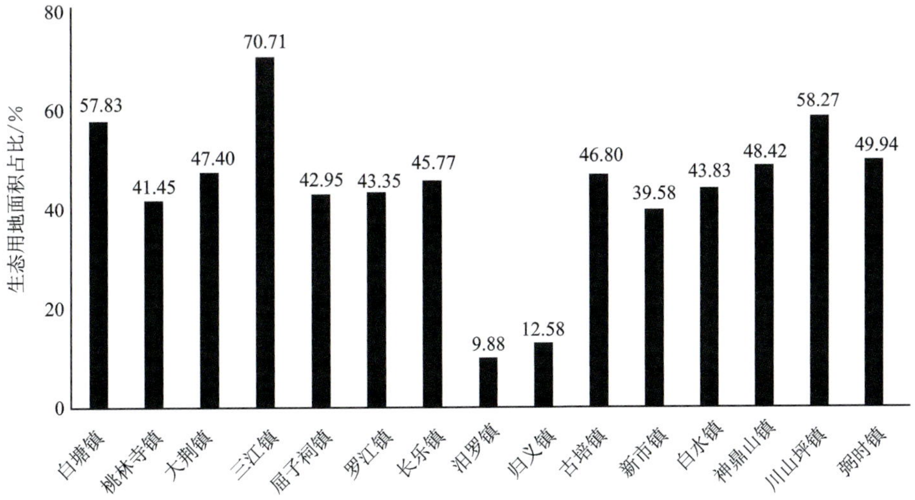

图 15-1　汨罗市各乡镇生态用地面积占比

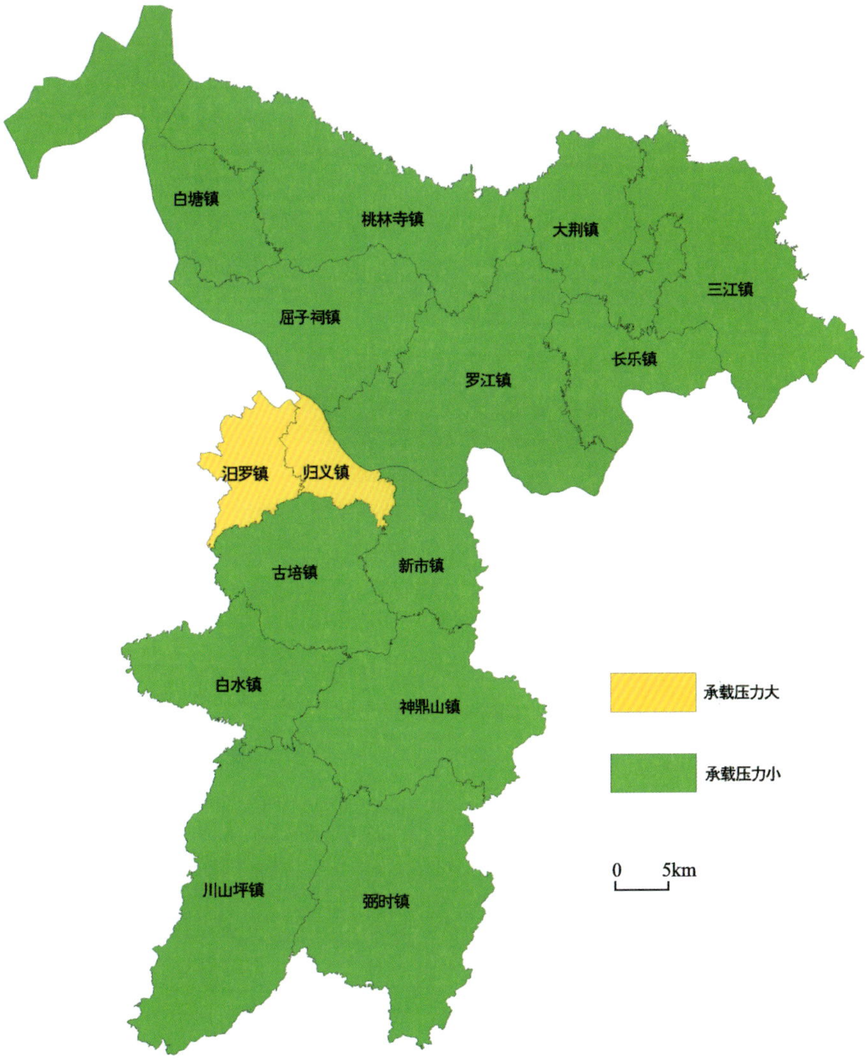

图 15-2　汨罗市各乡镇生态承载状态

具体来看，归义镇和汨罗镇的现状土地利用以城乡建设用地为主，境内林地、牧草地以及水域滩涂分布面积较小，生态用地面积占比均不及15%，其生态承载压力大；新市镇的生态用地面积占比就全市来说，也处于较低水平，但仍处于生态承载力的合理阈值区间，生态承载压力不大；三江镇和川山坪镇境内林地广布，白塘镇的水域滩涂面积占比则在45%以上，三者的生态用地面积占比均较高，其中，三江镇的生态用地面积占比在70%左右，为汨罗市生态面积占比最高的乡镇；其余各乡镇的生态用地面积占比均在40%～50%的阈值区间内，生态环境较好，生态承载力盈余。

第四节　相关建议

(1)推进河湖水生态保护与修复，进一步改善水环境质量。科学确定重要江河生态流量和生态水位，将生态用水纳入流域水资源配置和管理。加强江河湖库水资源统一调度，保障重要河湖生态用水需求。同时进一步加强工业水污染防治，推进洞庭湖流域外源性污染治理和区域生态环境综合整治，有效遏制水质富营养化趋势，确保达到相关控制要求。

(2)加强生态环境保护以及生态功能区建设。汨罗市的生态环境整体较好，植被覆盖率高，生态用地面积占比较大，应继续加强对水资源、森林资源以及生态环境的保护，严守生态红线，严格控制城镇绿化用地区、生态以及水源保护区的土地开发利用。加强洞庭湖湿地及生物多样性生态功能区建设，保护自然生态走廊和野生动物栖息地，维系生物多样性，确保全域各类生态系统功能的有效发挥，不断增强生态环境承载能力。

第十六章　地质环境承载力评价

第一节　评价方法

评价汨罗市地质灾害风险程度、地质环境承载情况，将其分为地质环境维护区、地质环境修复区。地质环境维护区是指通过地质环境问题的治理和监测，可实现适度开发的区域。地质环境修复区则是指通过人为控制和治理，地质环境问题可以恢复，从而进行安全开发的区域。前者的地质环境问题要更为突出，治理难度和投入力度均要高于后者。

地质环境承载力从地质灾害易发程度、危险性等角度考虑，各指标评价方法见表16-1、表16-2。

地质灾害易发性量化表以影响地质灾害易发程度的各要素作为评价因子，根据严重、中等、轻微和一般4个等级进行量级划分，并分别赋予不同的分值。据《县(市)地质灾害调查与区划》实施细则，当总分＞114分为极易发(严重)，总分在84分～114分为中易发，总分在40分～90分为轻度易发，总分在40分以下为不易发(表16-1)。

地质灾害危险性预测评判方法根据主要影响因素，将地质灾害危险性划分为危险性大、危险性中和危险性小3个等级，对研究区域内的地质灾害点的危险性进行评价(表16-2)。其中，预测危险性指数公式为：$N=KA+KB+KC+KD+KE$。

表16-1　潜在泥石流沟严重程度(易发程度)数量化表

序号	影响因素	权重	量级划分							
			严重	得分	中等	得分	轻微	得分	一般	得分
1	崩塌滑坡及水土流失(自然和人为)的严重程度	0.159	崩塌滑坡等重力侵蚀严重，多深层滑坡和大型崩塌，表土疏松，冲沟十分发育	21	崩塌滑坡发育，多浅层滑坡和中小型崩塌，有零星植被覆盖，冲沟发育	16	有零星崩塌、滑坡和冲沟存在	12	无崩塌、滑坡、冲沟或发育轻微	1
2	泥沙沿程补给长度比/%	0.118	＞60	16	60～30	12	30～10	8	＜10	1
3	沟口泥石流堆积活动程度	0.108	河形弯曲或堵塞，大河主流受挤压偏移	14	河形无较大变化，仅大河主流受迫偏移	11	河形无变化，大河主流在高水偏，低水不偏	7	河形无变化，主流不偏	1
4	河沟纵坡/(°,‰)	0.090	＞12,213	12	12～6,213～105	9	6～3，105～52	6	＜3,52	1
5	区域构造影响程度	0.075	强抬升区，6级以上地震区	9	抬升区，4～6级地震区，有中小支断层或无断层	7	相对稳定区，4级以下地震区，有小断层	5	沉降区，构造影响小或无影响	1

续表 16-1

序号	影响因素	权重	量级划分							
			严重	得分	中等	得分	轻微	得分	一般	得分
6	流域植被覆盖率/%	0.067	<10	9	10～30	7	30～60	5	>60	1
7	河沟近期一次变幅/m	0.062	2	8	2～1	6	1～0.2	4	0.2	1
8	岩性影响	0.054	软岩、黄土	6	软硬相间	4	风化和节理发育的硬岩	4	硬岩	1
9	沿沟松散物贮量/(万 m^3/km^2)	0.054	>10	6	10～5	4	5～1	4	<1	1
10	沟岸山坡坡度/(°,‰)	0.045	>32,625	6	32～25,625～466	4	25～15,466～286	4	<15,286	1
11	产沙区沟槽横断面	0.036	V 型谷、谷中谷、U 型谷	4	拓宽 U 型谷	4	复式断面	3	平坦型	1
12	产沙区松散物平均厚度/m	0.036	>10	4	10～5	4	5～1	3	<1	1
13	流域面积/km^2	0.036	0.2～5	4	5～10	4	0.2 以下 10～100	3	>100	1
14	流域相对高差/m	0.030	>500	4	500～300	3	300～100	3	<100	1
15	河沟堵塞程度	0.030	严	4	中	3	轻	2	无	1

表 16-2 泥石流地质灾害危险性预测评判分级标准及评判分值表

因素及权重	危险性级别		
	危险性大 标度分值 K:10	危险性中等 标度分值 K:7	危险性小 标度分值 K:4
易发程度 A (权重:0.50)	根据泥石流沟易发程度 15 项因素得分之和≥114 分	根据泥石流沟易发程度 15 项因素得分之和为 85 分～113 分	根据泥石流沟易发程度 15 项因素得分之和≤84 分
流通区和沟口建房及公路所在位置 B (权重:0.10)	流通区房屋或公路离泥位 5 m 以下,居民 20 户以上,沟口及沟口附近(堆积区)房屋或公路离泥位 3 m 以下,居民 50 户以上	流通区房屋或公路离泥位 5 m～10 m,居民 5～20 户,沟口及沟口附近(堆积区)房屋或公路离泥位 3 m～6 m,居民 10～50 户	流通区房屋或公路离泥位 10 m 以上,居民 5 户以下,沟口及沟口附近(堆积区)房屋或公路离泥位 6 m 以上,居民 10 户以下
潜在危害程度 C (权重:0.15)	受威胁人数 100 人以上或受威胁资产 500 万元以上	受威胁人数 10～100 人或受威胁资产 100 万～500 万元	受威胁人数 10 人以下或受威胁资产 100 万元以下
人类工程活动 D (权重:0.15)	矿山开采很多,有大量的废石堆、尾砂库,房屋、道路、交通建设多有大量的毁林开荒、水土流失严重	矿山开采较多,有较多的废石堆、尾砂库,房屋、道路、交通建设多有较多的毁林开荒、水土流失中等	矿山开采较少,有少量的废石堆、尾砂库,房屋、道路、交通建设多有少量的毁林开荒、水土流失较轻
气象水文 E (权重:0.10)	日降雨量大于 150 mm,降雨强度大于 20 mm/h	日降雨量 150～50 mm,降雨强度 20～10 mm/h	日降雨量小于 50 mm,降雨强度 10 mm/h 以下

第二节　地质环境承载力分析

一、汨罗市地质灾害情况

整体而言，汨罗市的地质灾害数量不多、灾种较少，且分布不广。据已完成的汨罗市1∶5万地质灾害详查资料统计，全市已查明地质灾害点105处。其中不稳定斜坡38处、滑坡27处、崩塌37处、泥石流3处。

在全市105处地质灾害点中，由于自然稳定、工程治理和避让搬迁使得隐患消除的有11处，目前仍存在险情的地质灾害点有94处，其中中型7处，小型87处，共威胁人口2 370人、财产14 445万元（表16-3）。

表16-3　汨罗市地质灾害险情统计

序号	灾害类型	隐患数量/处	威胁房屋/间	威胁农田/亩	威胁公路/m	威胁水渠/m	潜在经济损失/万元
1	崩塌	33	435	2	70	0	2 280
2	滑坡	20	586	105	1 310	170	4 535
3	泥石流	3	275	50	0	0	1 250
4	不稳定斜坡	38	1 232	73	450	100	6 380
合计		94	2 528	230	1 830	270	14 445

从对重点灾害点的调查统计情况来看，汨罗市危险性较大的地质灾害隐患点共有15处。地质灾害类型以滑坡为主，次为泥石流、管涌。滑坡13处（约占地质灾害点总数的78.57%）、泥石流1处、管涌群1处。隐患点主要分布在汨罗市东北部及南部的低山丘陵地区，出露地层岩性以花岗岩、板岩为主，地质构造条件中等，地形坡度一般为10°～30°，局部大于40°。

地质灾害（隐患）点中，以自然因素致灾为主，次为人为因素，另有既有人为因素又有自然因素的致灾。汨罗市各地质灾害隐患点的灾害基本特征、危害对象、威胁人口以及防治措施等情况统计见表16-4。

表16-4　汨罗市重点灾害点情况统计

灾害点名称	灾害基本特征	规模	威胁人口/人	潜在经济损失/万元	危害对象	防治措施	防治分期
川山坪镇桥坪村陡岭组滑坡	为侵蚀构造花岗岩低山地貌，地势陡峭，土体结构松散	中型	153	300	房屋、居民	专业监测、搬迁避让	近期
弼时镇大田村郑家湾组滑坡	为侵蚀构造花岗岩低山地貌，地质环境条件脆弱，地势陡峭，隐患规模较小，危险性较小	小型	0	0	水渠	群测群防、工程治理	远期
弼时镇东影村青石组滑坡	地质环境条件脆弱，地势陡峭，隐患规模较小，危险性较小	小型	0	25	耕田	群测群防、工程治理	远期

续表 16-4

灾害点名称	灾害基本特征	规模	威胁人口/人	潜在经济损失/万元	危害对象	防治措施	防治分期
弼时镇双狮村黎家岭滑坡	为侵蚀构造花岗岩低山地貌，滑坡规模中型，山高陡峻，隐患危险性中等	中型	13	50	房屋、居民	群测群防、搬迁避让	近期
弼时镇高龙村酸梅嘴泥石流	地质环境条件脆弱，区域构造为相对稳定，局部有零星崩塌、滑坡和冲沟存在	中型	202	400	房屋、耕地	专业监测、工程治理	近期
弼时镇白鹤洞玉池中学滑坡	滑体为强风化花岗岩而成的砂质黏性土，目前滑坡体仍处于不稳定状态，进一步下滑的可能性大，稳定性差，隐患危险性大	小型	400	300	房屋、学生	群测群防、工程治理	近期
川山坪镇川山村牛石冲滑坡	滑坡体为厚层状岩石，岩层倾向与坡向基本一致，当岩层遇水或风化强烈时，岩石顺坡向向下滑动	小型	45	90	房屋、居民	群测群防、工程治理	近期
神鼎山镇新龙村何家组滑坡	滑坡体为坡积碎石土，目前状态稳定性差，隐患危险性大	小型	76	300	房屋、居民	群测群防、工程治理	近期
神鼎山镇新龙村田岭组滑坡	地质环境条件脆弱，组成隐患体的土体结构松散，滑坡规模小型	小型	16	40	房屋、居民	群测群防、搬迁避让	中期
屈子祠镇屈子祠滑坡	滑体为松散冲坡积土，为保护历史文物，需进一步加大治理力度	小型	31	1 000	古建筑、居民	群测群防、工程治理	近期
汨罗镇车田村14组滑坡	为侵蚀构造花岗岩低山地貌，地质环境条件脆弱，地势陡峭，隐患规模较小，危险性较小	小型	0	10	三级公路	群测群防、工程治理	近期
长乐镇马桥村8组滑坡	地质环境条件脆弱，滑坡体为坡积碎石土，隐患危险性较小	小型	0	50	河岸、耕田	群测群防、工程治理	近期
三江镇山阳村2组滑坡	地质环境条件脆弱，地势陡峭，隐患规模较小，危险性较小	小型	5	12	房屋	搬迁避让、工程治理	近期
长乐镇隘口村渡槽处滑坡	滑体为松散冲坡积土，滑坡正在蠕变，渡槽的混凝土柱在滑坡产生的水平推力作用下有细小裂纹	小型	0	500	耕田、渡槽	群测群防、工程治理	近期
白塘镇沿洞庭湖堤岸长湖村—高台村—内夹村—闸南村管涌	为中型规模的管涌，当洞庭湖涨水形成粉质黏土堤内外压力差时不稳定，隐患危险性大	中型	1 000	900	耕田、房屋	群测群防、工程治理	中期

二、汨罗市地质环境评价

结合汨罗市重点地质灾害隐患点的本底及状态特征，选择稳定性及危险性等地质环境评价因子，对汨罗市的乡镇进行综合评价，并将其划分为地质环境维护区和地质环境修复区。

地质环境维护区包含川山坪镇、弼时镇、神鼎山镇、白水镇、三江镇、长乐镇和古培镇等镇，地质灾害稳定性差，潜在危害程度较大，属地质灾害重点、次重点防治区。本区主要位于汨罗市南部花岗岩中低山地貌区，山丘波状起伏，地形坡度较大，岩石风化强烈，主要工程地质问题是边坡稳定性差，容易形成滑坡、泥石流地质灾害。同时区内地质灾害易发程度高，危害程度严重，对人民生命财产安全构成威胁，一定程度上制约了地区经济的可持续发展。需加强区内地质灾害的防治和治理。

地质环境维护区以外的乡镇均为地质环境修复区，地质灾害规模相对较小，潜在危害程度相对较弱，其防治措施以群测群防为主，属一般防治区。

第三节　相关建议

(1)加强地质环境维护区的地质灾害综合防治体系建设。优先在川山坪镇、弼时镇、神鼎山镇、长乐镇和白塘镇等镇开展地质灾害详细调查、地质灾害排查巡查复查和应急调查。完善地质灾害群测群防网络建设，每年汛期前、汛期中和汛期后对重要地质灾害隐患点进行巡查、排查和复查，重点巡查地质灾害重大隐患和易发区段，核查险情发展趋势，保证监测设备运行良好、警示标志完整醒目，落实群测群防责任，更新地质灾害基础数据库，确保监测预警工作有效落实。

(2)对危害程度高、治理难度大或危害对象极为分散的居民实施搬迁避让，避免地质灾害隐患威胁。对直接威胁城镇、人口集中居民点、重要基础设施、公共集中活动区的重大地质灾害隐患，因地制宜，区分轻重缓急，采取科学有效的技术手段，有计划逐步实施工程治理，消除地质灾害隐患，有效保护人民生命和财产。

第十七章　综合承载力评价

第一节　综合承载力评价技术方法

综合承载力表征的是承载能力盈余情况，主要考虑土地资源、生态环境、地质环境等要素。计算时，对各要素进行 0～1 标准化，标准化值越接近 0，表示承载状态越超载、承载盈余越低，标准化值越接近 1，表示承载状态越不超载、承载盈余越高。

第二节　综合承载力分析

采用上述提出的国土资源环境承载力评价技术方法对汨罗市的国土资源环境承载力进行了评价，结果见图 17-1。

汨罗市国土资源环境承载压力小的有 10 个乡镇，承载压力中等的有 4 个乡镇，承载压力较大的有 1 个乡镇。

古培镇、白塘镇、屈子祠镇、罗江镇位于汨罗江岸，属冲积平原和丘陵混合地带，耕地保有量多、质量好，建设用地开发程度偏低，生态用地得到了良好的保护，土壤、水环境未遭受污染，因此国土资源环境承载压力小。

川山坪镇、桃林寺镇、大荆镇主要为丘陵、山地地区，建设用地和耕地开发程度都偏低，耕地质量受制于地形因素，生态环境优良。建设用地较多地避开了地质灾害点，地质灾害造成的损失低。综合而言，这 3 个乡镇的国土资源环境承载压力小。

白水镇、神鼎山镇虽然现状建设用地面积相对其他乡镇不算多，但是适宜开发建设的土地面积少（大部分为生态保护区），建设用地现状开发程度相对较高。但这两镇的生态环境承载力和耕地承载力相对盈余，进而导致综合承载压力小。

汨罗镇位于汨罗江岸，为冲积平原和丘陵混合地带，建设用地开发程度偏低，耕地质量高且开发利用程度高，但其生态环境保护压力大，生态环境承载压力大，资源环境承载压力中等。

三江镇主要为丘陵、山地地区，土地的开发利用受制于地形因素，适宜开发建设的土地面积较少（大部分为生态保护区），其建设用地承载压力较大。长乐镇现状建设用地和适宜开发建设的土地面积均较小，建设用地现状开发程度较大，导致其建设用地承载压力较大。但这两个乡镇的耕地承载力和生态环境承载力都相对盈余，其资源环境综合承载压力中等。

弼时镇境内地质灾害数目较多，建设用地较多地处于地质灾害影响范围内，属地质灾害维护区；同时弼时镇可供开发利用的土地面积有限，建设用地承载压力大，但其生态环境承载力和耕地承载力相对盈余，进而导致综合承载压力中等。

归义镇均为汨罗江岸的平原区，也是汨罗市的重点建设开发区。归义镇乡镇建设用地开发程度高，人均耕地生产能力为全市最低，耕地和生态用地保护情况堪忧，其耕地开发保护和建设用地开发利用矛盾严重。归义镇耕地承载力和生态环境承载力均较小，为汨罗市综合承载压力大的区域。

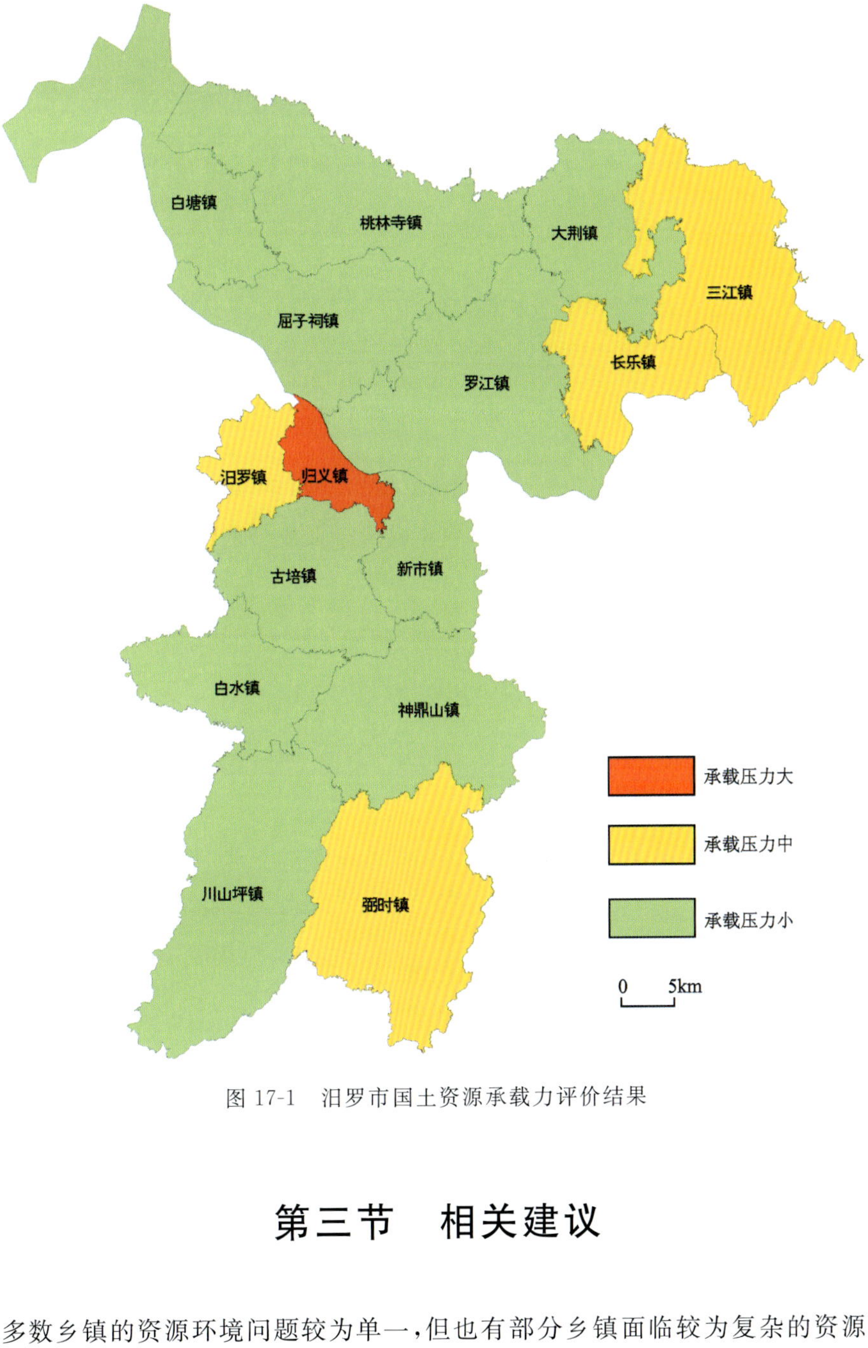

图 17-1　汨罗市国土资源承载力评价结果

第三节　相关建议

汨罗市大多数乡镇的资源环境问题较为单一，但也有部分乡镇面临较为复杂的资源环境问题。具体来看，白塘镇、神鼎山镇、川山坪镇及屈子祠镇等存在不同数目的重点地质灾害（隐患）点，需加强地质灾害综合防治体系建设；弼时镇、长乐镇以及三江镇主要的承载压力来自于可供开发建设的土地少、地质环境压力较大；汨罗镇主要面临生态环境和地质环境的双重考验；归义镇面临的资源环境问题相对复杂，主要为生态环境保护压力大、可供开发利用的土地面积小以及耕地承载力低等问题。

因此需针对不同乡镇的资源环境短板，提出有针对性的建议（表 17-1）。

表 17-1　主要乡镇资源环境问题及建议

地区	问题	建议
白塘镇、神鼎山镇、川山坪镇、屈子祠镇	含重点地质灾害（隐患）点	加强地质灾害综合防治
弼时镇、长乐镇以及三江镇	可供开发建设的土地少、含重点地质灾害（隐患）点	①加强土地集约节约利用； ②加强地质灾害综合防治
汨罗镇	含重点地质灾害（隐患）点、生态环境保护压力大	①加强地质灾害综合防治； ②加强生态环境保护
归义镇	生态环境保护压力大、可供开发利用的土地面积小以及耕地承载力低	①加强生态环境保护； ②加强土地集约节约利用； ③严格保护耕地

第十八章　结　论

(1)汨罗市适宜进行建设开发的土地面积为 31 081.95 hm^2,占汨罗市总面积的 20.8%。其中,适宜性评价结果为一般适宜的为 10 217.78 hm^2,较适宜的为 1 136.21 hm^2,最适宜的为 19 727.97 hm^2,分别占适宜进行建设开发的土地面积的 32.87%、3.66%、63.47%。除去土地利用现状为城乡建设用地、交通水利建设用地、其他建设用地区及耕地保有量面积,汨罗市适宜进行建设开发的极限剩余潜力为13 327.28 hm^2。

(2)汨罗市适宜进行耕作的土地面积为 63 761.87 hm^2,占汨罗市总面积的 42.67%。其中,适宜性评价结果一般适宜的为 1 022.39 hm^2,较适宜的为 9 908.13 hm^2,最适宜的为 52 831.35 hm^2,分别占适宜进行耕作土地面积的 1.60%、15.54%、82.86%。除去土地利用现状为耕地、城乡建设用地、交通水利建设用地、其他建设用地、其他农用地,汨罗市可供耕地开发的储备土地资源为 1 060.44 hm^2。

(3)汨罗市的建设用地现状开发程度为 43.14%,整体承载压力不大。各下辖乡镇的建设用地现状开发程度彼此差异不大,均处于 30%~55%的阈值区间。其中,归义镇、三江镇、弼时镇以及长乐镇可供开发建设的土地面积较少,建设用地现状开发程度均在 50%以上,建设用地承载压力较大。

(4)归义镇人均耕地生产能力仅为 795.83,是全市人均耕地生产能力最低的区域,耕地承载压力大。汨罗市其他乡镇的耕地承载状态均为承载压力小。

(5)2016 年汨罗市水质监测结果显示,9 个水质监测点的水质状况均为达标,整体水质状况较好。生态用地面积约占汨罗市总面积的 48%。汨罗市的各下辖乡镇中,除汨罗镇和归义镇的生态用地面积相对不足、生态承载压力较大以外,其他各乡镇的生态承载力均较为盈余。

(6)汨罗市的地质灾害数量不多、灾种较少,且分布不广。川山坪镇、弼时镇、神鼎山镇、白水镇、三江镇、长乐镇和古培镇等镇为地质环境维护区,地质灾害稳定性差,潜在危害程度较大,属地质灾害重点、次重点防治区。其他乡镇为地质环境修复区,地质灾害规模相对较小,潜在危害程度相对较弱,属一般防治区。

(7)汨罗市国土资源环境承载力盈余高(承载压力小)的有白水镇、神鼎山镇、新市镇、古培镇、白塘镇、屈子祠镇、罗江镇、川山坪镇、桃林寺镇、大荆镇 10 个乡镇,承载力均衡的有汨罗镇、长乐镇、三江镇、弼时镇 4 个乡镇,承载压力大的有归义镇 1 个乡镇。

(8)建议进一步节约集约合理利用土地。汨罗市适宜进行建设开发的极限剩余潜力相对较低,建议统筹安排各类、各地区用地,优先在建设用地最适宜区进行开发建设;盘活闲置及低效利用土地,提高土地利用效率;可在合法合规、不破坏生态环境的前提下,适当向山要地、向林要地,平衡建设开发、耕地保护以及林地保护三者之间的关系。

(9)严格保护耕地,实现耕地总量动态平衡。目前汨罗市的耕地后备资源相对不足,建议严格保护基本农田,加强耕地资源的开发和整治力度,积极改造中低产田,稳步提高耕地生产效益,实现耕地总量动态平衡。在建设开发过程中严格控制建设占用耕地,如必须占用耕地,优先占用耕地一般适宜区。

(10)积极培育环汨罗江经济增长点,提高沿江建设开发潜力。汨罗江两岸是汨罗市城市开发建设适宜性高的地区,归义镇位于汨罗江南岸,目前其综合承载压力较大。建议国土空间开发利用方向向汨罗江北岸(屈子祠镇、罗江镇等承载力盈余地区)适当转移,但在城镇发展的同时需有效控制城镇规模边界。

(11)建议进一步加强生态环境保护以及生态功能区建设。汨罗市的生态用地面积大,保护生态环境任务较重。需进一步强化对水资源、森林资源以及生态环境的保护;严守生态红线,严格控制城镇绿地、生态以及水源保护区的土地开发利用;加强洞庭湖生态功能区的建设,确保其生态功能,增强汨罗市的生态环境承载能力。

(12)建议汨罗市加强地质环境维护区的地质灾害综合防治体系建设。优先在川山坪镇、弼时镇、神鼎山镇、长乐镇和白塘镇等镇开展地质灾害详细调查、排查、巡查和复查,重点巡查地质灾害重大隐患和易发区段。针对各地质灾害隐患点,因地制宜,采取科学有效的灾害防治手段,有计划地逐步实施工程治理,消除地质灾害隐患。

应用之三:城步县资源环境承载力与国土空间开发适宜性评价

第十九章　绪　论

第一节　社会经济与资源环境概况

本研究是城步县国土空间规划的专题之一,通过资源环境承载力与国土空间开发适宜性评价,确定城步县允许的开发强度,提出生态保护、城乡建设、耕地开发保护的规模、强度、布局和环境保护等方面的限额建议。

城步县地处湘西南边陲,位于雪峰山南端和越城岭西北端山脉交汇地带,县域东、南、西三面高山环列,地势南高北低,呈簸箕形向北开口。县境以山地为主,丘陵、岗地、溪谷平原兼有,总面积2 647 km^2,共辖 12 个乡镇。

2017 年,城步全县共完成地区生产总值 397 106 万元,同比增长 7.9%。按常住人口计算,人均地区生产总值 14 551 元,增长 6.98%。从产业类型来看,第一产业增加值 104 651 万元,增长 4.6%;第二产业增加值 1 350 135 万元,增长 6.5%;第三产业增加值 157 437 万元,增长 11.5%。三次产业结构从上年的 28.4∶34∶37.6 调整到 26.4∶34∶39.6,一产业比重下降 2 个点,二产业比重持平,三产业比重上升 2 个百分点,三次产业结构更趋合理。农业方面,2017 全县农林牧渔业总产值 186 651 万元,较上年增长4.7%。其中,农业产值 76 653 万元,增长 2.5%;林业产值 16 608 万元,增长 6.5%;牧业产值 90 314 万元,增长 6.2%;渔业产值 1 163 万元,增长 1.7%,农林牧渔服务业产值 1 912 万元,增长 7.4%。工业方面,全县 27 家规模工业实现增加值 83 980 万元,增长 10.4%。工业产品产销衔接良好,全年工业产品销售率 99.3%,与上年持平。2017 年年末全县总人口 292 033 人,常住人口 272 932 人。全体居民人均可支配收入 11 261 元,增长 12.4‰,其中城镇居民人均可支配收入 21 988 元,较上年同期增长 10.4%,农民人均可支配收入 7 160 元,较上年同期增长 15.9%。

根据 2015 年全县土地利用现状变更调查结果,全县土地总面积为 258 834.95 hm^2,其中耕地面积为 20 674.64 hm^2,占 7.99%;园地面积为 6 552.74 hm^2,占 2.53%;林地面积为 204 746.63 hm^2,占 79.10%;草地面积为 11 990.65 hm^2,占 4.63%;城镇村及工矿用地面积为 4 499.39 hm^2,占 1.74%;交通运输用地面积为 1 779.19 hm^2,占 0.69%;水域及水利设施用地面积为 3 413.86 hm^2,占 1.32%;其他土地面积为 5 177.85 hm^2,占 2.00%。耕地中,水田面积为 18 104.67 hm^2,占 87.57%;旱地面积为 2 569.97 hm^2,占 12.43%。

城步县系湘西南边陲河源区县,地表切割强烈,河川水系发育,且呈树枝状分布,资水、巫水、渠水与浔江皆发源于境内,有大小溪河 816 条,总长 4 063 km,其中河长 5 km,流域面积 10 km^2 的干流及一至四级河流 77 条,长 112 km,河呈辐射状从南、西、北 3 个方面流往县外,分属长江和珠江两大水系,河网密度 6.56 km/km^2。

全县境多年平均降水总量38.28亿m^3，多年平均径流总量24.89亿m^3，占降水量的65%。全县人平均水资源9 900 m^3，耕地亩均水资源9 400 m^3。县境各河流年均径流总量1.09亿m^3。县内水能资源较丰富的干流及一至四级支流共74条。

城步县境地下矿藏资源丰富，有金、银、铜、锰、钨、铅锌、锌镉、铁、硫铁、钼、锑、滑石、石煤、辉绿岩、钾长石、黏土矿、硅石、石棉等32种矿藏。矿产地为133处，其中有锌镉、硫铁、辉绿岩、滑石等5处大型矿床，钨、钾长石等4处中型矿床，还有小型矿床15处。硫铁矿集中分布于蒋坊乡铺头一带，是国内大型的优质非钨矿床，详探储量达1 320.57万t。滑石矿位于境内，地质储量为188.9万t。辉绿岩矿位于县南部五团镇巡头村，地质储量为225.4万t。锌镉矿位于县北西岩镇太塘村，地质储量：锌11.74万t，镉1 207万t，可综合利用。县内锰矿分布广泛，矿石品位有的达54.23%以上，兼有低磷、低铁优点，地质储量为52.4万t。

由于地形起伏变化较大，地质环境条件较为复杂，因而地质灾害较为发育。2006年湖南省地质环境监测总站与城步县国土资源局联合开展了城步县地质灾害调查与区划工作，查明地质灾害类型主要有滑坡、崩塌、泥石流等，其地质灾害灾情较为严重。经不完全统计，中华人民共和国成立以来，城步县地质灾害已导致17人死亡，2 522间房屋、7 315亩农田以及1 100 m公路被毁，直接经济损失1 154万元。经本次调查，目前，全县存在各类地质灾害隐患点56处，其中滑坡隐患48处、崩塌隐患3处、泥石流隐患3处、不稳定斜坡隐患1处、地裂缝隐患1处。从危害程度来说，56处隐患点中，有重大隐患点2处，较大隐患点21处，一般隐患点33处。预测全县将有1 708人、596间房屋、10 250亩农田受到威胁，潜在经济损失将达3 019.9万元。滑坡、崩塌等地质灾害的发生在时间分布上具有与大气降水的基本一致性，年际变化规律表现为滑坡、崩塌等地质灾害爆发的多发年份与丰水年份基本保持一致。除了降水因素外，人类工程经济活动日益加剧导致滑坡、崩塌等地质灾害的数量逐年增加，涉及范围逐渐扩大，潜在经济损失日益严重。城步县滑坡、崩塌等地质灾害的年内变化规律与年内降水规律也是基本一致的，都发生在4—7月份，而这段时期正是城步县的多雨期。从空间方位来说，城步县的滑坡、崩塌等地质灾害主要分布在汀坪乡、丹口镇、长安营乡、西岩镇、茅坪镇，特别是汀坪乡，共有滑坡、崩塌等地质灾害18处，且集中分布两大片，明显体现了滑坡、崩塌等地质灾害的群发性特征。从地形地貌来说，城步县的滑坡、崩塌等地质灾害主要分布在中低山区和人类工程经济活动强烈的丘陵区，分布高度一般小于1 000 m。

按照《环境空间质量标准》(GB 3095—2012)进行6项指标检测，城步县2016年11月二氧化硫月平均浓度为15 μg/m，二氧化氮月平均浓度为18 $\mu g/m^3$，可吸入颗粒物(PM_{10})月平均浓度为70 μg/m，细颗粒物($PM_{2.5}$)为40 μg/m，一氧化碳月平均浓度为1.0 μ/m^3，臭氧月均日最大8小时滑动平均浓度为59 $\mu g/m^3$。月空气质量指数在20～98之间，达标天数比例为87.1%，优良天数27天。对白云湖断面进行饮用水源水质监测，共测指标29项，符合地表水环境质量Ⅱ类水质标准。在两河口断面进行河流水质状况监测，共测指标25项，符合地表水环境质量Ⅱ类水质标准。

第二节　技术路线

本次工作从实际出发，充分考虑生态环境保护、建设开发的需求、数量质量并重的耕地开发保护等因素，对建设用地适宜性和农业开发适宜性进行评价。在此基础上，开展国土资源、水资源、生态环境、地质环境承载力评价。综合考虑适宜性评价和承载力评价结果，提出城步县国土规划相关的建议。

鉴于评价的目的是既要为经济社会发展提供指导，又要为生态环境保护提供强有力的支持，本书定义资源环境承载力的内涵为一定空间范围内既能够支撑区域经济发展又不破坏其生态环境的可开发规模和强度及支撑保障能力。因此，资源环境承载力评价理念由社会经济和人口驱动转变为资源环境禀赋和开发利用程度驱动，在评价指标选取上，既要体现自然资源的本底状态，又要考虑人类活动对自然资源的开发、提质、破坏，还要考虑自然资源的限制性因素和生态环境的保护，弱化（或隐去）了社会经济指标和人口指标。

技术路线见图 19-1，具体方法如前文所述，下文仅仅简要介绍评价结果。

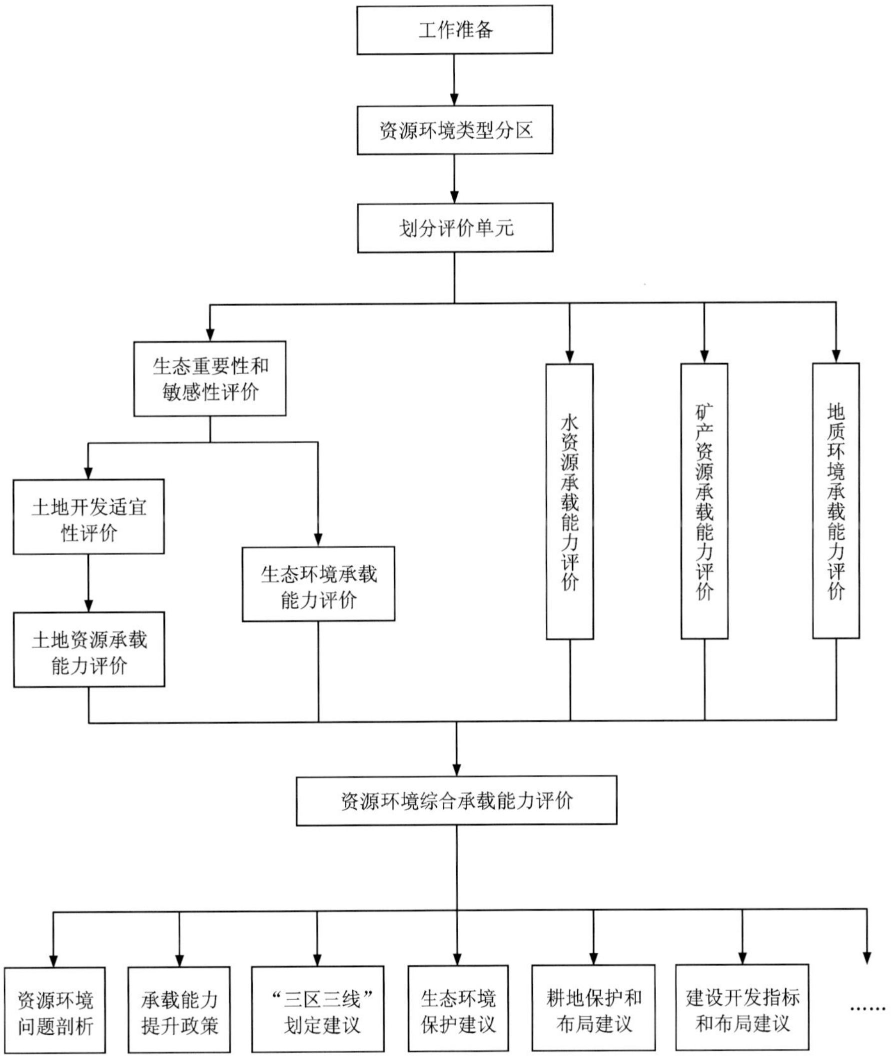

图 19-1　城步县双评价技术路线

续表 20-3

乡镇	不适宜	低适宜	中适宜	高适宜	总计
金紫乡	1 465.62	402.59	821.99	2 343.83	5 034.04
蒋坊乡	2 162.50	4 396.25	831.82	559.59	7 950.16
丹口镇	21 040.35	4 558.78	1 281.67	1 346.56	28 227.36
白毛坪乡	31 841.05	6 915.12	809.81	227.66	39 793.63
总计	177 246.96	57 146.00	13 379.60	14 100.01	261 872.57

从主要制约因素分析，金紫乡、西岩镇适宜进行农业开发的土地主要分布在地势平坦地区，适宜程度高，避开了坡度较大的山地丘陵区，充分保护了林地；威溪乡、蒋坊乡、茅坪镇境内都有呈集中连片分布的适宜农业开发的区域，且适宜性程度中等，建议加强高标准农田的建设；长安营镇、白毛坪乡、五团镇受限于山地区的坡度制约，另外是主要的生态保护功能区，适宜农业开发的土地较少，且主要集中分布在山地山谷区，适宜性程度极低且分布范围稀散。

第三节　建设开发适宜性评价

一、主要禁止或限制性因素

1. 生态红线

城步县的生态红线面积共计 113 286.23 hm^2，约占城步县总面积的 43.2%，主要分布在南山公园范围内，城步县南部及东西两侧区域的生态红线和保护区范围明显多于北部区域。长安营镇的生态红线面积最大，为 27 181.21 hm^2，白毛坪乡次之。此外，五团镇、丹口镇、汀坪乡等镇均有较大范围的生态红线区，面积超过了 1 万 hm^2（表 20-4，图 20-4）。

表 20-4　城步县各乡镇生态红线面积统计表　　单位：hm^2

乡镇名称	生态红线面积
儒林镇	9 990.26
西岩镇	2 707.09
长安营镇	27 181.21
五团镇	11 166.55
威溪乡	1 294.90
汀坪乡	10 144.50
茅坪镇	7 847.94
兰蓉乡	4 231.76
金紫乡	783.64
蒋坊乡	803.66
丹口镇	11 334.24
白毛坪乡	25 800.49
总计	113 286.23

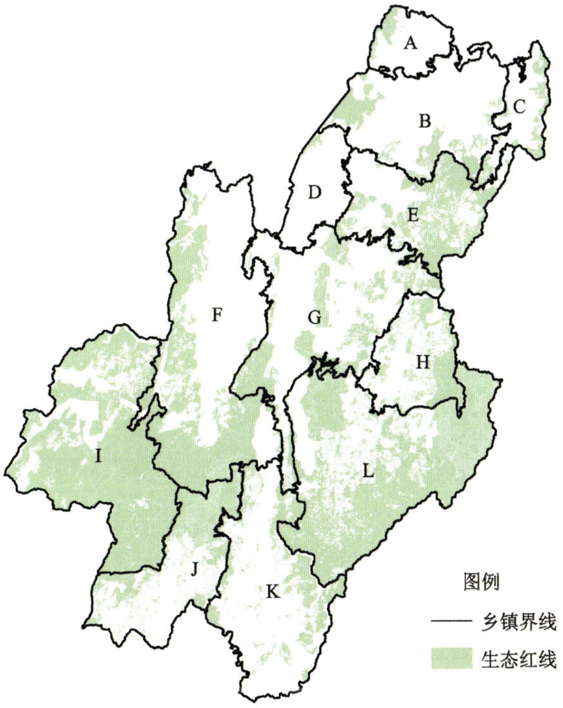

图 20-4　城步县生态红线及生态保护区分布情况
A -金紫乡；B -西岩镇；C -威溪乡；D -蒋坊乡；E -茅坪镇；F -丹口镇；G -儒林镇；H -兰容乡；
I -长安营镇；G -五团镇；K -汀坪乡；L -白毛坪乡

2. 基本农田

城步县的基本农田共计 15 936.01 hm²，约占城步县总面积的 6%。城步县的耕地主要分布在河流沿岸，基本农田则主要分布于耕地质量较好、立地条件优良的区域，以河流沿岸为中心向外扩展分布，避开了地势较高的山地丘陵区，呈北西向带状展布。金紫乡和西岩镇耕地质量好，耕种条件优良，基本农田面积大，其中，西岩镇的基本农田面积 2 980.48 hm²，为城步县基本农田范围最大的乡镇（表 20-5，图 20-5）。

表 20-5　城步县各乡镇基本农田面积统计表　　单位：hm²

乡镇名称	基本农田面积
儒林镇	2 210.91
西岩镇	2 980.48
长安营镇	824.012
五团镇	1 175.04
威溪乡	444.208
汀坪乡	1 133.17
茅坪镇	1 121.04

续表 20-3

乡镇名称	基本农田面积
兰容乡	865.41
金紫乡	1 226.81
蒋坊乡	535.93
丹口镇	2 069.88
白毛坪乡	1 349.08
总计	15 936.01

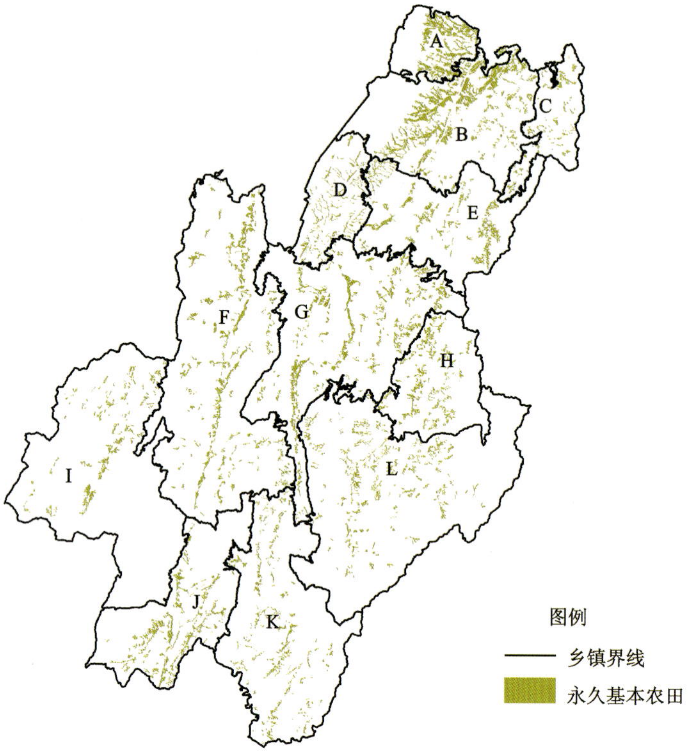

图 20-5　城步县基本农田分布情况

A -金紫乡;B -西岩镇;C -威溪乡;D -蒋坊乡;E -茅坪镇;F -丹口镇;G -儒林镇;H -兰容乡;
I -长安营镇;G -五团镇;K -汀坪乡;L -白毛坪乡

3. 坡度

从坡度来看(表 20-6,图 20-6),城步县呈现出典型的山地丘陵特点,整体上多为 25°以上,其占比约为 52.25%。其中,全县坡度为 0°~2°的区域面积为 286.83 hm^2,占城步县总面积的 0.11%;2°~8°的区域面积共计 16 682.82 hm^2,占 6.37%;8°~15°的区域面积共计 16 719.46 hm^2,占 6.38%;15°~25°的区域面积共计 91 360.79 hm^2,占 34.89%;>25°的区域面积共计 136 822.66 hm^2,占 52.25%。

城步县的地形坡度走势以西岩镇、茅坪镇、儒林镇为中心,向东南、西南方向坡度逐渐升高,由平原过渡到山地,地形也逐渐变得复杂。金紫乡、西岩镇分别有 47.24%、22.08%的地形坡度为 2°~8°,地势相对平坦开阔,土地开发利用程度高。

表 20-6　城步县各乡镇坡度等级规模结构　　单位：hm^2

乡镇	0°～2°	2°～8°	8°～15°	15°～25°	＞25°	总计
儒林镇	68.53	2 539.66	2 579.70	12 369.16	16 861.03	34 418.09
西岩镇	163.59	4 723.70	2 797.27	7 612.48	6 097.24	21 394.29
长安营镇	3.57	611.58	1 246.02	13 390.88	22 078.10	37 330.15
五团镇	0.77	338.46	1 514.65	7 640.09	13 918.92	23 412.90
威溪乡	0.39	80.13	230.92	1 851.46	2 629.40	4 792.30
汀坪乡	4.78	927.31	1 338.55	9 926.13	18 536.62	30 733.38
茅坪镇	7.96	1 075.69	1 780.55	7 637.85	7 396.71	17 898.77
兰容乡	1.50	186.76	541.09	5 096.13	5 062.01	10 887.50
金紫乡	22.56	2 377.92	839.96	447.20	1 346.39	5 034.04
蒋坊乡	4.52	599.30	840.24	4 588.92	1 917.18	7 950.16
丹口镇	8.18	1 629.66	1 519.30	6 225.43	18 844.79	28 227.36
白毛坪乡	0.48	1 592.66	1 491.19	14 575.05	22 134.25	39 793.63
总计	286.83	16 682.82	16 719.46	91 360.79	136 822.66	261 872.57

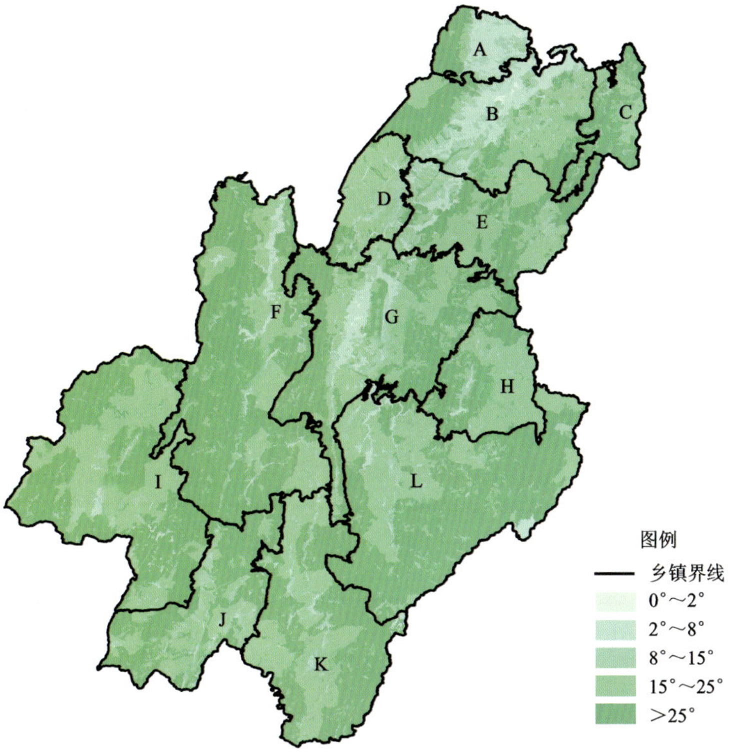

图 20-6　城步县坡度分级图

A-金紫乡；B-西岩镇；C-威溪乡；D-蒋坊乡；E-茅坪镇；F-丹口镇；G-儒林镇；H-兰容乡；
I-长安营镇；G-五团镇；K-汀坪乡；L-白毛坪乡

4. 岩溶塌陷

根据岩溶塌陷的易发分区(图 20-7),高易发区域的限制等级为弱限制,中、低及不易发区域的限制性等级为无限制。城步县岩溶塌陷无严重易发区,中易发区面积为 3.33 万 hm^2,占总面积的 12.70%,主要分布在中部地区,呈长带状展布。中易发区分布大多位于中易发区周边,面积为 7.57 万 hm^2,占总面积的 28.92%。不易发区主要分布在东西两侧山地区,面积为 15.29 万 hm^2,占总面积的 58.38%。

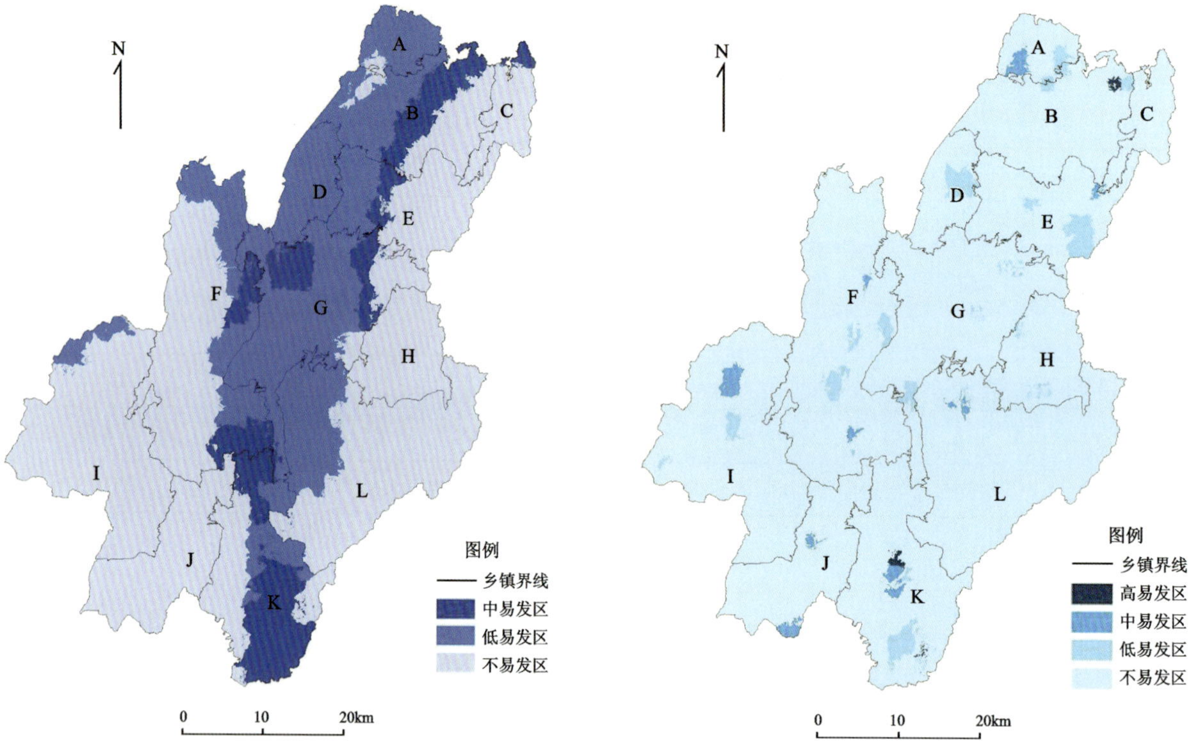

图 20-7　城步县岩溶塌陷易发区(左)和滑坡、崩塌、泥石流(右)分布图

A-金紫乡;B-西岩镇;C-威溪乡;D-蒋坊乡;E-茅坪镇;F-丹口镇;G-儒林镇;H-兰容乡;I-长安营镇;J-五团镇;K-汀坪乡;L-白毛坪乡

5. 滑坡崩塌泥石流

根据滑坡、崩塌、泥石流的高易发区域、中及低易发区域、非易发区域分别赋值限制性等级为限制、弱限制、无限制(图 20-7)。城步县滑坡崩塌泥石流高、中、低易发区面积分别为 0.08 万 hm^2、0.35 万 hm^2、0.93 万 hm^2,分别占总面积的 0.31%、1.33%、3.54%,零散分布于金紫乡、长安营镇、五团镇、汀坪乡等丘陵山地地区,不易发区占绝对比重。

6. 矿山占用土地

根据矿山占用土地的类型,塌陷地的限制性等级为限制,采场、固体废弃物、中转场地及矿山建筑的限制性等级为弱限制,非矿山占用土地的限制性等级为无限制。城步县矿山占用地类型为采场、中转场地及矿山建筑,其中采场及固体废弃物面积为 32.5 hm^2,中转场地及矿山建筑面积为 3.1 hm^2。采场、中转场地及矿山建筑面积集中分布于蒋坊乡、茅坪镇、儒林镇等乡镇。

7. 活动断层

根据活动断层的影响分区，严重影响区的限制性等级为弱限制，较严重、轻微或稳定区的限制性等级为无限制。城步县活动断层主要集中于中部（图 20-8），由北北东向南南西展布，严重影响面积为 1 547 hm^2，其余活动断层影响分区对建设开发无影响。

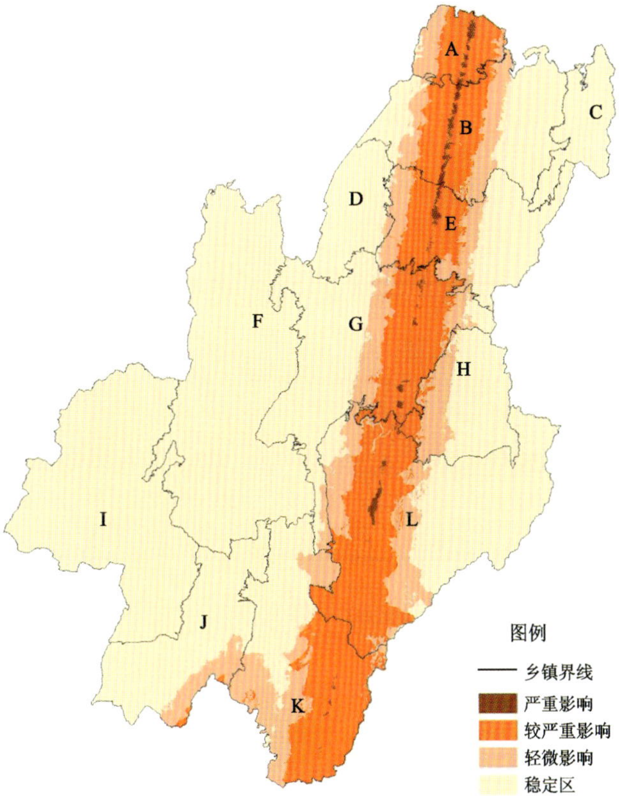

图 20-8　城步县活动断层分布图

A－金紫乡；B－西岩镇；C－威溪乡；D－蒋坊乡；E－茅坪镇；F－丹口镇；G－儒林镇；H－兰容乡；I－长安营镇；J－五团镇；K－汀坪乡；L－白毛坪乡

二、城步县建设开发适宜性分析

采用上述提出的建设开发适宜性评价方法，得出城步县的建设开发适宜性评价结果（图 20-9）。城步县适宜进行建设开发的土地面积为 80 376.34 hm^2，占城步县总面积（261 876.57 hm^2）的 30.7%。其中，适宜性评价结果为低适宜的为 64 114.92 hm^2，中适宜的为 106.93 hm^2，高适宜的为 16 154.48 hm^2，分别占适宜进行建设开发的土地面积的 79.8%、0.1%、20.1%，其中中适宜占比较小，与城步实际情况相符，高适宜主要位于城步中央狭长平坦地区，低适宜位于山地区，两极分化比较严重，整体而言建设开发用地适宜性程度较高。

城步县适宜进行建设开发的土地集中分布在儒林镇、西岩镇和汀坪乡，在其他乡镇呈零散分布。适宜进行建设开发的土地整体上以现状建设用地为基础，向背离河流沿岸、靠近林地的方向展布，适宜性由高适宜到低适宜，避开了河流冲积平原和坡度大于 25°的林草地，充分保护了耕地、林地和草地，为耕地开发、生态保护留足了空间。

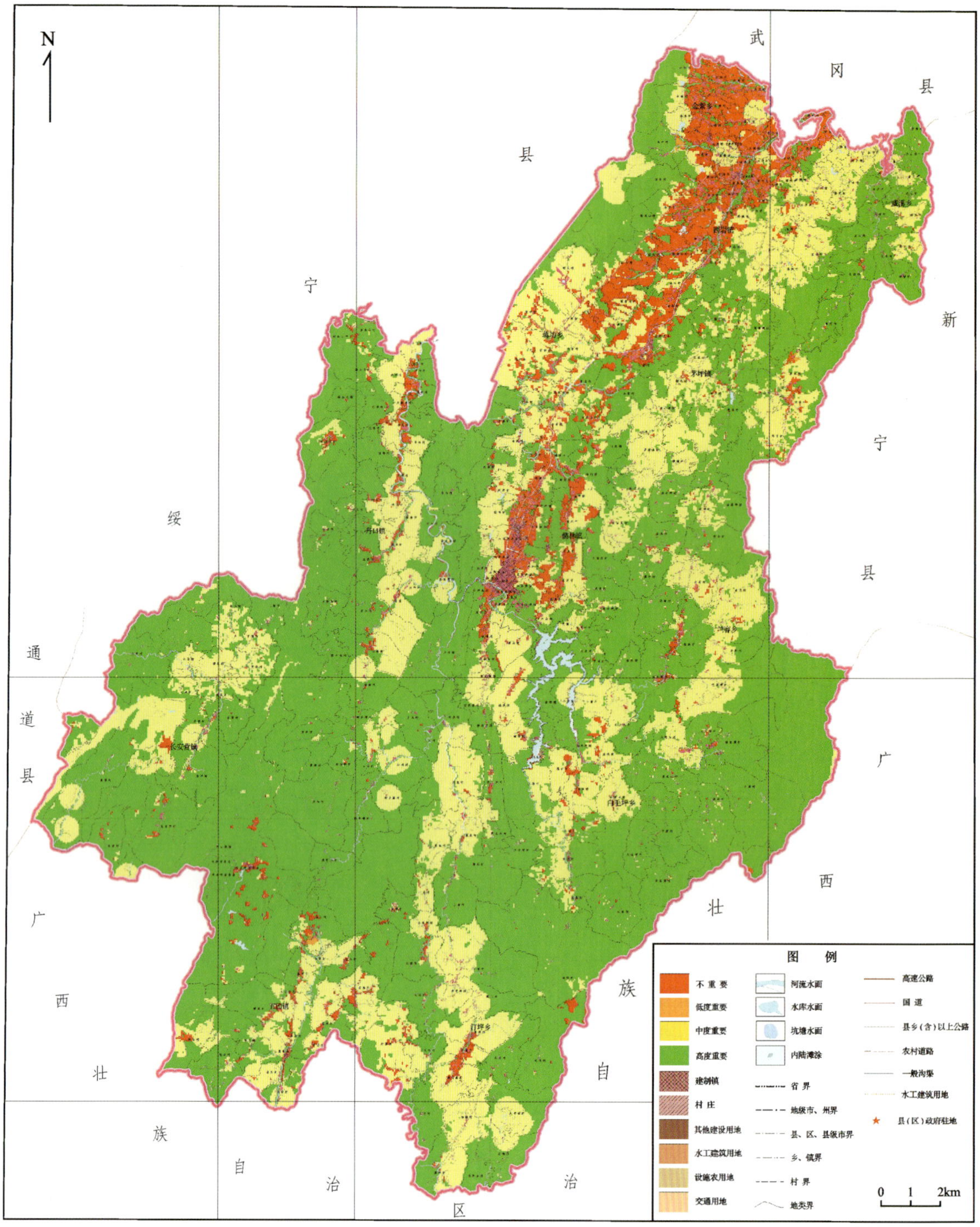

图 20-9　城步县建设开发适宜性评价结果

三、建设用地适宜性等级结构分析

从城步县建设用地适宜性等级的规模结构来看(表 20-7,图 20-10),低适宜的土地中,主要现状地类为耕地和林地;中适宜的土地中,主要现状地类为耕地;最适宜的土地中,主要现状地类为城乡建设用地、其他建设用地、园地。除去土地利用现状为城乡建设用地、交通水利建设用地、其他建设用地、耕地保有量面积、牧草地,城步县适宜进行建设开发的极限剩余潜力为 64 256.24 hm^2。

表 20-7　城步县建设开发适宜性等级的规模结构　单位:hm^2

地类名称	不适宜	低适宜	中适宜	高适宜	总计
城乡建设用地	576.85	1 157.53	15.56	2 693.03	4 442.97
其他建设用地	89.21	188.26	8.27	477.85	763.59
耕地	16 360.53	4 782.61	37.67	3 932.74	25 113.54
园地	1 511.29	2 841.23	11.80	2 399.43	6 763.75
林地	149 524.19	52 775.07	30.41	5 775.48	208 105.15
草地	9 579.74	2 079.66	1.37	440.87	12 101.64
水域水利用地	2 197.40	83.41	1.38	219.50	2 501.69
其他土地	1 657.02	207.16	0.48	215.58	2 080.25
总计	181 496.23	64 114.92	106.93	16 154.48	261 872.57

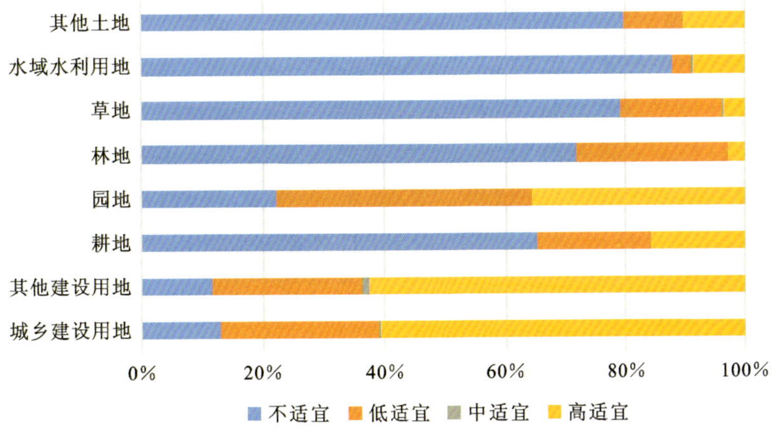

图 20-10　城步县各现状地类适宜建设用地面积累计汇总

四、城步县各乡镇建设用地适宜性分析

城步县建设开发用地适宜性程度较低,除了金紫乡,各下辖镇适宜性等级为高适宜的土地占比均在 50%以下。儒林镇、西岩镇和汀坪乡适宜进行建设开发的土地面积较大,其中,新市镇适宜建设开发用地的面积为 3 192.62 hm^2,约占全市适宜进行建设开发总面积的 10.27%,是城步县适宜建设开发用地面积最大的区域。相比之下,威溪乡适宜进行建设开发的潜力相对较低,其适宜进行建设开发的面积为 1 410.48 hm^2(表 20-8,图 20-11)。

表 20-8　城步县各下辖镇建设用地适宜性等级规模　　单位：hm^2

乡镇	低适宜	中适宜	高适宜	总计
白毛坪乡	7 216.28	0.31	665.79	7 882.39
丹口镇	5 872.89	5.45	1 155.86	7 034.20
蒋坊乡	4 603.80	0.00	745.43	5 349.22
金紫乡	804.91	33.09	1 687.99	2 525.99
兰蓉乡	2 601.20	0.00	370.05	2 971.25
茅坪镇	3 811.93	8.84	1 862.64	5 683.41
儒林镇	9 934.00	0.00	3 278.95	13 212.94
汀坪乡	11 154.61	11.69	797.02	11 963.31
威溪乡	1 197.35	5.44	207.68	1 410.48
五团镇	5 333.36	41.30	634.79	6 009.45
西岩镇	6 780.49	0.42	4 345.45	11 126.36
长安营镇	4 804.10	0.40	402.84	5 207.34
总计	64 114.92	106.93	16 154.48	80 376.34

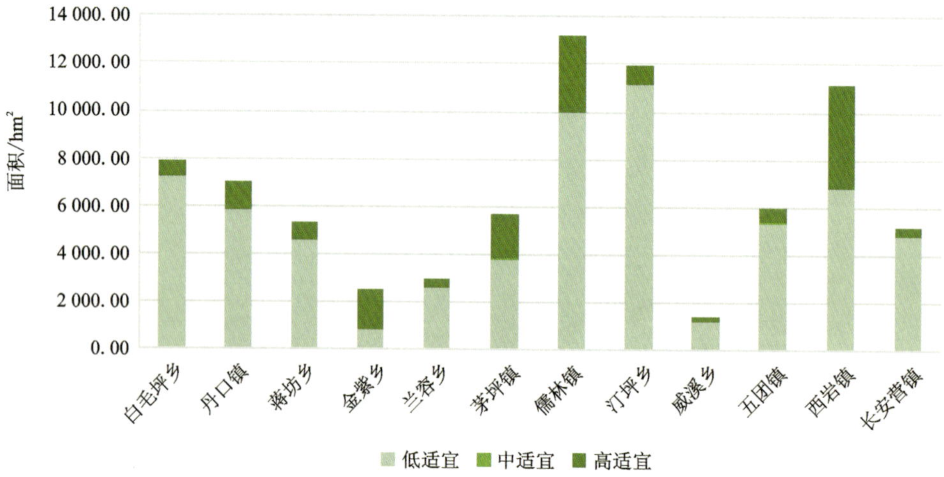

图 20-11　城步县各下辖镇建设用地适宜性等级的规模结构

在行政区分布上，城步县适宜进行建设开发的土地主要分布在儒林镇、西岩镇及汀坪乡（现状建设用地较多），且主要为高适宜区，适宜用地集中，呈狭长带状分布。丹口镇、白毛坪乡、蒋坊乡地形地貌以山地丘陵为主，林地面积较大，建设用地适宜性主要受限于地形因素，适宜建设开发的土地主要分布在地势较为平坦的非林地区域，充分保护了林地。除上述乡镇以外的地区适宜建设开发的土地均分布较为稀疏均匀。

第二十一章 土地与水资源承载力评价

第一节 建设用地承载力评价

本章所指的土地资源包括建设用地、耕地。为打破行政区界线的限制，在建设开发、耕地开发适宜性评价的基础上，进行了分组合并，确定了汇总单元，由于耕地评价涉及到人口数据，故耕地评价以乡镇为汇总单元进行评价。

一、开发强度分析

1. 现状开发强度

根据土地利用变更调查数据计算，2016 年城步县现状开发强度为 2.01%。

整体上中心城区（儒林镇）现状开发强度在全县域范围内最高，其次为北部、东北部（西岩镇、茅坪镇），南部、东部（五团镇、汀坪乡）最低。

现状开发强度最高的为中心城区，达到了 47%。北部的现状开发强度较高，为 13%。西南部、东部的现状开发强度很低，大多在 2%、1%左右，有的不足 1%。

2. 极限开发强度

城步县总体的极限开发强度为 17%。极限开发强度最高的为中心城区和北部区域，分别为 99%和 87%。最低的为西南部，为 2%。

3. 现状开发程度

城步县现状开发程度最高的区域是中心城区，达到了 47.81%。其次为中部、西北部，均在 30%以上。剩余其他区域为东北部、西南部、东部、北部，均在 20%以下。

4. 现状建设用地布局匹配度

城步县总体的现状建设用地布局匹配度好，除中心城 99.96%、北部 99.09%，接近达到 100%之外，西北部 75.81%、东北部 81.52%，均大于 75%，中部 41.34%，西南部 61.93%，东部 73.44%。3 个现状建设用地布局匹配度不为 75%的区域均为国家公园、生态保护区或风景名胜区面积较大区域。

从地域空间分布来看，城步县的西北部及中部大部分区域属冲积平原和丘陵混合地带，立地条件较好，建设用地开发程度整体偏低，建设用地承载压力普遍较小；西北部、中部地区丘陵、山地广布，土地的开发利用受限于地形因素及白云水库，适宜建设开发利用的土地面积比较有限，建设用地现状开发程度也相对较高，其建设用地承载压力较大；城步县西南部及东部大部分区域主要为生态功能区，建设用地开发程度居于中等水平，其建设用地承载压力普遍适中。

第二节　耕地承载力评价结果

一、人均耕地生产能力

根据评价区域变更调查数据及耕地分等定级成果，计算人均耕地生产能力当量。耕地等别对应的粮食生产当量以湖南省农用地分等定级工作中的不同利用等级耕地标准粮产量为基础核算。

根据城步县分等定级结果，全县水田和旱地等级均为十三等，通过以上计算得出城步县平均人均耕地生产能力为 642.18 kg/人。

二、耕地开发利用程度

分析现状耕地与耕地后备资源之间的关系，并计算区域现状耕地开发程度。

城步县平均耕地开发利用程度为 98.26%，除白毛坪乡外，其余各乡镇的耕地开发利用程度均在 95%以上。

三、耕地资源承载状态

耕地资源开发利用承载状态用耕地开发压力状态指数表征。对比分析实际人均耕地生产能力阈值之间的关系，确定耕地开发压力状态指数。

考虑到各统计数据的误差，设定一定的动态空间。当耕地开发压力状态指数 $A \geqslant 0.1$ 时，耕地开发利用为可载；$-0.1 < A < 0.1$ 时，耕地开发利用为临界；$A \leqslant -0.1$ 时，耕地开发利用为超载。评价得到，城步县除儒林镇的耕地资源开发利用承载状态为临界外，其他地区均为可载。生态功能区的耕地开发压力最大（$A=2.02$），其次为重点开发区（$A=2.25$）。耕地开发压力最小的为农产品主产区（$A=2.57$）。

第三节　水资源承载力评价

城步县地处中亚热带季风湿润气候区，具有春暖多变、夏热多旱、秋高气爽、冬冷少雨、四季分明的气候特色。县平均降水量 1 375.8 mm，年降水量最多为 1 872 mm，最少为 952.2 mm（1963 年），年平均变率为 11.5%。降雨量空间分布不均，总的趋势是西南部多于东北部，山地多于丘陵。南部山区的南山牧场、五团镇，年降水量在 1 600 mm～1 800 mm，西北部温塘及东部三渡水年降水量 1 100 mm～

1 200 mm，在北部资江原有地区，平均降水量在 1 300 mm 左右。降水量年内分配也不均，以 4—6 月降水量居多，11 月—次年 1 月最少，5 月雨量最多，平均达 211.8 mm，12 月最少，平均为 18.9 mm。年蒸发量在 1 300 mm～1 600 mm 之间。

河川水系发育，且呈树枝状分布。资水、巫水、渠水与浔江皆发源于境内。其中巫水为县境最大的河流，系沅水一级支流，属长江水系，县境干流长 106 km，流域面积 1 576.4 km^2。浔江为西江二级支流，属珠江水系，系县内第二大水系，县境内河长 55.5 km，流域面积 578.1 km^2。资水又名赧水，属长江水系，县境内干流长 33 km，流域面积 418 km^2。渠水为沅江一级支流，属长江水系，县境内干流长 29.3 km，流域面积 153 km^2。全县有大小溪河 816 条，总长 4 063.1 km，其中河长 5 km、流域面积 10 km^2 的干流及一至四级河流 77 条，长 1 122 km。河流呈辐射状从南、西、北 3 个方面流往县外，分属长江与珠江两大水系。河网密度 6.56 km/km^2，径流总量 24.89 亿 m^3。县境地层复杂，储水构造多，地下水以岩溶水为主，地下水年天然资源量 6.13 亿 m^3，占水资源总量的 24.6%，水质以碳酸钙型为主，为低矿化淡水。

县境多年平均降水总量 38.28 亿 m^3，多年平均径流总量 24.89 亿 m^3，占降水量的 65%。全县人均水资源 9 900 m^3，耕地亩均水资源 9 400m^3。县境各河流年均径流总量 1.09 亿 m^3。

城步县无大中型灌区，自 20 世纪五六十年代大兴水利建设以来，已修建各型水库 32 座，其中大型水库 1 座，小一型水库 10 座，小二型水库 21 座。城步县是一个以农业、林业、牧业为主的县，人多地少，降水时空不均，水旱灾害频繁，因此农田水利建设在农业生产和经济社会发展中具有特别重要的作用。中华人民共和国成立以来，全县各乡镇组织开展了大规模的农田水利基本建设，因地制宜地采取“堵、卡、盖、围、蓄、引、提、井、汇”等方法，修建了大量的小型农田水利工程，极大地改善了农民生产生活条件，为全县农业综合生产能力的提高、粮食的稳产高产发挥了不可替代的作用。全县小型农田水利建设的主要特点是：积极争取中央、省、市小型农田水利投资，完成了部分小型农田水利工程设施建设；充分运用“两工”，组织发动群众完成渠道清淤整治；吸纳民间资本投入小电站、机井、塘坝等小型水利工程建设。这些小型农田水利设施的兴建，大大增强了农业抗灾能力，加速了全县经济的发展。

目前，全县小型农田水利工程设施已形成以防为主，山平塘、排水渠（沟）相配套的防洪安全体系和以蓄为主，蓄、引、提相结合的灌溉保证体系。经农田水利规划调查，已建成小型水库 32 座，山塘 2 700 口，河坝 847 处，灌溉机埠 68 处 770 kW，干支渠道 2 686.63 km，渠道完好率为 45.2%，斗农渠 1 794.16 km，渠道完好率为 61.2%。全县有效灌溉面积达到 14.66 万亩，占总耕地面积的 64.6%；旱涝保收面积达到 9.58 万亩，占有效灌溉面积的 65.3%。县境内骨干灌区有金紫江中型灌区等，初步建立起了以中型灌区为核心、各小型水库山塘为依托、各级渠道为纽带的防洪、农田灌排供水、治涝等体系。近年来，进一步夯实了水利基础，有效改善了灌排条件，为农民增收、农村经济发展提供了有力保障。

县城供水水源单一，缺乏应对特殊干旱期和重大水污染事件的能力；农村人饮标准还很低，部分地区饮水安全问题仍然突出；全县降水时空分布不均，且无控制性水源工程，农业抗御洪旱灾害的能力差，特别是西岩镇、金紫乡、茅坪镇等北部乡镇尤为突出。农村水利设施老化严重，灌区工程急需续建改造，全县绝大部分渠道没有衬砌，农业用水浪费严重。经济发展布局与水资源配置格局不合理，水资源利用效率低。水环境、水生态恶化，水资源承载能力下降。

城步县供水设施供水量见表 21-2。2017 年，城步县总用水量为 10 567 m^3，居民生活用水量为1 143 万 m^3，其中：城镇居民生活用水量为 340 万 m^3，农村居民生活用水量为 803 万 m^3（河道外生态环境用水量为 140 万 m^3，禽畜养殖用水量 232 万 m^3）。城镇生产用水量为 1 880 万 m^3，其中：工业用水量为 1 520万 m^3，城镇公共用水量为 360 万 m^3；农业灌溉用水量为 7 544 万 m^3。生活、城镇生产、农村生产用水量分别占总用水量的 10.82%、17.79%、71.39%，可见农业是城步县现状下的主要用水对象。

表 21-2　城步县各频率水资源总量

工程类型	蓄水	引水	提水	其中:地下水	总供水量
可供水量/万 m^3	2 958	7 028	0	561	10 547
占用比例/%	28.05	66.64	0	5.32	100

2017 年区域本地水资源量为 24.89 亿 m^3，城步县总体现状年水资源开发利用程度较低，未达到水资源开发利用率的红线，河流健康状况为“健康”。

城步县总体上水资源量相对较丰沛，人均、亩均占有水资源量高于全省平均水平，但由于时空、地域分布不均，调蓄工程不足，社会的发展，人口的增加和城镇化进程的加快，用水量亦将急剧增加，有限的水资源难以满足人类无限制的使用。特别是水环境不断遭到人类生活和生产活动的污染，水质状况呈不断恶化的趋势，水功能减退，使有限的水资源难以支撑社会的可持续发展要求，水资源的供需矛盾日益突出，城步县目前水资源开发利用存在的主要问题有：

(1)水资源供需矛盾突出，县域北部地处衡邵丘陵干旱区，水源短缺，而大部分地区水利基础设施年代久远，老化严重，供水能力已大幅削减，造成工程性缺水，较为严重的有西岩片区的西岩镇、金紫乡以及茅坪片区的茅坪镇与蒋坊乡。

(2)部分重要集镇河道水质污染日趋严重，城步县矿产资源丰富，采矿、建材等污染工业企业的不断增加，不可避免对河道水质造成污染。

(3)降水与用水时间上的差异，加剧用水矛盾，目前城步县 71%为农业灌溉用水，一般用水高峰在 7—9 月 3 个月，用水量约占全年农业灌溉用水量的 65%左右，而此时正是降水较少的季节，降水量只占全年的 25%左右，这种降水与用水时间上的差异，导致各类用水矛盾加剧。

(4)随着区域经济社会的快速发展，工业化、城镇化步伐发展较快，城镇生活和工业用水的增长速度将大于供水能力的增长速度，现有供水设施的供水能力难以满足用水需求，将引起城镇供水紧张。

第二十二章　生态环境与地质环境承载力评价

第一节　生态环境承载力评价

生态环境承载力理论上应该考虑土壤环境、水环境、生态用地保护等要素。但是，根据《湖南省人民政府关于印发〈湖南省土壤污染防治工作方案〉的通知》（湘政发〔2017〕4号）农用地土壤污染的面积、分布及其对农产品质量的影响要到2018年底前查明，有色金属冶炼、有色金属矿采选、化工、电解锰、电镀、制革、石油加工、危险废物经营等重点行业企业用地中的污染地块分布及其环境风险情况要到2019年底前才掌握，本工作中尚未获取城步县土壤污染的相关资料，故暂不考虑土壤环境要素，只考虑水环境、生态用地保护两个方面。

2017年城步县主要江河水库上共布设水质监测断面（或监测点）2个。分别为：儒林镇两河口、花园阁。其中，儒林镇两河口的断面属性为省控以上，其余监测点的断面属性为县界（城步县—绥宁县）。

通过采用溶解氧、高锰酸盐指数、氨氮、总磷、氟化物及氯化物等共30余项评价指标对各监测断面（或监测点）进行每月或每季水质评价，结果显示儒林镇两河口和花园阁的水质评价结果均为达标，且水质类别以Ⅱ、Ⅲ类为主。整体来看，城步县无第Ⅴ类和劣Ⅴ类的水质断面（或监测点），水质状况均为达标，整体水质状况较好，水环境承载压力小（表22-1）。

表22-1　2017年城步县水质状况监测结果

序号	断面名称	考核县（市、区）	所在河流	断面属性	2017年	2018年
					水质类别	水质类别
1	儒林镇两河口	城步县	巫水	省控以上	Ⅱ	Ⅲ
2	花园阁	城步县	巫水	县界（城步—绥宁）	Ⅱ	Ⅱ

生态用地保护以生态用地面积占比来表征。整体来看，城步县的生态环境较好，植被覆盖率高，生态用地面积占比较大。其生态用地面积共计196 492.43 hm^2，约占城步县总面积（城步县总面积共计261 872.57 hm^2）的75.03%左右。城步县的各下辖乡镇中，除金紫乡生态用地面积相对不足，生态承载压力较大之外，其他各乡镇的生态承载压力均不大（图22-1，表22-2，图22-2）。

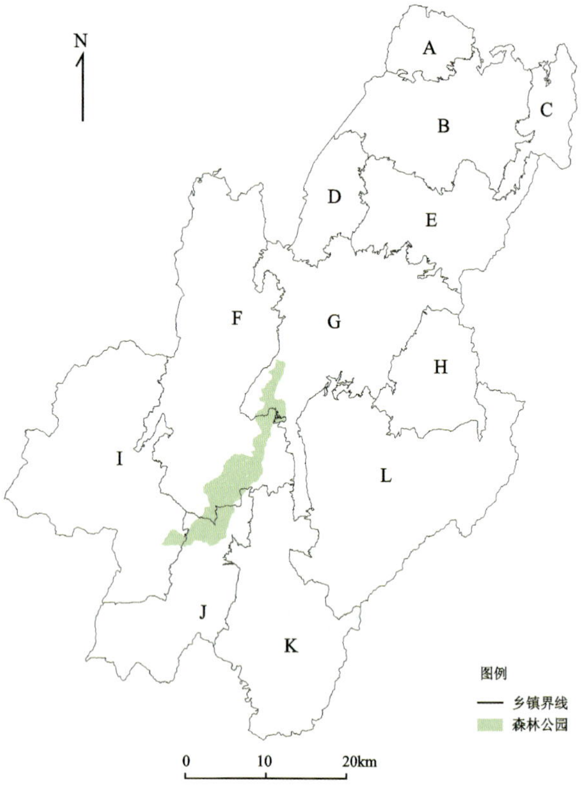

城步县森林公园分区图

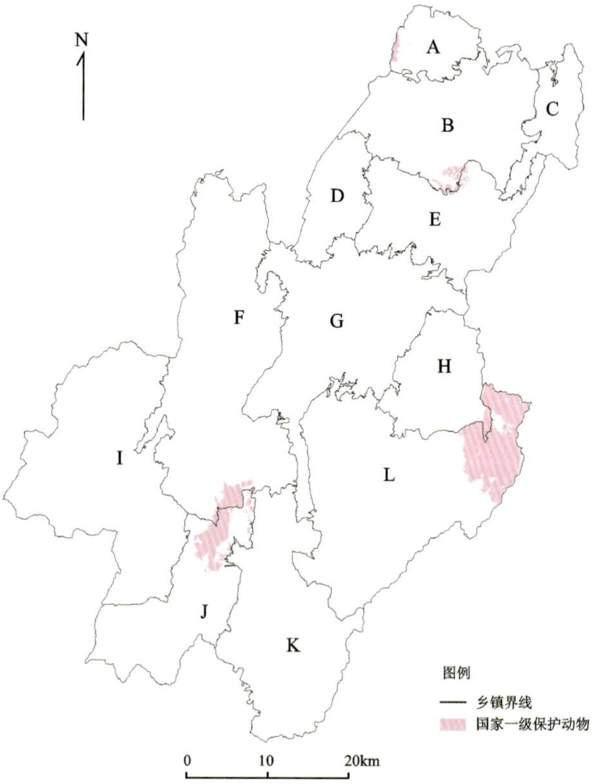

城步县国家一级保护动物分布图

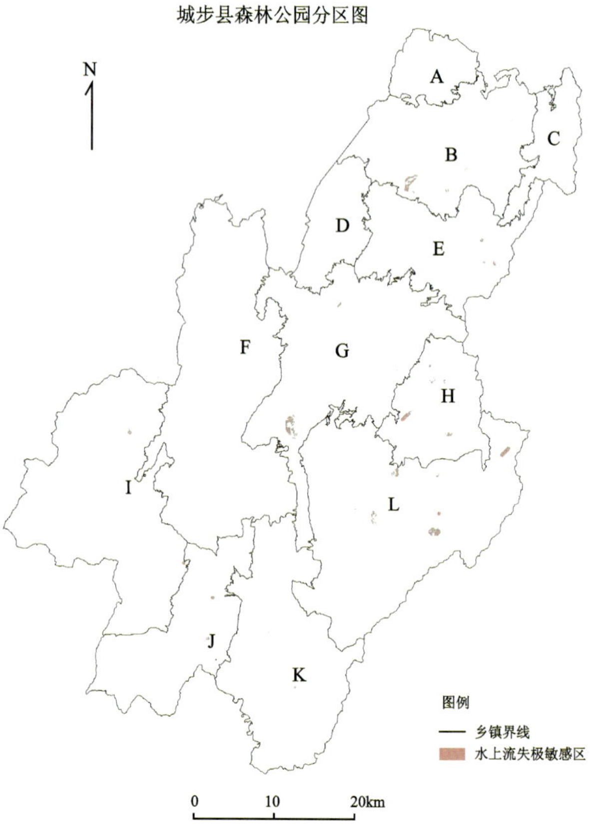

城步县水土流失极敏感区分布图

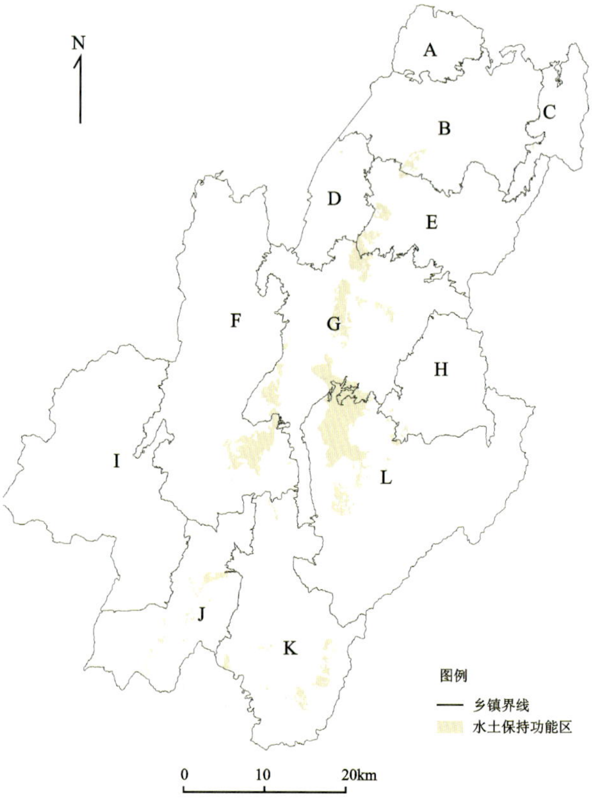

城步县水土保持功能区分布图

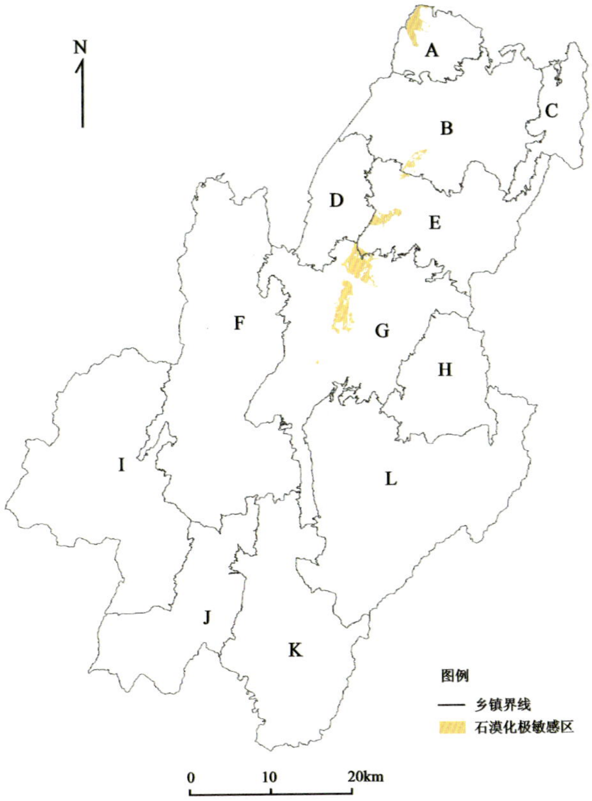

城步县石漠化极敏感区分区图

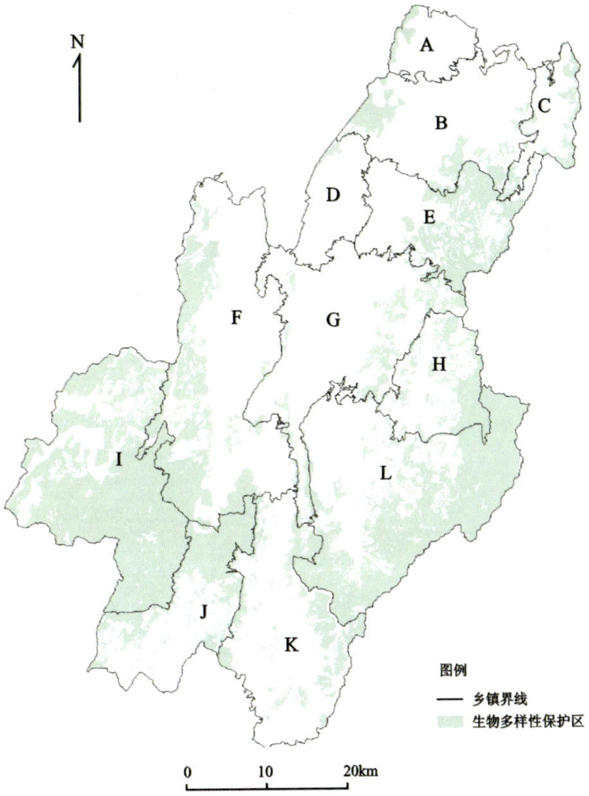

城步县生物多样性保护区分布图

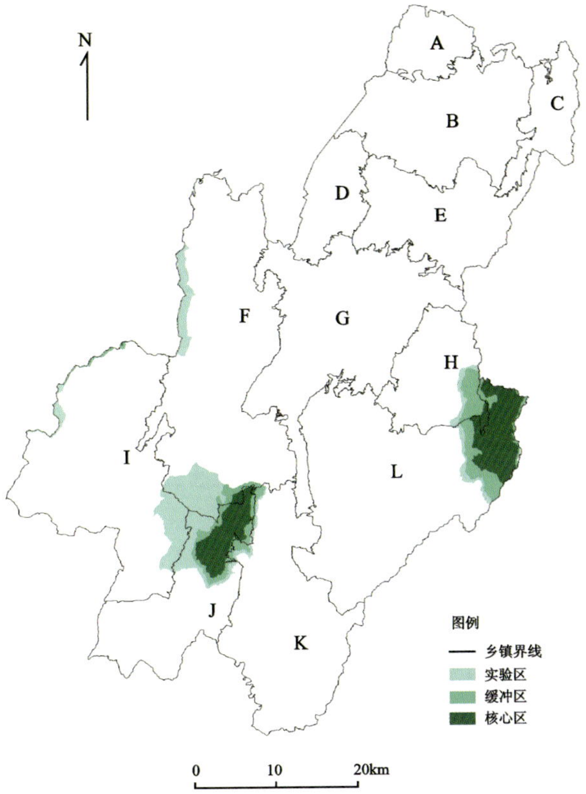

城步县自然保护区功能分级图

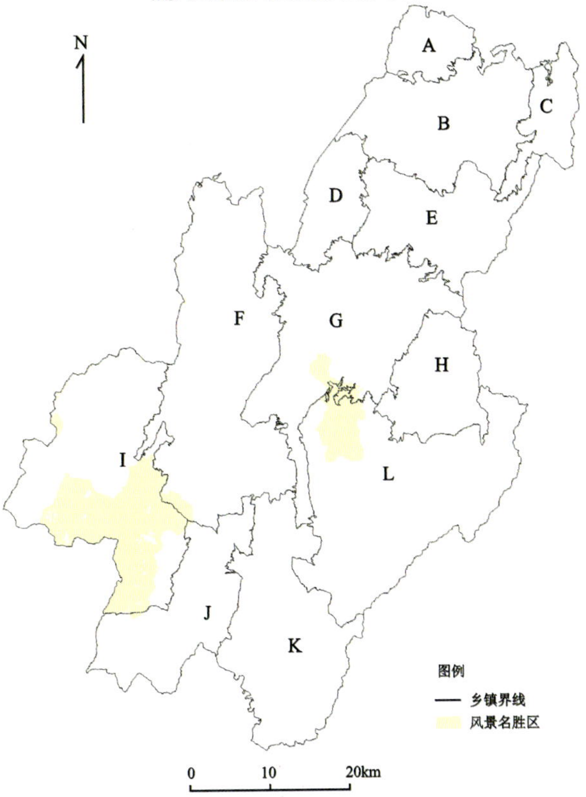

城步县风景名胜区分布图

图 22-1　生态用地分布情况图

A -金紫乡；B -西岩镇；C -威溪乡；D -蒋坊乡；E -茅坪镇；F -丹口镇；G -儒林镇；H -兰蓉乡；I -长安营镇；J -五团镇；K -汀坪乡；L -白毛坪乡

表 22-2 城步县各乡镇生态承载力

乡镇	生态用地面积/hm^2	乡镇面积/hm^2	比例/%	生态承载力
儒林镇	23 934.09	34 418.09	69.54	承载压力小
西岩镇	9 990.26	21 394.29	46.70	承载压力小
长安营镇	29 799.90	37 330.15	79.83	承载压力小
五团镇	18 948.25	23 412.90	80.93	承载压力小
威溪乡	3 260.40	4 792.30	68.03	承载压力小
汀坪乡	25 845.84	30 733.38	84.10	承载压力小
茅坪镇	12 114.92	17 898.77	67.69	承载压力小
兰容乡	8 391.39	10 887.50	77.07	承载压力小
金紫乡	1 344.06	5 034.04	26.70	承载压力大
蒋坊乡	5 813.70	7 950.16	73.13	承载压力小
丹口镇	23 318.95	28 227.36	82.61	承载压力小
白毛坪乡	33 730.68	39 793.63	84.76	承载压力小
总计	196 492.43	261 872.57	75.03	承载压力小

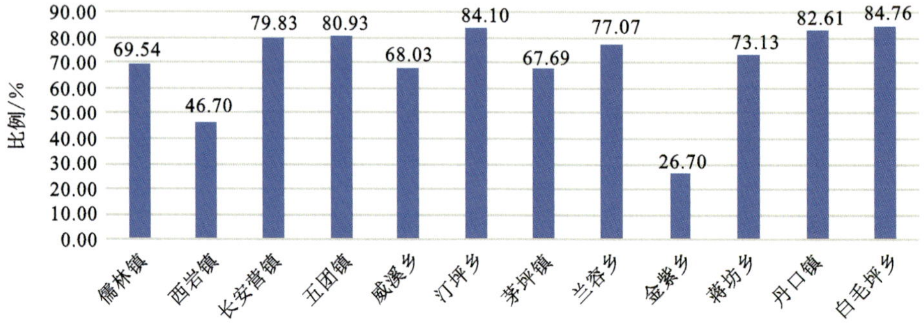

图 22-2 城步县各乡镇生态用地面积占比

具体来看，金紫乡的现状土地利用以城乡建设用地和耕地为主，境内林地、牧草地以及水域滩涂分布面积较小，生态用地面积占比均不及 30%，其生态承载压力大；西岩镇的生态用地面积占比就全县来说，也处于相对较低水平，但仍处于生态承载力的合理阈值区间，生态承载压力不大；长安营镇、五团镇、汀坪乡、兰容乡、丹口镇、白毛坪乡境内林地、草地广布，生态用地面积占比均较高，都达到了 75%以上，其中，白毛坪乡的生态用地面积占比在 84%左右，为城步县生态面积占比最高的乡镇；其余各乡镇的生态用地面积占比均在 50%～75%的阈值区间内，生态环境较好，生态承载力盈余。

建议:(1)推进河湖水生态保护与修复,进一步改善水环境质量。科学确定重要江河生态流量和生态水位,将生态用水纳入流域水资源配置和管理。加强江河湖库水资源统一调度,保障重要河湖生态用水需求。同时进一步加强工业水污染防治,推进洞庭湖流域外源性污染治理和区域生态环境综合整治,有效遏制水质富营养化趋势,确保达到相关控制要求。

(2)加强生态环境保护以及生态功能区建设。城步县的生态环境整体较好,植被覆盖率高,生态用地面积占比较大,应继续加强对水资源、森林资源以及生态环境的保护,严守生态红线,严格控制城镇绿化用地区、生态以及水源保护区的土地开发利用。加强湿地及生物多样性生态功能区建设,保护自然生态走廊和野生动物栖息地,维系生物多样性,确保全域各类生态系统功能的有效发挥,不断增强生态环境承载能力。

第二节　地质环境承载力分析

一、地质灾害评价

1.城步县地质灾害情况

城步县属地质灾害较为多发的地区,地质灾害的频繁发生,给城步县人民的生命财产造成了严重的损失。根据城步县国土资源局开展的城步县地质灾害调查与区划工作,共发现地质灾害隐患点 56 处,重要地质灾害隐患点 23 处(危害程度在较大级以上)。

城步县地质灾害类型主要有滑坡、崩塌、泥石流等,其地质灾害灾情较为严重。经不完全统计,中华人民共和国成立以来,城步县地质灾害已导致 17 人死亡,2 522 间房屋、7 315 亩农田以及 1 100 m 公路被毁,直接经济损失 1 154 万元。全县存在各类地质灾害隐患点 56 处,其中滑坡隐患 48 处、崩塌隐患 3 处、泥石流隐患 3 处、不稳定斜坡隐患 1 处、地裂缝隐患 1 处。从危害程度来说,56 处隐患点中,有重大隐患点 2 处、较大隐患点 21 处、一般隐患点 33 处。全县有 1 708 人、596 间房屋、10 250 亩农田受到威胁,潜在经济损失将达 3 019.9 万元。

致灾地质作用都是在一定的动力诱发下发生的,而诱发动力有天然和人为之分,因而按其动力成因,分为自然因素、人为因素及由两者因素叠加而成的综合因素 3 大类。城步县的滑坡、崩塌等地质灾害成生因素多而复杂,他们的发生,一般都不是单因素作用的结果,而是多因素的综合效应。不同地质环境、不同致灾作用形成的滑坡、崩塌等地质灾害,其主导因素与辅助因素亦不相同。

2.城步县地质灾害易发分区

根据评价方法及城步县重点灾害点情况,划分城步县地质灾害易发区,如图 22-3 和表 22-3 所示。

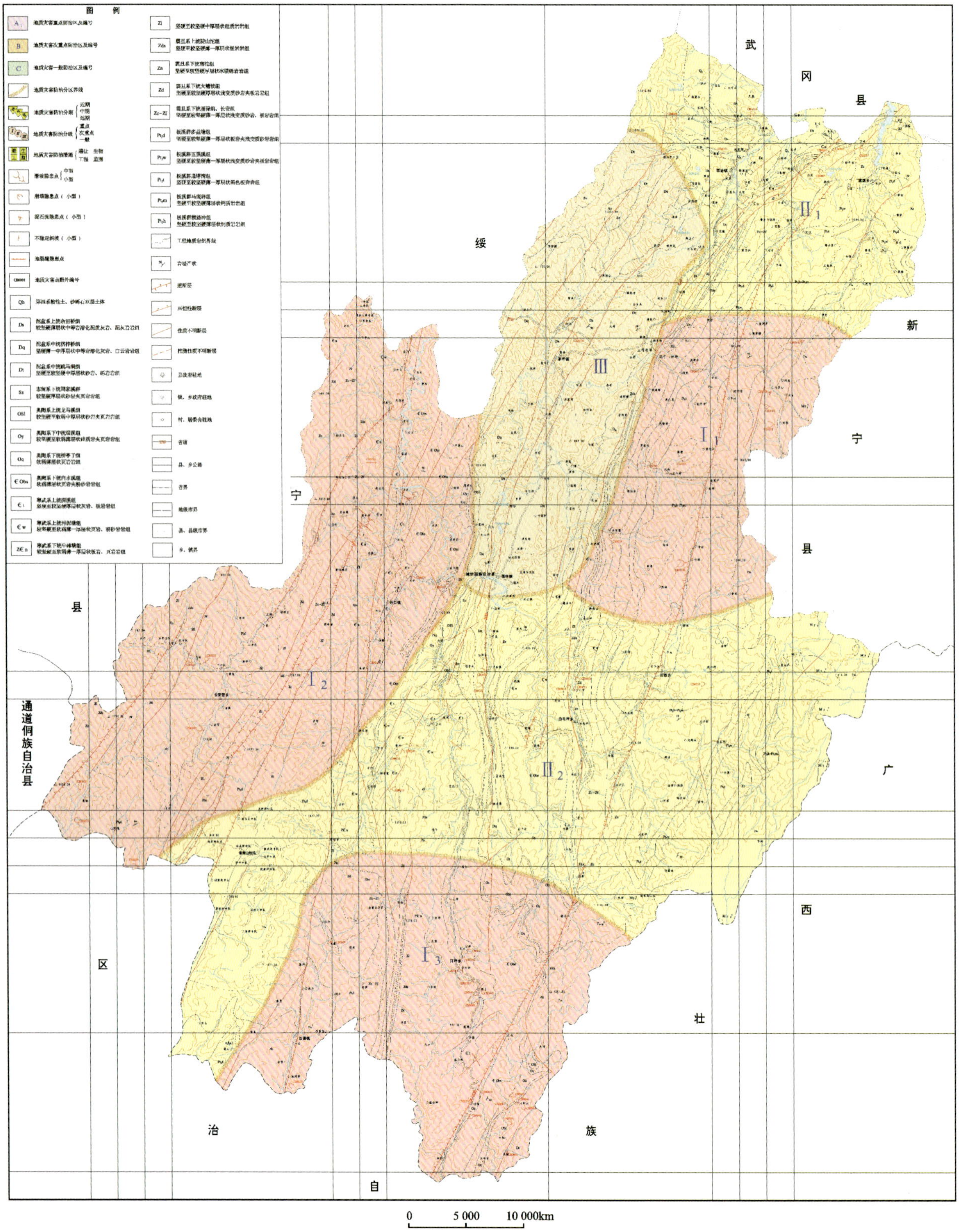

图 22-3　城步县地质灾害易发程度分区图

表 22-3　城步县地质灾害易发程度分区说明表

分区及代号			高易发区(Ⅰ)			中易发区(Ⅱ)		低易发区(Ⅲ)
亚区代号			Ⅰ$_1$	Ⅰ$_2$	Ⅰ$_3$	Ⅱ$_1$	Ⅱ$_2$	Ⅲ
分布范围			东部偏北地区，包括儒林镇北部、兰蓉乡北部。西岩镇东南部及威溪乡南部	西部地区，包括丹口镇、长安营镇及南山牧场北部	南部地区，包括汀坪乡大部、五团镇大部	北部地区，包括西岩镇北部，威溪乡西北部	中南部地区，包括白毛坪乡、兰蓉乡、汀坪乡北部、五团镇北西部、南山牧场南部	中北部地区，包括儒林镇北部、茅坪镇西部、西岩镇西南部
面积/km^2			256.95	575.95	398.02	282.07	803.40	330.68
地质环境条件			侵蚀剥蚀中山地貌为主，沟谷大部分呈“V”字型，谷深坡陡，出露地层主要为板溪群和震旦系，岩性有板岩、浅变质砂岩、冰硬砾岩、砂岩、粉砂岩等，并有部分花岗岩，岩石节理裂隙发育，残坡积物厚度大，人类工程经济活动强度大	侵蚀剥蚀中山地貌，沟谷大部分呈“V”字型，谷深坡陡。出露地层有寒武系、震旦系、板溪群，岩性有板岩、硅质岩、页岩、泥灰岩、粉砂岩、冰碛砾岩等，褶皱、断裂较发育，岩石风化强烈，残坡积物厚度大	侵蚀剥蚀中山地貌为主，沟谷发育，切割深，大部分呈“V”字型，山坡坡度较陡，出露地层有寒武系、震旦系、奥陶系、泥盆系等，岩性有板岩、砂页岩、硅质岩、冰碛砾岩、石英砂岩等，并有部分花岗岩，岩石节理裂隙发育，残坡积物厚度大	东南部为剥蚀、侵蚀中山地貌，西北部为侵蚀，溶蚀低山地貌，沟谷、水系发育，出露地层有震旦系、寒武系、奥陶系及泥盆系，岩性有板岩、页岩、粉砂岩、泥灰岩、灰岩、白云质灰岩等，断裂及节理裂隙较发育，残坡积土层较厚	侵蚀、剥蚀中山地貌为主，沟谷发育，切割深，坡度陡，出露地层有泥盆系、寒武系、震旦系及板溪群，岩性有板岩、冰碛砾岩、页岩、粉砂岩、泥灰岩等，并有部分花岗岩，岩石节理裂隙较发育，残坡积土层较厚	侵蚀、溶蚀低山地貌为主，坡度较陡，沟谷发育，谷宽而浅，出露地层主要为泥盆系，岩性以灰岩、泥灰岩为主，断裂构造较发育，残坡积层较薄
主要灾害类型			滑坡、崩塌、泥石流	滑坡、崩塌、泥石流	滑坡、崩塌、泥石流	滑坡、崩塌	滑坡、崩塌、泥石流	滑坡、崩塌
地质灾害发育现状	灾害类型	滑坡/处	7	9	15	6	9	2
		崩塌/处		1	1	1		
		泥石流/条	2		1			
		不稳定斜坡/处			1			
		地裂缝/处		1				
	规模类型	小型/处	7	7	18	7	9	2
		中型/处	2	4				
		大型/处						
	危害程度分级	一般/处	5	6	9	3	7	2
		较大/处	4	5	9	2	2	
		重大/处				2		
直接经济损失/万元			62	4	53	22	9	1
潜在经济损失/万元			292	162	351	2 134	69	11

3. 城步县地质灾害防治区的划分

根据地质灾害调查结果及地质灾害形成的地质环境条件，在以防为主、防治结合、全面规划、综合防治的原则下，结合县内经济发展规划和目前地质灾害现状综合分析，全县可划分为 2 个重点防治区、1 个次重点防治区和 1 个一般防治区（表 22-4，图 22-4）。

表 22-4　城步县地质灾害防治分区划分表

防治区名称		位置	面积/km^2	易发区划分	地质灾害现状
重点防治区A	西岩镇-威溪乡滑坡、崩塌重点防治区（A_1）	位于城步县东北部，包括西岩镇的星火村、陈家村、金紫村、松柏村，威溪乡的正冲村等	119.77	中易发区	地质灾害隐患点 7 处，其中滑坡 6 处，崩塌 1 处。危害程度重大的地质灾害隐患点 2 处，即大江河水库松柏段滑坡（CB0005），金紫水库右坎肩崩塌（CB0006）。地质灾害已造成 1 人死亡，25 间民房被毁，直接经济损失 22 万元；现威胁人口 1 143 人，农田 10 000余亩，潜在经济损失 2 130 万元
	汀坪乡-五团镇滑坡、崩塌、泥石流重点防治区（A_2）	位于城步县南部，包括汀坪乡的南部，五团镇的东南部	253.06	高易发区	地质灾害隐患点 18 处，其中滑坡 15 处，崩塌、不稳定斜坡、泥石流各 1 处。危害程度较大的地质灾害隐患点 9 处，即汀坪乡的隘上村滑坡（CB0041，CB0042）、铲子坪滑坡（CB0044）、杨梅村 5 组斜坡（CB0039）、太阳村滑坡（CB0047）、龙塘村天塘滑坡（CB0049）、龙塘村牛水斜坡（CB0050）、五团镇的刘家寨崩塌（CB0054）、独树村毛寨子滑坡（CB0055）。地质灾害已造成 1 人死亡，34 间民房、50 亩良田被毁，直接经济损失达 53 万元；现威胁 206 人的安全，潜在经济损失 351 万元
次重点防治区B	滑坡、崩塌、泥石流次重点防治区（B）	位于城步县中部，横贯东西，地跨长安营镇、丹口镇、白毛坪乡等 10 个乡镇	1 918.96	中易发区、高易发区	地质灾害隐患点 29 处，其中滑坡 25 处，泥石流 2 处，崩塌和地裂缝各 1 处。危害程度较大的地质灾害隐患点有 10 处，即：茅坪镇的七里山老朱山泥石流（CB0009）、双桥村杨家团滑坡（CB0010）；丹口镇的沉江渡大晾头滑坡（CB0016），平子寨老吴家滑坡（CB0019）；长安乡的横坡村地林冲滑坡（CB0027）、现孔滑坡（CB0028）、长坪村射龙滑坡（CB0032）；儒林镇的罗家水养路班滑坡（CB0026）；白毛坪乡的小言村兰家宅滑坡（CB0035）；兰容乡的水源村鱼塘里滑坡（CB0036）。地质灾害已造成 3 人死亡，38 间民房、60 亩良田和 300m 公路被毁，直接经济损失达 76 万元；现威胁村民 365 人，潜在经济损失达 523 万元
一般防治区C	滑坡、崩塌一般防治区（C）	位于城步县的北部，包括儒林镇北部，西岩镇西部，茅坪镇西部	355.29	低易发区	滑坡地质灾害隐患点 2 处，一般级

全县划分为地质灾害重点防治区（A）、地质灾害次重点防治区（B）、地质灾害一般防治区（C）三类。

（1）重点防治区（A）：有西岩-威溪滑坡、崩塌重点防治区（A_1）、汀坪乡-五团滑坡、崩塌、泥石流重点防治区（A_2），面积共 372.83 km^2，占城步县总面积的 14.08%。

（2）次重点防治区（B）：位于城步县中部的长安营乡、丹口镇、儒林镇南部，白毛坪乡、茅坪镇东部，西岩镇及威溪乡南部，兰容乡、汀坪乡北部，为滑坡、崩塌、泥石流次重点防治区，面积 1 918.96 km^2，占城步县总面积的 72.49%。

（3）一般防治区（C）：位于儒林镇北部、茅坪镇和西岩镇西部，为滑坡、崩塌一般防治区，面积 355.29 km^2，占城步县总面积的 13.43%。

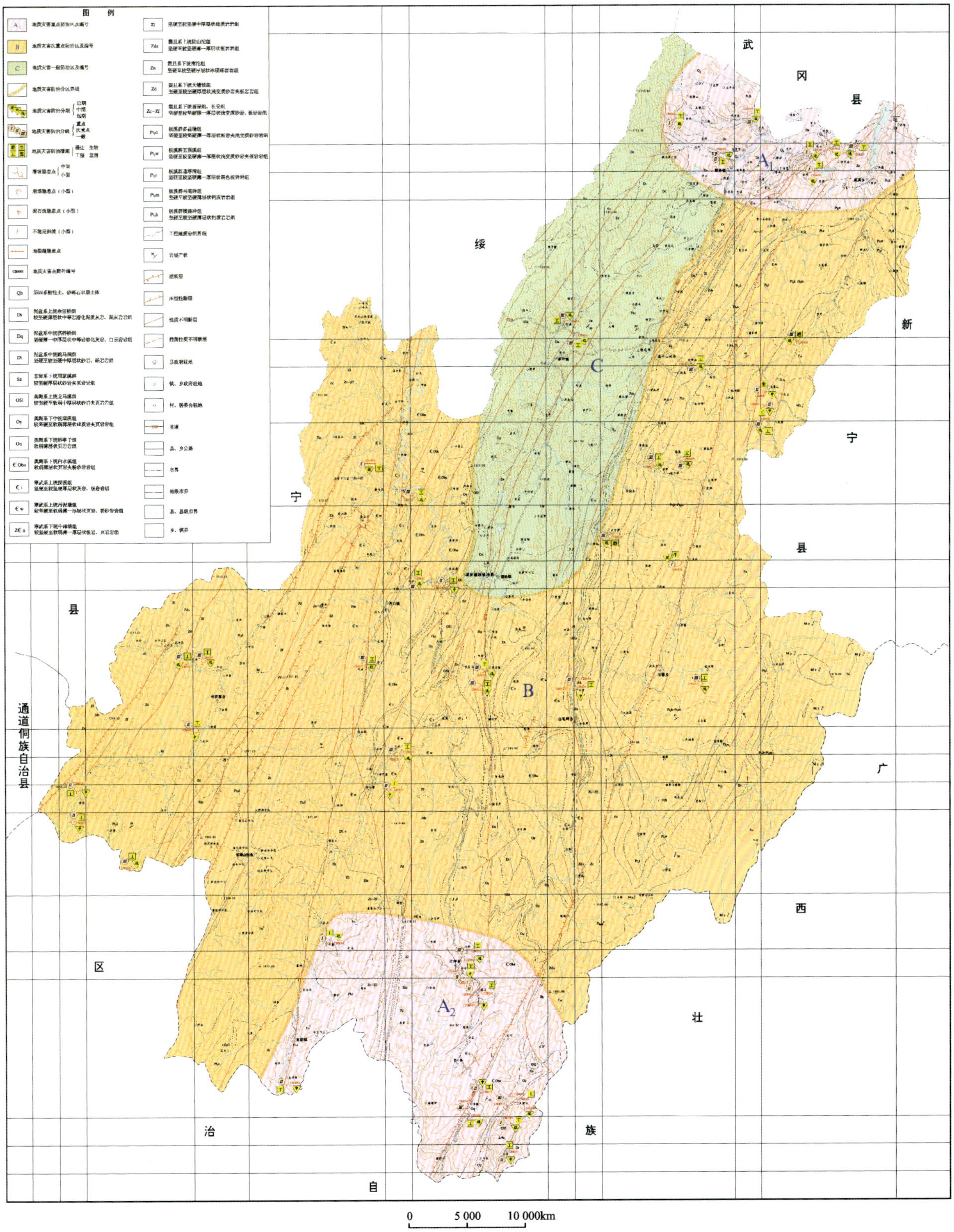

图 22-4　城步县地质环境分区图

二、地质环境评价

结合城步县重点地质灾害隐患点的本底及状态特征，选择稳定性及危险性等地质环境评价因子，对城步县的乡镇进行综合评价，并将其划分为地质环境维护区和地质环境修复区。

地质环境维护区包含西岩镇、威溪镇、五团镇、汀坪乡、长安营乡、丹口镇和白毛坪乡等镇，地质灾害稳定性差，潜在危害程度较大，属地质灾害重点、次重点防治区。本区主要位于城步县北部及南部，以侵蚀剥蚀中山地貌为主，深沟大部分呈"V"字型，谷深坡陡，出露地层主要为板溪群和震旦系。山丘波状起伏，地形坡度较大，岩石风化强烈，主要工程地质问题是边坡稳定性差，容易形成滑坡、泥石流地质灾害。同时人类工程经济活动强度大，区内地质灾害易发程度高，危害程度严重，对人民生命财产安全构成威胁，一定程度上制约了地区经济的可持续发展。需加强区内地质灾害的防治和治理。

地质环境维护区以外的乡镇均为地质环境修复区，地质灾害规模相对较小，潜在危害程度相对较弱，其防治措施以群测群防为主，属一般防治区。

第二十三章　“三区三线”划分

第一节　“三区三线”划分原则

基于自然资源环境承载能力评价划定“三区三线”的总体思路为在生态重要性、生态敏感性、建设开发适宜性、农业开发适宜性评价的基础上，结合土地资源、水资源、生态环境、地质环境承载能力评价，按“生态优先、绿色发展”的原则综合划定“三区三线”。具体的流程为：将生态重要性、生态敏感性、建设开发适宜性、农业开发适宜性评价结果数值化，分别计算城镇空间、生态空间、农业空间的适宜性分值；对比生态重要性、生态敏感性、建设开发适宜性、农业开发适宜性评价时所考虑的指标情况，按照“生态优先”的原则划分“三类”空间；结合土地利用现状和城镇空间集中区，划定城镇开发边界。将生态空间中生态极重要或极敏感的区域划定为生态保护红线。将农业空间中农业开发适宜性高的区域划定为永久基本农田。

第二节　“三区三线”划分建议

城步县各乡镇“三区三线”划分情况详见表 23-1。

建议城步县划分生态空间 186 240.04 hm^2，占全县总面积的 71.96%。其中生态保护红线 105 190.09 hm^2，一般生态空间 81 049.95 hm^2。

表 23-1　城步县各乡镇“三区三线”划分建议表　单位：hm^2

行政单位	生态空间			农业空间			城镇空间
	小计	生态保护红线	一般生态空间	小计	永久基本农田保护红线	一般农业空间	
城步县	186 240.04	105 190.09	81 049.95	68 005.17	14 780.69	53 224.48	3 826.93
儒林镇	25 412.25	14 778.36	10 633.89	9 925.48	2 019.93	7 905.55	1 981.78
茅坪镇	10 526.07	5 361.77	5 164.3	4 485.7	949.11	3 536.59	425.2
西岩镇	13 310.29	4 602.21	8 708.08	10 236.4	2 463.96	7 772.42	294.27
丹口镇	33 517.52	19 084.9	14 432.62	11 914.5	2 031.82	9 882.7	199.91
五团镇	9 652.28	3 809.88	5 842.4	3 268.46	1 102.89	2 165.57	182.36
长安营镇	23 331.1	19 842.62	3 488.48	2 012	792.77	1 219.23	194.96
威溪乡	2 713.72	1 674.77	1 038.95	3 744.91	439.51	3 305.4	66.89

续表 23-1

行政单位	生态空间			农业空间			城镇空间
	小计	生态保护红线	一般生态空间	小计	永久基本农田保护红线	一般农业空间	
白毛坪乡	34 685.75	25 760.21	8 925.54	5 025.01	1 311.04	3 713.97	85.74
兰容乡	8 674.69	2 895.6	5 779.09	2 492.77	811.54	1 681.23	117.63
汀坪乡	21 503.3	6 392.36	15 110.94	4 416.31	1 009.23	3 407.08	77.11
蒋坊乡	1 369.54	424.13	945.41	6 770.26	540.86	6 229.4	92.94
金紫乡	1 543.53	563.28	980.25	3 713.37	1 308.03	2 405.34	108.14

城镇空间 3 826.93 hm^2，占全县总面积的 1.48%。

农业空间 68 005.17 hm^2，占全县总面积的 26.27%。其中永久基本农田保护红线 14 780.69 hm^2，一般农业空间 53 224.48 hm^2。据《城步县土地利用总体规划(2006—2020 年)》(2016 年修订版)，规划到 2020 年全县永久基本农田面积不低于 13 333.00 hm^2，城步县永久基本农田划定方案共划定基本农田 13 343.27 hm^2(按图斑地类净面积统计)，按照“数量不减少、质量不降低”的原则，科学优化基本农田布局。调整后，全县共划定永久基本农田保护红线 13 343.27 hm^2(按图斑地类净面积统计)，与永久基本农田划定成果面积保持一致，且质量不降低，布局更优化。建议城步县基本农田布局调整情况如表 23-2 所示。

表 23-2 城步县基本农田布局调整情况表 单位：hm^2

行政区域	划入基本农田	划出基本农田
儒林镇	134.32	134.32
茅坪镇	50.02	50.02
西岩镇	44.90	44.90
丹口镇	38.14	38.14
五团镇	49.04	49.04
长安营镇	8.78	8.78
威溪乡	8.38	8.38
白毛坪乡	9.59	9.59
兰容乡	35.00	35.00
汀坪乡	6.03	6.03
蒋坊乡	16.55	16.55
金紫乡	5.85	5.85
合计	406.23	406.23

第三篇

标准篇

湖南省地方标准：自然资源环境承载能力评价和监测预警技术规程（文本）

2018-12-28 发布　　2019-03-28 实施

湖南省自然资源厅　　发　布

前　言

本标准按照 GB/T 1.1—2009《标准化工作导则　第1部分：标准的结构和编写》和 GB/T 20001.6—2017《标准编写规则　第6部分：规程标准》给出的规则起草。

本标准由湖南省自然资源厅提出和归口管理。

本标准起草单位：湖南省国土资源规划院、国土资源评价与利用湖南省重点实验室。

本标准主要起草人：李慎鹏、项广鑫、曾毅、符金豪、麻战洪、杨春、李剑、吕焕哲、钟坚、陈坤、许联芳、王植、许皓亮、张林、郑普红、张建新。

1　范围

本标准确立了自然资源环境承载能力评价和监测预警工作的总则以及生态重要性和敏感性评价、农业开发适宜性评价、建设开发适宜性评价、土地资源承载能力评价、水资源承载能力评价、生态环境承载能力评价、地质环境承载能力评价、自然资源环境综合承载能力评价、自然资源环境承载能力监测预警的技术方法和要求，描述了自然资源环境承载能力评价和监测预警工作的验收要求。

本标准适用于湖南省地市级和县级自然资源环境承载能力评价和监测预警工作。特定区域（如长株潭区域、环洞庭湖区域等）的自然资源环境承载能力评价和监测预警工作可参照本标准。

2　规范性引用文件

下列文件对于本文件的应用是必不可少的。凡是注日期的引用文件，仅所注日期的版本适用于本文件。凡是不注日期的引用文件，其最新版本（包括所有的修改单）适用于本文件。

GB 3095—2012　环境空气质量标准

GB 5084　农田灌溉水质标准

GB 15618—2018　土壤环境质量　农用地土壤污染风险管控标准（试行）

GB/T 21010—2017　土地利用现状分类

GB/T 28407—2012　农用地质量分等规程

DZ/T 0286　地质灾害危险性评估规范

DZ/T 0295—2016　土地质量地球化学评价规范

DB 43/023—2005　湖南省主要地表水系水环境功能区划

3　术语和定义

下列术语和定义适用于本文件。

3.1

自然资源环境 natural resources and environment

土地、水等自然资源和生态环境、地质环境的总称。

3.2

自然资源环境承载能力 carrying capacity of natural resources and environment

在保持良好生态系统前提下，自然资源环境能够支撑人类社会经济健康绿色发展的可消耗规模与人类对区域自然资源环境的已消耗规模关系的表征，分为承载状态和承载压力两个维度。

3.3

自然资源环境承载状态 carrying state of natural resources and environment

在某时间点或时间段，人类对区域自然资源环境的已消耗规模与可消耗规模之间大小关系的表征。前者小于后者为不超载，前者等于后者为临界超载，前者大于后者为超载。

3.4

自然资源环境承载压力 carrying pressure of natural resources and environment

在某时间点或时间段，区域内某地区自然资源环境承载状态与区域内大多数地区的自然资源环境承载状态之间的比较。前者劣于后者表明该地区承载压力大，反之承载压力小。

3.5

评价单元 evaluation unit
具有相似自然资源环境属性的网格区块。

3.6

汇总单元 summary unit
按一定规则(行政界线、自然地理界线、空间分析等)确定的多个评价单元的组合。一个评价区内可以有一个或多个汇总单元。

3.7

生态重要性 importance of ecological system
区域生态系统结构和功能对保持生态系统良好和人类经济社会健康绿色发展的重要程度。

3.8

生态敏感性 ecological sensitivity
区域生态系统对环境变异和人类活动干扰的敏感程度。

3.9

建设开发适宜性 suitability of construction development
土地在自然条件下对建设开发的适宜程度。

3.10

农业开发适宜性 suitability of agriculture development
土地在自然条件下对农业开发的适宜程度。

4　缩略语

下列缩略语适用于本文件。

BOD_5:5天内好氧微生物氧化分解单位体积水中有机物所消耗的游离氧的量(mg/L)。

COD_{Cr}:在一定条件下,用重铬酸钾氧化剂氧化1L水样中还原性物质所消耗的氧化剂的量(mg/L)。

COD_{Mn}:在一定条件下,用高锰酸钾氧化剂氧化1L水样中还原性物质所消耗的氧化剂的量(mg/L)。

DO:溶解氧,溶解在每升水里氧气的毫克数(mg/L)。

NDVI:归一化差分植被指数。

NH_3-N:单位体积水中的氨氮含量(mg/L)。

$PM_{2.5}$:环境空气中空气动力学当量直径小于或等于2.5μm的颗粒物。(注:引自GB 3095—2012,定义3.4。)

TN:单位体积水中以无机态和有机态存在的氮的总量(mg/L)。

TP:单位体积水中以无机态和有机态存在的磷的总量(mg/L)。

5　总则

5.1　目的

自然资源环境承载能力评价的目的为:

服务于国土空间规划，提出空间布局和相关指标数据建议；

服务于自然资源和生态环境管控，提出自然资源和生态环境分类型、分级别的管控建议；

服务于区域发展，识别区域自然资源环境短板，提出自然资源环境承载能力提升建议。

自然资源环境承载能力监测预警的目的为：监测区域自然资源环境承载能力状态，对自然资源环境损耗加剧地区及时预警，为有效规范空间开发秩序，合理控制开发强度，构建高效协调可持续的国土空间开发格局奠定基础。

5.2　主要工作内容

自然资源环境承载能力评价的主要工作内容为：

开展生态重要性和敏感性评价、农业开发和建设开发适宜性评价；

开展土地资源、水资源、生态环境、地质环境承载能力评价；

开展自然资源环境综合承载能力评价；

提出承载能力提升建议、“三区三线”划定建议等（参见附录 A）；

绘制相关图件（要求见附录 B）并撰写报告（参见附录 C）。

自然资源环境承载能力监测预警的主要工作内容为：

对土地资源、水资源、生态环境、地质环境承载能力评价中涉及的动态指标进行监测；

依据历史数据及监测数据进行趋势分析，对可能超载的地区及时预警；

依据当前监测数据进行承载能力评价结果更新，发现超载立即发出警情；

发布监测预警级别（要求见附录 B）并撰写报告（参见附录 C）。

5.3　工作流程

自然资源环境承载能力评价的工作流程见图 1。

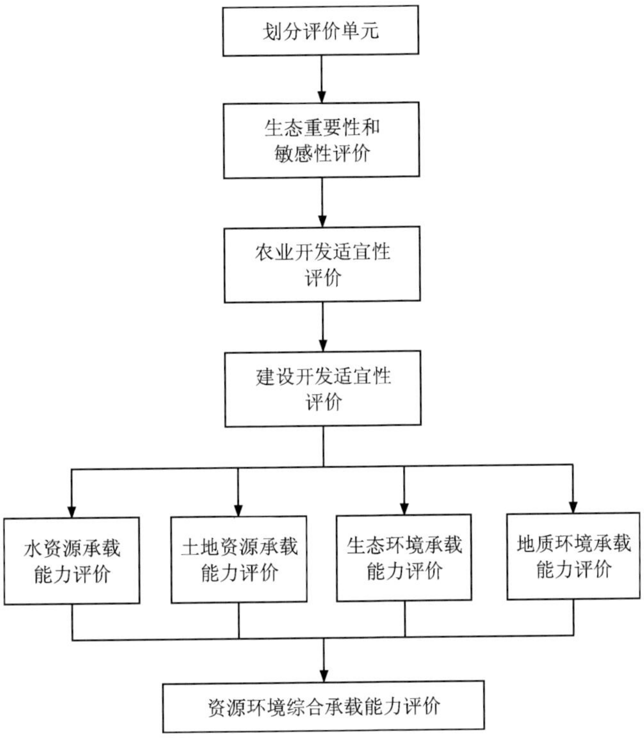

图 1　自然资源环境承载能力评价工作流程

自然资源环境承载能力监测预警的工作流程见图 2。

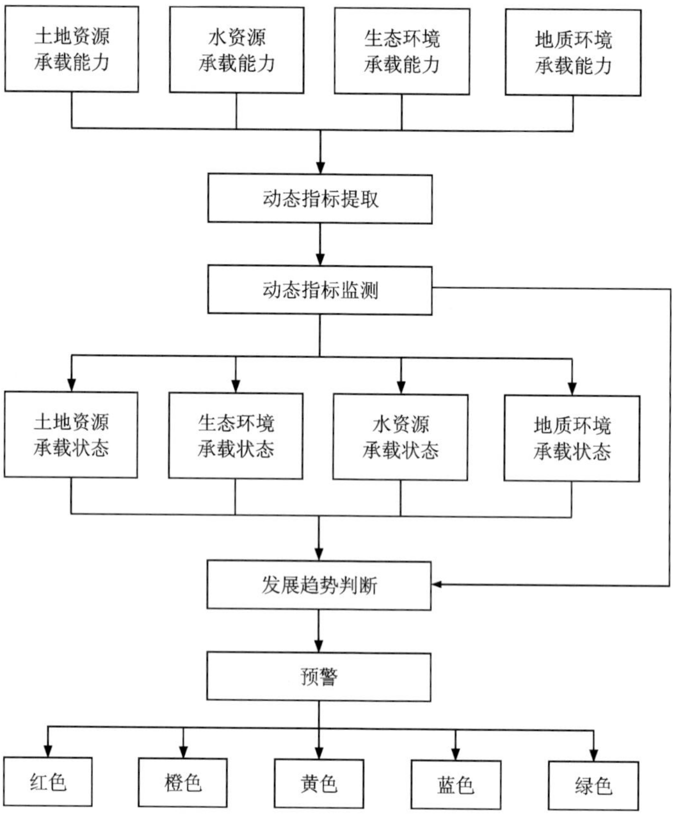

图 2　自然资源环境承载能力监测预警工作流程

5.4　评价单元

以网格作为评价单元。市级评价方格网的尺寸为 250 m×250 m，县级评价为 100 m×100 m。

5.5　汇总单元

市级评价的汇总单元以自然地理条件、社会经济条件等原则确定，或按网格评价单元空间分析（参见附录 D）的结果确定。

县级评价的汇总单元按网格评价单元空间分析（参见附录 D）的结果确定。

5.6　评价单元属性数据的获取

将评价单元（方格网，面状数据）与待传递属性的面状数据空间叠加，每个评价单元按面积权重获取属性（图 3）。

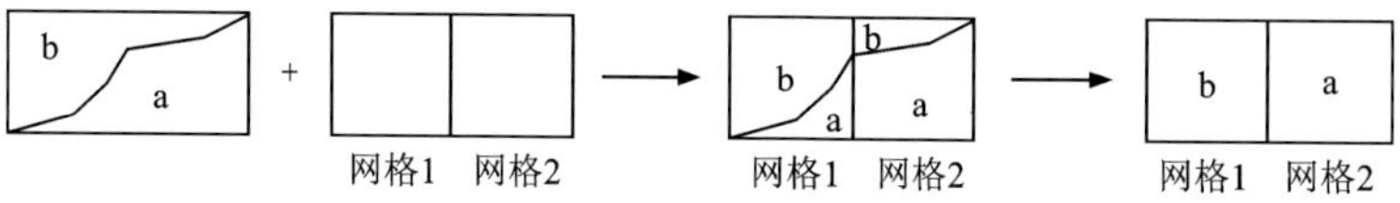

图 3　评价单元属性数据的获取

6　生态重要性和敏感性评价

6.1　生态重要性评价

生态重要性评价包括水源涵养、生物多样性保护，按重要性由低到高依次划分为 4 个级别，即一般重要、中等重要、高度重要、极重要。

水源涵养功能重要性的分级方法见表 1。

表 1　水源涵养功能重要性分级

重要性级别	重要性程度	水系流域范围及植被类型
Ⅰ级	极高	水源保护地； 干流两侧 2 km 范围内，一级支流两侧 1 km 范围内，或二级河流两侧 200 m 范围内（中心城区除外）； 常绿阔叶林，或常绿针叶阔叶混交林，或常绿落叶阔叶混交林
Ⅱ级	高	干流两侧 2 km～4 km 范围内，一级支流两侧 1 km～2 km 范围内，或二级支流两侧 200 m～400 m 范围内（中心城区除外）； 竹林，或常绿针叶林
Ⅲ级	中	干流两侧 4 km～6 km 范围内，一级支流两侧 2 km～3 km 范围内，或二级支流两侧 400 m～600 m 范围内（中心城区除外）； 灌丛，或落叶阔叶林，或针阔混交林，或经济林木
Ⅳ级	低	其他地区
注：干流、一级支流、二级支流按 DB 43/023—2005 附录 B—1　湖南省主要水系地表水环境功能区划脉络表（河流）中的规定。		

生物多样性保护重要性的分级方法见表 2。

表 2　生物多样性保护重要性分级

重要性级别	重要性程度	分级标准
Ⅰ级	极高	国家保护物种分布区；国家级自然保护区、森林公园、湿地公园、地质公园
Ⅱ级	高	省级保护物种分布区；省级自然保护区、森林公园、湿地公园、地质公园
Ⅲ级	中	县级自然保护区、森林公园、湿地公园、地质公园
Ⅳ级	低	其他地区

生态重要性的分级方法见表 3。

表 3　生态重要性分级

水源涵养功能重要性	生物多样性保护重要性			
	Ⅰ级	Ⅱ级	Ⅲ级	Ⅳ级
Ⅰ级	极重要	极重要	极重要	极重要
Ⅱ级	极重要	高度重要	高度重要	高度重要
Ⅲ级	极重要	高度重要	中等重要	中等重要
Ⅳ级	极重要	高度重要	中等重要	一般重要

6.2 生态敏感性评价

生态敏感性评价包括水土流失敏感性、石漠化敏感性，按敏感性由低到高依次划分为4个级别，即一般敏感、中度敏感、高度敏感、极敏感。

水土流失敏感性的分级方法见表4。

表4 水土流失敏感性分级

水土流失敏感性	因素			
	降雨侵蚀力/(MJ · mm · hm^{-2} · h^{-1} · a^{-1})	土壤质地	地形起伏度(m)	植被覆盖度
不敏感	≤25	砾质土、砾石土	[0,20]	≥0.8
轻度敏感	(25,100]	壤质砂土、黏土	(20,50]	[0.6,0.8)
中度敏感	(100,400]	砂质壤土、壤土	(50,100]	[0.4,0.6)
高度敏感	(400,600]	粉砂质壤土、砂质黏壤土、黏壤土	(100,300]	[0.2,0.4)
极敏感	>600	粉砂质黏壤土、砂质黏土、壤质黏土、粉砂质黏土	>300	<0.2
注：降雨侵蚀力、地形起伏度、植被覆盖度的计算方法见附录E；土壤质地分级标准见附录F。				

石漠化敏感性的分级方法见表5。

表5 石漠化敏感性分级

石漠化敏感性	因素		
	碳酸岩出露面积百分比/%	地形坡度/(°)	植被覆盖度
不敏感	≤10	≤5	≥0.8
轻度敏感	(10,30]	(5,8]	[0.6,0.8)
中度敏感	(30,50]	(8,15]	[0.4,0.6)
高度敏感	(50,70]	(15,25]	[0.2,0.4)
极敏感	>70	>25	<0.2
注：植被覆盖度的计算方法见附录E。			

生态敏感性与水土流失敏感性、石漠化敏感性中敏感性程度最高的相同。当水土流失敏感性、石漠化敏感性均为轻度敏感或不敏感时，生态敏感性为一般敏感。

7 农业开发适宜性评价

7.1 农业开发适宜性等级

农业开发适宜性按适宜性程度由高到低划分为高适宜、中适宜、低适宜、不适宜4个等级。

7.2 指标体系和计算方法

农业开发适宜性得分计算方法见式(1)。

$$L_{农} = \prod_{i=1}^{m} J_{农i} \times \sum_{k=1}^{n} w_{农k} X_{农k} \tag{1}$$

式中：

$L_{农}$——农业开发适宜性得分；

i——禁止性指标编号；

m——禁止性指标个数；

$J_{农i}$——第 i 个禁止性指标的得分；

k——限制性指标编号；

n——限制性指标个数；

$w_{农k}$——限制性指标的权重；

$X_{农k}$——第 k 个限制性指标的得分。

对符合禁止性指标的，赋值为 0；禁止性指标之外的，赋值为 1。限制性指标的分值越高表示越适宜进行农业开发。农业开发适宜性评价指标、分值、权重等见表 6。

表 6　农业开发适宜性评价指标体系

类型	指标	指标分类	分值（$J_{农i}$、$X_{农k}$）	权重（$w_{农k}$）
禁止性指标	生态重要性和敏感性	生态极重要或极敏感区域	0	
		其他	1	
	水域	河流、湖泊、水库等	0	
		其他	1	
	土壤环境	劣于农用地土壤污染风险管制值[a]	0	
		优于农用地土壤污染风险管制值[a]	1	
	水环境[b]	劣于农田灌溉用水水质基本控制项目标准值[c]	0	
		优于农田灌溉用水水质基本控制项目标准值[c]	1	
	洪水位线	河流、湖泊洪水位线以下	0	
		河流、湖泊洪水位线以上	1	
	坡度	$>25°$	0	
	土层厚度	<30 cm	0	
限制性指标	生态重要性和敏感性	高度重要或高度敏感	20	0.2
		中等重要或中度敏感	60	
		一般重要或一般敏感	100	
	坡度	(15°,25°]	20	0.2
		(8°,15°]	60	
		(2°,8°]	80	
		[0°,2°]	100	

续表 6

类型	指标	指标分类	分值 ($J_{农i}$、$X_{农k}$)	权重 ($w_{农k}$)
限制性指标	蓄滞洪区	重要蓄滞洪区	30	0.1
		一般蓄滞洪区	50	
		蓄滞洪保留区	70	
		非蓄滞洪区	100	
	地质灾害易发程度[d]	高易发区	60	0.05
		中易发区	80	
		低易发区	90	
		其他	100	
	土层厚度(cm)	[30,60)	60	0.15
		[60,90)	80	
		≥90	100	
	土壤质地[e]	砾质土	10	0.2
		壤质砂土、砂质壤土、砂质黏土、壤质黏土、粉砂质黏土、黏土	50	
		壤土、粉砂质壤土、砂质黏壤土、黏壤土、粉砂质黏壤土	100	
	微观地貌	山肩、山顶	10	0.1
		背坡	30	
		麓坡	60	
		趾坡、岗地	90	
		平原、台地	100	

注:a 农用地土壤污染风险管制值按 GB 15618—2018 中的规定。
b 水环境包括对农业开发有影响的地表水环境和地下水环境。
c 农田灌溉用水水质基本控制项目标准值按 GB 5084 中的规定。
d 地质灾害易发程度按 DZ/T 0286—2015 中的规定进行评价。
e 土壤质地分级标准见附录 F。

农业开发适宜性评价中的指标、分值、权重可在满足以下全部条件的情况下根据实际情况调整:

表 6 中所列的禁止性指标需全部保留;

以生态保护、耕地保护为基本导向;

给出充分的说明和理由;

经自然资源环境承载能力评价工作组织部门的同意。

根据式(1)计算出农业开发适宜性得分 $L_{农}$,按表 7 进行农业开发适宜性分级。如实际工作中对指标、分值或权重进行了调整,需重新论证和划分不同农业开发适宜性等级对应的农业开发适宜性得分 $L_{农}$ 范围。

表 7　农业开发适宜性分级

等级	不适宜	低适宜	中适宜	高适宜
适宜性得分 $L_{农}$	0	(0,65]	(65,85]	(85,100]

8　建设开发适宜性评价

8.1　建设开发适宜性等级

建设开发适宜性按适宜性程度由高到低划分为高适宜、中适宜、低适宜、不适宜 4 个等级。

8.2　指标体系和计算方法

建设开发适宜性得分计算方法见式(2)。

$$L_{建} = \prod_{i=1}^{m} J_{建i} \times \sum_{k=1}^{n} w_{建k} X_{建k} \tag{2}$$

式中：

$L_{建}$——建设开发适宜性得分；

i——禁止性指标编号；

m——禁止性指标个数；

$J_{建i}$——第 i 个禁止性指标的得分；

k——限制性指标编号；

n——限制性指标个数；

$w_{建k}$——限制性指标的权重；

$X_{建k}$——第 k 个限制性指标的得分。

对符合禁止性指标的，赋值为 0；禁止性指标之外的，赋值为 1。限制性指标的分值越高表示越适宜进行建设开发。建设开发适宜性评价指标、分值见表 8。

表 8　建设开发适宜性评价指标体系

类型	指标	分类	分值($J_{建i}$、$X_{建k}$)		
			市级评价		县级评价
			城市化地区	农产品主产区、重点生态功能区	
禁止性指标	生态重要性和敏感性	生态极重要或极敏感区域	0	0	0
		其他区域	1	1	1
	水域	河流、湖泊、水库等	0	0	0
		其他	1	1	1
	洪水位线	河流、湖泊洪水位线以下	0	0	0
		河流、湖泊洪水位线以上	1	1	1
	坡度	>25°	0	0	0

续表 8

类型	指标	分类	分值（$J_{建i}$、$X_{建k}$）		
			市级评价		县级评价
			城市化地区	农产品主产区、重点生态功能区	
限制性指标	生态重要性和敏感性	高度重要或高度敏感	30	20	30
		中等重要或中度敏感	60	60	60
		一般重要或一般敏感	100	100	100
	农用地质量	耕地质量高于评价区域平均利用等[a]	20	20	20
		耕地质量低于评价区域平均利用等[a]	60	40	60
	坡度	大于 25%，且小于等于 46.63%(25°)	10	20	10
		≤25%	100	100	100
	地质灾害易发程度[b]	高易发区	40	50	40
		中易发区	60	60	60
		低易发区	80	80	80
		无地质灾害风险	100	100	100
	蓄滞洪区	蓄滞洪区	20	20	20
		其他	100	100	100

注：a 耕地平均利用等按 GB/T 28407—2012 中的规定进行评价。
b 地质灾害易发程度按 DZ/T 0286—2015 中的规定进行评价。

限制性指标的权重见表 9。

表 9　建设开发适宜性评价限制性指标权重（$w_{建k}$）

限制性指标	市级			县级	
	城市化地区	农产品主产区	重点生态功能区	中心城区	非中心城区
生态重要性和敏感性	0.4	0.45	0.45	0.4	0.45
农用地质量	0.15	0.25	0.2	0.15	0.2
坡度	0.25	0.2	0.25	0.3	0.25
地质灾害易发程度	0.1	0.05	0.05	0.05	0.05
蓄滞洪区	0.1	0.05	0.05	0.1	0.05

建设开发适宜性评价中的指标、分值、权重可在满足以下全部条件的前提下根据实际情况调整：
表 8 中所列的禁止性指标需全部保留；
以生态保护、耕地保护为基本导向；
给出充分的说明和理由；
经自然资源环境承载能力评价工作组织部门的同意。

按表 10 确定建设开发适宜性等级。如实际工作中对指标、分值或权重进行了调整，需重新论证和划分不同建设开发适宜性等级对应的建设开发适宜性得分 $L_{建}$ 范围。

表 10　建设开发适宜性分级

等级	不适宜	低适宜	中适宜	高适宜
适宜性得分 $L_{建}$	0	＜75	[75,85)	[85,100]

9　土地资源承载能力评价

9.1　建设用地承载能力评价

9.1.1　指标

建设用地承载能力用建设用地压力状态指数表征。

9.1.2　评价方法

9.1.2.1　按式(3)计算建设用地现状开发强度。

$$P_N = \frac{C}{S} \tag{3}$$

式中：

P_N——汇总单元建设用地现状开发强度；

C——汇总单元现状建设用地面积；

S——汇总单元总面积。

9.1.2.2　按式(4)计算建设用地极限开发强度。

$$P_M = \frac{E}{S} \tag{4}$$

式中：

P_M——汇总单元建设用地极限开发强度；

S——汇总单元总面积；

E——建设开发适宜性评价中的高适宜区、中适宜区与现状建设用地在水平面上并集的面积。

9.1.2.3　按式(5)计算建设用地现状开发程度。

$$P = \frac{P_N}{P_M} \tag{5}$$

式中：

P——汇总单元建设用地现状开发程度；

P_N——汇总单元建设用地现状开发强度；

P_M——汇总单元建设用地极限开发强度。

9.1.2.4　按式(6)计算现状建设用地布局匹配度。

$$R = \frac{S_1 + 0.8S_2}{C} \tag{6}$$

式中：

R——汇总单元现状建设用地布局匹配度；

S_1——汇总单元现状建设用地位于高适宜建设区面积；

S_2——汇总单元现状建设用地位于中适宜建设区面积；

C——汇总单元现状建设用地面积。

9.1.2.5　按式(7)计算建设用地压力状态指数。

$$D = \frac{[P/(1-P(1-R))] - T}{T} \tag{7}$$

式中：

D——汇总单元建设用地压力状态指数；

P——汇总单元建设用地现状开发程度；

R——汇总单元现状建设用地布局匹配度；

T——汇总单元适宜建设开发程度的阈值(表 11)。

表 11　适宜建设开发程度的阈值

	自然资源环境类型	适宜建设开发程度的阈值	
		地级市辖区	其他
市级评价	城市化地区	100%	40%
	农产品主产区	50%	30%
	重点生态功能区	25%	15%
县级评价	中心城区	100%	100%
	非中心城区	25%	25%

9.1.2.6　按表 12 判断建设用地承载状态。

表 12　建设用地承载状态判断

建设用地承载状态	不超载	临界	超载
判断条件	$D<-0.2$	$-0.2\leqslant D\leqslant 0.1$	$D>0.1$

9.2　耕地承载能力评价

9.2.1　评价区域筛选

对非农业人口高于 70%，且第二、三产业产值在地区生产总值中的比重高于 75% 的地区不评价耕地承载能力。

9.2.2　指标

在农业开发适宜性评价的基础上，以汇总单元的耕地承载指数表征耕地承载能力。

9.2.3　评价方法

9.2.3.1　按式(8)计算汇总单元人均耕地生产能力：

$$F_P = \sum \frac{S_i F_i}{N} \tag{8}$$

式中：

F_P——人均耕地生产能力；

S_i——第 i 宗耕地面积；

F_i——第 i 宗耕地的粮食生产当量；

N——汇总单元常住人口。

粮食生产当量按农业部门统计数据计算，或按《中国耕地质量等级调查与评定（湖南卷）》中给出的标准粮产量和耕地等级折算系数计算得出。

9.2.3.2　按式(9)计算汇总单元的耕地承载指数：

$$A=\frac{[F_P+F_a(S_y-S_x)/N]-V}{V} \tag{9}$$

式中：

A——汇总单元的耕地承载指数；

F_P——人均耕地生产能力；

S_y——农业开发适宜性评价中高适宜区、中适宜区、低适宜区面积之和；

S_x——现状耕地面积；

F_a——汇总单元现状耕地面积加权平均等别对应的粮食生产当量；

N——汇总单元常住人口；

V——人均耕地生产能力预警阈值（农产品主产区、城市化地区、重点生态功能区分别为 600 kg/人、400 kg/人、400 kg/人）。

9.2.3.3　按以下原则判断耕地承载状态：

若某汇总单元的耕地承载指数 $A \geqslant 0.3$ 时，耕地承载状态为不超载；$-0.1 < A < 0.3$ 时，耕地承载状态为临界；$A \leqslant -0.1$ 时，耕地承载状态为超载。

10　水资源承载能力评价

10.1　地表水资源承载能力评价

地表水资源承载能力评价综合考虑水资源利用率和用水总量。

水资源利用率和用水总量以水利部门发布的统计数据为准。

按表 13 判断地表水资源承载状态。

表 13　地表水资源承载状态分级标准

地表水资源承载状态	不超载	临界超载	超载
水资源利用率	<40%	[40%,60%]	>60%
用水总量	低于实行最严格水资源管理制度确立的控制指标	介于实行最严格水资源管理制度确立的控制指标的 0.9 倍到 1 倍之间	高于实行最严格水资源管理制度确立的控制指标

10.2　地下水资源承载能力评价

10.2.1　指标

10.2.1.1　地下水资源承载能力评价用地下水开采程度、地下水水位相对下降点占比或泉流量相对衰减点占比表征。

10.2.1.2　资料充分的情况下，应优先采用地下水开采程度判别地下水资源承载状态。如不能获取可靠的地下水开采量数据，采用各级地下水监测网络的监测点数据，以地下水水位相对下降点占比判别地下水资源承载状态。岩溶地区、丘陵山区可采用泉流量相对衰减点占比判别地下水资源承载状态。

10.2.2　评价方法

10.2.2.1　以汇总单元地下水开采程度判别地下水资源承载状态时，按表 14 确定汇总单元地下水资源承载状态。

表 14 地下水资源承载状态分级标准(1)

承载状态	不超载	临界	超载
地下水开采程度/%	[0,70]	(70,100]	>100

10.2.2.2 以汇总单元地下水水位相对下降点占比判别地下水资源承载状态时,按如下方法确定汇总单元地下水资源承载状态:

以当年枯水期的地下水水位平均值作为当年地下水水位值。以历史监测数据中相对稳定且保持良好生态环境的枯水期地下水水位值作为历史稳定值。在历史监测数据资料不全的地区,可以地下水资源可持续利用且不引发严重生态环境问题为原则在科学论证的基础上设定各类型区主要含水层的地下水控制水位值。比较各监测点当年地下水水位值与历史稳定值或地下水控制水位值,以降幅大于0.5 m作为相对下降标准,统计区域相对下降的地下水水位监测点数量。计算地下水水位相对下降点占比,按表 15 确定地下水资源承载状态。

表 15 地下水资源承载状态分级标准(2)

承载状态	不超载	临界	超载
地下水水位相对下降点占比/%	0	(0,10]	>10

10.2.2.3 以泉流量相对衰减点占比判别地下水资源承载状态时,按如下方法确定地下水资源承载状态:

以当年枯水期的泉流量平均值作为当年泉流量值。以历史监测数据中,相对稳定且保持良好生态环境的枯水期泉流量值作为历史稳定值。比较各监测泉当年泉流量值与历史稳定值,以衰减率大于20%作为相对衰减标准,统计区域相对衰减的监测泉数量。计算泉流量相对衰减点占比,按表 16 确定地下水资源承载状态。

表 16 地下水资源承载状态分级标准(3)

承载状态	不超载	临界	超载
泉流量相对衰减点占比/%	0	(0,10]	>10

11 生态环境承载能力评价

11.1 指标体系

不同自然资源环境类型区采用的指标见表 17。

表 17 生态环境承载能力评价指标体系

指标		市级评价			县级评价	
		城市化地区	农产品主产区	重点生态功能区	中心城区	非中心城区
生态功能	水源涵养指数		√	√		√
	土地退化指数		√	√		√
	栖息地面积指数		√	√		√
大气环境	大气污染物浓度超标指数	√	√	√	√	√
	城市环境空气质量($PM_{2.5}$)	√			√	

续表 17

指标		市级评价			县级评价	
		城市化地区	农产品主产区	重点生态功能区	中心城区	非中心城区
水环境	水污染物浓度超标指数	√	√	√	√	√
	城市水环境质量(黑臭水体)	√			√	
耕地质量	耕地质量变化指数		√			√
注:划"√"的为必须参与评价的指标;未划"√"的为可选指标。						

11.2 计算方法

11.2.1 水源涵养指数

11.2.1.1 水源涵养指数为单位面积水源涵养量与单位面积降雨量的比值。水源涵养量计算方法参见附录 E。

11.2.1.2 按照水源涵养指数大于 10%、介于 3%～10%之间、小于 3%的区间,将水源涵养指数分别划分为Ⅰ级、Ⅱ级、Ⅲ级。

11.2.2 土地退化指数

11.2.2.1 土地退化指数为区域内已经发生的中度及以上水土流失和土地石漠化的土地面积比例。

11.2.2.2 按照土地退化指数小于 5%、介于 5%～10%之间、大于 10%的区间,将土地退化指数分别划分为Ⅰ级、Ⅱ级、Ⅲ级。

11.2.3 栖息地面积指数

11.2.3.1 栖息地面积指数为森林、灌丛、草地和湿地等的面积之和占区域总面积的比例。

11.2.3.2 按照栖息地面积指数大于 75%、介于 50%～75%之间、小于 50%的区间,将栖息地面积指数分别划分为Ⅰ级、Ⅱ级、Ⅲ级。

11.2.4 大气污染物浓度超标指数

11.2.4.1 大气污染物浓度超标指数的计算方法参见附录 E。

11.2.4.2 按照未超标、接近超标和超标,将大气污染物浓度超标指数分别划分为Ⅰ级、Ⅱ级、Ⅲ级。

11.2.5 城市环境空气质量($PM_{2.5}$)

11.2.5.1 城市环境空气质量($PM_{2.5}$)数据采用环境监测站点提供的数据。标准值采用《环境空气质量标准》(GB 3095—2012)中规定的值。

11.2.5.2 城市环境空气质量($PM_{2.5}$)等级划分标准见表 18。

表 18 城市环境空气质量($PM_{2.5}$)等级划分标准

区域	$PM_{2.5}$超标天数		
	Ⅰ级	Ⅱ级	Ⅲ级
限制开发区	<60	[60,120]	>120
其中:城区	<30	[30,90]	>90
重点开发区	<120	[120,180]	>180
其中:城区	<60	[60,120]	>120
注:限制开发区、重点开发区按《湖南省主体功能区规划》中的规划分区。			

11.2.6 水污染物浓度超标指数

11.2.6.1 水污染物浓度超标指数的计算方法参见附录 E。

11.2.6.2 按照未超标、接近超标和超标,将水污染物浓度超标指数分别划分为Ⅰ级、Ⅱ级、Ⅲ级。

11.2.7 城市水环境质量(黑臭水体)

11.2.7.1 城市黑臭水体污染程度的分级标准参见附录 E。

11.2.7.2 按表 19 将城市水环境质量(黑臭水体)划分为Ⅰ级、Ⅱ级、Ⅲ级。

表 19 城市水环境质量(黑臭水体)等级划分

黑臭水体密度	重度黑臭比例		
	轻度	中度	重度
轻度	Ⅰ级	Ⅱ级	Ⅱ级
中度	Ⅰ级	Ⅱ级	Ⅲ级
重度	Ⅱ级	Ⅲ级	Ⅲ级

11.2.8 耕地质量变化指数

11.2.8.1 耕地质量变化指数的计算方法参见附录 E。

11.2.8.2 按照耕地质量变化指数小于 0、等于 0、大于 0,将耕地质量变化指数分别划分为Ⅰ级、Ⅱ级、Ⅲ级。

11.3 承载状态判断

参评指标中,只要有 1 个指标为Ⅲ级或 3 个以上为Ⅱ级则生态环境承载状态为超载;没有Ⅲ级,有 1 个或以上为Ⅱ级则生态环境承载状态为临界;其他情形为不超载。

12 地质环境承载能力评价

12.1 指标体系

按评价单元功能的不同,按表 20 将其划分为工程建设类和农业生态类。

表 20　评价单元功能区划分

功能分类	工程建设类	农业生态类
地类	商服用地、工矿仓储用地、住宅用地、公共管理与公共服务用地、特殊用地、交通运输用地	耕地、园地、林地、草地、水域及水利设施用地、其他土地
表中的地类分类按 GB/T 21010—2017。		

工程建设类和农业生态类地质环境承载能力评价指标体系见表 21。

表 21　地质环境承载能力评价指标体系

评价单元功能	指标	评价单元功能	指标
工程建设类	崩塌滑坡泥石流危险性	农业生态类	损毁土地程度
	岩溶塌陷危险性		土壤环境地球化学等级
	采空塌陷危险性		

12.2　指标分级方法

崩塌滑坡泥石流危险性、岩溶塌陷危险性、采空塌陷危险性按 DZ/T 0286 中“地质灾害危险性预测评估”的规定进行评价。

12.2.1　损毁土地程度等级划分

统计自然和人为因素引起的灾毁土地面积总和，按照表 22 进行分级评价。

表 22　损毁土地程度等级

等级	Ⅰ级	Ⅱ级	Ⅲ级
面积/km^2	<0.1	[0.1,1]	>1

土壤环境地球化学等级：根据 DZ/T 0295—2016 中第 10.3 节“土壤环境地球化学等级”进行分级评价。

12.2.2　承载状态判断

12.2.2.1　按式(10)计算评价单元的地质环境承载状态得分。

$$F = \sum w_i f_i \tag{10}$$

式中：

F——地质环境承载状态得分；

w_i——第 i 个地质环境状态评价指标的权重；

f_i——第 i 个地质环境状态评价指标的分值(表 23)。

表 23　地质环境承载状态评价分值和权重

评价单元功能	指标	得分						权重
工程建设类	崩塌、滑坡、泥石流危险性	指标值	小	中	大			0.6
		分值	1	0.6	0.2			
	岩溶塌陷危险性	指标值	小	中	大			0.2
		分值	1	0.6	0.2			
	采空塌陷危险性	指标值	小	中	大			0.2
		分值	1	0.6	0.2			

续表 23

评价单元功能	指标	得分						权重
农业生态类	损毁土地程度	指标值	Ⅰ级	Ⅱ级	Ⅲ级			0.5
		分值	1	0.6	0.2			
	土壤环境地球化学等级	指标值	一等	二等	三等	四等	五等	0.5
		分值	1	0.75	0.5	0.25	0	

12.2.2.2　按式(11)计算汇总单元的地质环境承载状态得分。

$$D = \frac{\sum F_j S_j}{\sum S_j} \tag{11}$$

式中：

D——汇总单元的地质环境承载状态得分；

F_j——第 j 个评价单元的地质环境承载状态得分；

S_j——第 j 个评价单元的面积。

12.2.2.3　按表 24 确定汇总单元的地质环境承载状态等级。

表 24　地质环境承载状态等级

地质环境承载状态等级	不超载	均衡	超载
地质环境承载状态得分	(0.4,1]	(0.2,0.4]	[0,0.2]

13　自然资源环境综合承载能力评价

13.1　综合承载状态评价

在土地资源、水资源、生态环境、地质环境承载能力评价的基础上，按“短板效应”进行承载状态判断，即土地资源、水资源、生态环境、地质环境等要素中，如果任意 1 个要素超载或 2 个以上要素临界超载则自然资源环境综合承载状态确定为超载；如果任意 1 个要素临界超载且没有超载的要素，则自然资源环境综合承载状态确定为临界超载；如果所有要素均不超载，则自然资源环境综合承载状态确定为不超载。

13.2　综合承载压力评价

13.2.1　指标

自然资源环境综合承载压力用综合承载指数表征。

13.2.2　评价方法

13.2.2.1　对汇总单元建设用地压力状态指数、耕地承载指数、水资源利用率(修正后)、生态环境承载状态、地质环境承载状态得分分别进行 0～1 标准化。标准化值越接近 0，表示承载状态越超载；标准化值越接近 1，表示承载状态越不超载。

13.2.2.2　按式(12)计算综合承载指数的计算方法。汇总单元的综合承载指数越大，表示其承载压力越小。

$$L = \sum w_k Y_k \tag{12}$$

式中：

L——综合承载指数；

k——表 25 中的要素编号；

w_k——第 k 个要素的权重(表 25)；

Y_k——第 k 个要素的标准化值。

表 25　自然资源环境综合承载压力评价各要素权重

序号	要素	考虑全部要素时	不考虑耕地承载状态时
1	建设用地压力状态指数	0.2	0.35
2	耕地承载指数	0.2	0
3	水资源利用率(修正后)	0.2	0.25
4	生态环境承载状态得分	0.3	0.3
5	地质环境承载状态得分	0.1	0.1

13.2.2.3　汇总单元的综合承载压力分为压力极大、压力大、压力较大、压力适中、压力小、几乎无压力 6 个级别。分级标准见表 26。

表 26　综合承载压力分级

综合承载压力	压力极大	压力大	压力较大	压力适中	压力小	几乎无压力
分值	[0,0.2]	(0.2,0.4]	(0.4,0.6]	(0.6,0.75]	(0.75,0.9]	(0.9,1]

14　自然资源环境承载能力监测预警

14.1　基本要求

对建设用地承载能力、耕地承载能力、水资源承载能力、生态环境承载能力、地质环境承载能力中的变动幅度较大的指标进行监测。得到指标监测数据后，应进行发展趋势、警情、承载状态分析。

预警等级从高到低依次为红色、橙色、黄色、蓝色、绿色(颜色及配色方案见附录 B)。

14.2　监测指标与频次

监测指标与频次见表 27。

表 27　监测指标与频次

序号	类别	监测指标	频次	
			一般监测区	重点监测区
1	建设用地承载能力	建设用地现状开发强度、建设用地压力状态指数	1 次/年	不少于 1 次/半年
2	耕地承载能力	人均耕地生产能力、耕地承载指数	1 次/年	不少于 1 次/半年
3	水资源承载能力	水资源利用效率变化、地下水水位相对下降点占比、泉流量相对衰减点占比	不少于 1 次/年	不少于 1 次/半年
4	生态环境承载能力	水污染物排放强度变化、大气污染物排放强度变化、林草覆盖率变化	1 次/年	不少于 1 次/半年
5	地质环境承载能力	崩塌滑坡泥石流风险性	不少于 1 次/年	不少于 1 次/半年
自然资源环境综合承载状态为不超载的区域为普通监测区，临界超载、超载的区域为重点监测区				

14.3　发展趋势判断

14.3.1　建设用地承载能力发展趋势判断

14.3.1.1　按式(13)计算建设用地现状开发强度变化率 ΔP_N：

$$\Delta P_N = \frac{\Delta P_{N,1} - \Delta P_{N,0}}{\Delta P_{N,0}} \times 100\% \tag{13}$$

式中：

ΔP_N——汇总单元的建设用地现状开发强度变化率；

$\Delta P_{N,1}$——本次监测到的建设用地现状开发强度；

$\Delta P_{N,0}$——上次监测到的建设用地现状开发强度。

14.3.1.2　按式(14)计算建设用地压力状态指数变化率 ΔD：

$$\Delta D = \frac{\Delta D_1 - \Delta D_0}{\Delta D_0} \times 100\% \tag{14}$$

式中：

ΔD——汇总单元的建设用地压力状态指数变化率；

ΔD_1——本次监测到的建设用地压力状态指数；

ΔD_0——上次监测到的建设用地压力状态指数。

14.3.1.3　按表 28 判断建设用地承载能力发展趋势。

表 28　建设用地承载能力发展趋势判断

建设用地现状开发强度变化率 ΔP_N	建设用地压力状态指数变化率 ΔD		
	≤0	(0,5%]	>5%
≤0	变优	稳定	变劣
(0,10%]	变优	稳定	变劣
>10%	变优	变劣	变劣

14.3.2　耕地承载能力发展趋势判断

14.3.2.1　按式(15)计算人均耕地生产能力变化率 ΔF_P：

$$\Delta F_P = \frac{\Delta F_{P,1} - \Delta F_{P,0}}{\Delta F_{P,0}} \times 100\% \tag{15}$$

式中：

ΔF_P——汇总单元的人均耕地生产能力变化率；

$\Delta F_{P,1}$——本次监测到的人均耕地生产能力；

$\Delta F_{P,0}$——上次监测到的人均耕地生产能力。

14.3.2.2　按式(16)计算耕地承载指数变化率 ΔA：

$$\Delta A = \frac{\Delta A_1 - \Delta A_0}{\Delta A_0} \times 100\% \tag{16}$$

式中：

ΔA——汇总单元的耕地承载指数变化率；

ΔA_1——本次监测到的耕地承载指数；

ΔA_0——上次监测到的耕地承载指数。

14.3.2.3　按表 29 判断耕地承载能力发展趋势。

表 29　耕地承载能力发展趋势判断

人均耕地生产能力变化率	耕地承载指数变化率		
	<0	[0,10%)	≥10%
<0	变劣	变劣	变优
[0,5%)	变劣	稳定	变优
≥5%	变劣	稳定	变优

14.3.3　水资源承载能力发展趋势判断

14.3.3.1　按式(17)计算水资源利用效率变化：

$$W=\sqrt[10]{\frac{W_t \cdot G_{DP,t+10}}{W_{t+10} \cdot G_{DP,t}}}-1 \qquad (17)$$

式中：

W——水资源利用效率变化；

t——基准年；

W_t—基准年区域内用水总量；

$G_{DP,t}$——基准年区域生产总值；

W_{t+10}——基准年后第 10 年区域内用水总量；

$G_{DP,t+10}$——基准年后第 10 年区域生产总值。

14.3.3.2　按式(18)计算地下水水位相对下降点占比变化率或泉流量相对衰减点占比变化率：

$$\Delta x=\frac{\Delta x_1-\Delta \bar{x}}{\Delta \bar{x}}\times 100\% \qquad (18)$$

式中：

Δx——汇总单元的地下水水位相对下降点占比变化率或泉流量相对衰减点占比变化率；

Δx_1——本次监测到的地下水水位相对下降点占比或泉流量相对衰减点占比；

$\Delta \bar{x}$——汇总单元地下水水位相对下降点占比或泉流量相对衰减点占比近 10 年平均值。

14.3.3.3　按表 30 判断水资源承载能力发展趋势。

表 30　水资源承载能力发展趋势判断

水资源承载能力发展趋势	变优	稳定	变劣
地下水水位相对下降点占比变化率或泉流量相对衰减点占比变化率	<−10%	[−10%,10%)	≥10%
水资源利用效率变化	年均增速高于全省平均水平	年均增速与全省平均水平持平	年均增速低于全省平均水平

14.3.4　生态环境承载能力发展趋势判断

14.3.4.1　按表 31 判断生态环境承载能力发展趋势。

空间，考虑到其
考虑农民的工作
空间。
。

附　录　C
（资料性附录）
报告提纲

本附录分别给出了供参考的自然资源环境承载能力评价报告、监测预警报告的提纲(见 C.1、C.2)。鼓励本标准使用者在编写自然资源环境承载能力评价报告、监测预警报告过程中进行创新。

C.1　自然资源环境承载能力评价报告提纲

建议自然资源环境承载能力评价报告包含以下内容：

前言：介绍项目背景、主要任务、工作完成情况、资料来源等基本情况。

自然资源环境现状及限制性分析：阐述评价区域社会经济、自然地理、自然资源环境概况。重点介绍土地资源、水资源、生态环境、地质环境的基本特点，剖析存在的主要问题。

自然资源环境类型区划分：阐述自然资源环境类型区划分方法、结果和合理性。

生态重要性和敏感性评价：阐述生态重要性和敏感性评价的方法和结果，并就各重要性、敏感性级别的空间分布、面积等进行分析。

土地开发适宜性评价：阐述建设开发、耕地开发适宜性评价的方法和结果，并就各适宜性级别的空间分布、面积等进行分析，识别主要短板因子。

生态环境承载能力评价：阐述建设开发、耕地开发适宜性评价的方法和结果。

土地资源承载能力评价：阐述建设开发、耕地开发承载能力评价的方法和结果。

水资源承载能力评价：阐述水资源承载能力评价的方法和结果。

地质环境承载能力评价：阐述地质环境承载能力评价的方法和结果。

自然资源环境综合承载能力评价：阐述自然资源环境综合承载能力评价的方法和结果。

问题及建议：根据评价结论，剖析存在的自然资源环境问题，提出相应的限制性措施和提高自然资源环境承载能力的措施。

C.2　自然资源环境承载能力监测预警报告提纲

建议自然资源环境承载能力监测预警报告包含以下内容：

前言：介绍项目背景、主要任务、工作完成情况、资料来源等基本情况。

以往承载能力评价和监测预警情况：介绍以往的承载能力评价和监测预警结果，剖析存在的主要问题。

承载能力监测：写明各指标的监测方法、过程、结果。

承载能力预警：写明生态环境、土地资源、水资源、地质环境的变化趋势、预警等级。

限制性措施：根据监测和预警结果，提出有助于承载状态趋好的限制性措施。

附　录　D
（资料性附录）
空间分析方法

本附录分别给出了供参考的属性值数值化、聚类和异常值分析（Anselin Local Moran's I）、热点分析（Getis－Ord Gi＊）方法（见 D.1、D.2、D.3）。鼓励本标准使用者在自然资源环境承载能力评价工作过程中发掘更有效的空间分析方法。

D.1　属性值数值化参考

将需要空间分析的属性值（如农业开发适宜性、建设开发适宜性、生态重要性、生态敏感性等）赋予相应的数值。所赋的数值既要考虑各属性的意义，也要考虑数值对空间分析的影响。可参考表 D.1 进行属性值数值化。

表 D.1　属性值数值示例

农业开发适宜性			建设开发适宜性			生态重要性			生态敏感性		
属性	数值	数值	属性	数值	数值	属性	数值	数值	属性	数值	数值
	按级别	按分值		按级别	按分值		按级别	按分值		按级别	按分值
高适宜	3	92	高适宜	3	93	极重要	3	90	极敏感	3	90
中适宜	2	82	中适宜	2	82	高度重要	2	80	高度敏感	2	80
低适宜	1	48	低适宜	1	51	中等重要	1	50	中等敏感	1	50
不适宜	0	0	不适宜	0	0	一般重要	0	0	一般敏感	0	0

D.2　聚类和异常值分析（Anselin Local Moran's I）

聚类和异常值分析计算 Local Moran's I 值、z 得分、伪 p 值和表示每个具有统计显著性的要素的聚类类型的编码，目的是识别具有统计显著性的热点、冷点和空间异常值。z 得分和伪 p 值表示计算出的指数值的统计显著性。

空间关联的 Local Moran's I 统计数据、统计数据的 z_{I_i} 得分的计算方法如下：

$$I_i = \frac{x_i - \overline{X}}{S_i^2} \sum_{j=1, j\neq i}^{n} w_{ij}(x_j - \overline{X}) \tag{D.1}$$

$$S_i^2 = \frac{\sum_{j=1, j\neq i}^{n} (x_j - \overline{X})^2}{n-1} \tag{D.2}$$

$$z_{I_i} = \frac{I_i - E[I_i]}{\sqrt{V[I_i]}} \tag{D.3}$$

$$E[I_i] = -\frac{\sum_{j=1, j\neq i}^{n} w_{ij}}{n-1} \tag{D.4}$$

$$V[I_i] = E[I_i^2] - E[I_2]^2 \tag{D.5}$$

式中：

x_i——要素 i 的属性；

$\overline{X}$——对应属性的平均值；

$w_{i,j}$——要素 i 和 j 之间的空间权重；

n——要素的总数目。

D.3　热点分析(Getis-Ord Gi *)

热点分析对数据集中的每一个要素计算 Getis-Ord Gi * 统计，通过得到的 z 得分和 p 值，判断高值或低值要素在空间上发生聚类的位置，目的是识别具有统计显著性的热点和冷点。

Getis-Ord Gi * 统计为：

$$G_i^* = \frac{\sum_{j=1}^{n} w_{i,j}x_j - \overline{X}\sum_{j=1}^{n} w_{i,j}}{S\sqrt{\left[n\sum_{j=1}^{n} w_{i,j}^2 - \left(\sum_{j=1}^{n} w_{i,j}\right)^2\right]/(n-1)}} \tag{D.6}$$

$$\overline{X} = \frac{\sum_{j=1}^{n} x_j}{n} \tag{D.7}$$

$$S = \sqrt{\frac{\sum_{j=1}^{n} x_j^2}{n} - (\overline{X})^2} \tag{D.8}$$

式中：

x_j——要素 j 的属性值；

$w_{i,j}$——要素 i 和 j 之间的空间权重；

n——要素总数。

附　录　E
（规范性附录）
生态环境相关指标计算方法

降雨侵蚀力、地形起伏度、植被覆盖度、水源涵养量、大气污染物浓度超标指数、水污染物浓度超标指数、城市水环境质量（黑臭水体）、耕地质量变化指数应按本附录给出的方法计算。

E.1　降雨侵蚀力

降雨侵蚀力是指降雨引发土壤侵蚀的潜在能力，通过多年平均年降雨侵蚀力反映，按式（E.1）、式（E.2）计算。

$$\overline{R}=\sum_{k=1}^{24}\overline{R}_{半月k} \tag{E.1}$$

$$\overline{R}_{半月k}=\frac{1}{n}\sum_{i=1}^{n}\sum_{j=0}^{m}(\alpha\cdot p_{i,j,k}^{1.7265}) \tag{E.2}$$

式中：

$\overline{R}$——多年平均年降雨侵蚀力（$MJ\cdot mm\cdot hm^{-2}\cdot h^{-1}\cdot a^{-1}$）；

$\overline{R}_{半月k}$——第 k 个半月的降雨侵蚀力（$MJ\cdot mm\cdot hm^{-2}\cdot h^{-1}\cdot a^{-1}$）；

k——一年的 24 个半月，$k=1,2,\cdots,24$；

i——所用降雨资料的年份，$i=1,2,\cdots,n$；

j——第 i 年第 k 个半月侵蚀性降雨日的天数，$j=1,2,\cdots,m$；

$p_{i,j,k}$——第 i 年第 k 个半月第 j 个侵蚀性日降雨量（mm），可以根据全国范围内气象站点多年的逐日降雨量资料，通过插值获得；

α——参数，暖季是 $\alpha=0.3937$，冷季是 $\alpha=0.3101$。

E.2　地形起伏度

地形起伏度表征坡长、坡度等对土壤侵蚀的影响，按式（E.3）、式（E.4）、式（E.5）、式（E.6）计算。

$$L=\left(\frac{\lambda}{22.13}\right)^{m} \tag{E.3}$$

$$m=\frac{\beta}{1+\beta} \tag{E.4}$$

$$\beta=\frac{\sin\theta}{0.089\times(3.0\times(\sin\theta)^{0.8}+0.56)} \tag{E.5}$$

$$S=\begin{cases}10.8\sin\theta+0.03 & \theta<5.14^\circ\\ 16.8\sin\theta-0.5 & 5.14^\circ\leqslant\theta<10.20^\circ\\ 21.91\sin\theta-0.96 & 10.20^\circ\leqslant\theta<28.81^\circ\\ 9.5988 & \theta\geqslant 28.81^\circ\end{cases} \tag{E.6}$$

式中：

L——坡长因子；

S——坡度因子；

m——坡长指数；

θ——坡度（°）；

λ——坡长（m）。

E.3 植被覆盖度

植被覆盖度按式(E.7)计算。

$$c = \frac{N_{\mathrm{DVI}} - N_{\mathrm{DVI,soil}}}{N_{\mathrm{DVI,veg}} - N_{\mathrm{DVI,soil}}} \tag{E.7}$$

式中：

c——植被覆盖度；

$N_{\mathrm{DVI,veg}}$——完全植被覆盖地表所贡献的信息；

$N_{\mathrm{DVI,soil}}$——无植被覆盖地表所贡献的信息。

运用地理信息系统软件进行图像处理，获取植被 NDVI 影像图，进而计算植被覆盖度。由于大部分植被覆盖类型是不同植被类型的混合体，所以不能采用固定的 $N_{\mathrm{DVI,soil}}$ 和 $N_{\mathrm{DVI,veg}}$ 值，通常根据 NDVI 的频率统计表，计算 NDVI 的频率累积值，累积频率为 2% 的 NDVI 值为 $N_{\mathrm{DVI,soil}}$，累积频率为 98% 的 NDVI 值为 $N_{\mathrm{DVI,veg}}$。

E.4 水源涵养量

水源涵养量主要与降雨量、蒸散发、地表径流量和植被覆盖类型等因素密切相关，按式(E.8)计算。

$$T_Q = \sum_{i=1}^{j}((P_i - R_i - E_{T,i}) \cdot A_i) \tag{E.8}$$

式中：

T_Q——总水源涵养量(m^3)；

P_i——降雨量(mm)；

R_i——地表径流量(mm)；

$E_{T,i}$——蒸散发(mm)；

A_i——第 i 类生态系统的面积；

i——研究区第 i 类生态系统类型；

j——研究区生态系统类型数。

其中，地表径流量(R_i)由降雨量乘以地表径流系数获得，计算公式如下：

$$R = P \cdot a \tag{E.9}$$

式中：

R——地表径流量(mm)；

P——年降雨量(mm)；

a——平均地表径流系数，如表 E.1 所示。

表 E.1 各类型生态系统地表径流系数均值表

一级生态系统类型	二级生态系统类型	平均径流系数/%
森林	常绿阔叶林	2.67
	常绿针叶林	3.02
	针阔混交林	2.29
	落叶阔叶林	1.33
	落叶针叶林	0.88
	稀疏林	19.20

附表 E.1

一级生态系统类型	二级生态系统类型	平均径流系数/%
灌丛	常绿阔叶灌丛	4.26
	落叶阔叶灌丛	4.17
	针叶灌丛	4.17
	稀疏灌丛	19.20
草地	草甸	8.20
	草原	4.78
	草丛	9.37
	稀疏草地	18.27
湿地	湿地	0.00

E.5　大气污染物浓度超标指数

E.5.1　单项大气污染物浓度超标指数

不同区域各项污染指标的超标指数按式(E.10)计算。

$$R_{气ij} = \frac{C_{ij}}{S_i} - 1 \tag{E.10}$$

式中：

$R_{气ij}$——区域 j 内第 i 项大气污染物浓度超标指数；

C_{ij}——该污染物的年均浓度监测值(其中 CO 为 24 小时平均浓度第 95 百分位，O_3 为日最大 8 小时平均浓度第 90 百分位)；

S_i——该污染物浓度的二级标准限值(采用《环境空气质量标准》(GB 3095—2012)中规定的各类大气污染物浓度限值二级标准)。

$i=1,2,\cdots,6$，分别对应 SO_2、NO_2、PM_{10}、CO、O_3、$PM_{2.5}$。

E.5.2　大气污染物浓度超标指数

大气污染物浓度超标指数按式(E.11)计算。

$$R_{气j} = \max(R_{气ij}) \tag{E.11}$$

式中：

$R_{气j}$——区域 j 的大气污染物浓度超标指数，其值为各类大气污染物浓度超标指数的最大值。

当 $R_{气j}>0$ 时，污染物浓度处于超标状态；当 $R_{气j}$ 介于 $-0.2\sim0$ 之间时，污染物浓度处于接近超标状态；当 $R_{气j}<-0.2$ 时，污染物浓度处于未超标状态。

E.6　水污染物浓度超标指数

E.6.1　单项水污染物浓度超标指数

以各控制断面主要污染物年均浓度与该项污染物一定水质目标下水质标准限值的差值作为水污染物超标量。标准限值采用国家 2020 年各控制单元水环境功能分区目标中确定的各类水污染物浓度的水质标准限值。单项水污染物浓度超标指数按式(E.12)、式(E.13)、式(E.14)计算。

$$当\ i=1\ 时,R_{水ijk}=\frac{1}{C_{ijk}/S_{ik}}-1 \tag{E.12}$$

$$当\ i=2,\cdots,7\ 时,R_{水ijk}=\frac{C_{ijk}}{S_{ik}}-1 \tag{E.13}$$

$$R_{水ij}=\frac{\sum_{k=1}^{Nj}R_{水ijk}}{N_j},i=1,2,\cdots,7 \tag{E.14}$$

式中：

$R_{水ijk}$——区域 j 第 k 个断面第 i 项水污染物浓度指标指数；

$R_{水ij}$——区域 j 第 i 项水污染浓度指标指数；

C_{ijk}——区域 j 第 k 个断面第 i 项水污染物的年均浓度监测值；

S_{ik}——第 k 个断面第 i 项水污染物的水质标准限值；

k——某一控制断面；

N_j——区域 j 内控制断面个数。

$i=1,2,\cdots,7$，分别对应 DO、BOD_5、COD_{Cr}、NH_3-N、COD_{Mn}、TN、TP。

当 k 为河流控制断面时，计算 $R_{水ijk}$，$i=1,2,3,4,5,7$；当 k 为湖库控制断面时，计算 $R_{水ijk}$，$i=1,2,3,4,5,6,7$。

E.6.2 水污染物浓度超标指数

水污染物浓度超标指数按式(E.15)、式(E.16)计算。

$$R_{水jk}=\max(R_{水ijk}) \tag{E.15}$$

$$R_{水j}=\frac{\sum_{K=1}^{N_j}R_{水jk}}{N_j} \tag{E.16}$$

式中：

$R_{水jk}$——区域 j 第 k 个断面的水污染物浓度超标指数；

$R_{水j}$——区域 j 的水污染浓度超标指数。

当 $R_{水j}>0$ 时，污染物浓度处于超标状态；当 $R_{水j}$ 介于 $-0.2\sim0$ 之间时，污染物浓度处于接近超标状态；当 $R_{水j}<-0.2$ 时，污染物浓度处于未超标状态。

E.7 城市水环境质量(黑臭水体)

城市黑臭水体污染程度的分级标准见表 E.2。

表 E.2 城市黑臭水体污染程度分级标准

特征指标/单位	轻度黑臭	重度黑臭
透明度/cm	[10,25)	<10
溶解氧(mg/L)	[0.2,2.0)	<0.2
氧化还原电位/mV	[-200,50)	<-200
氨氮(mg/L)	(8.0,15]	>15

以城市河流黑臭水体污染程度及实测长度为基础数据，分别与建设用地中的城市和建制镇面积进行比较，计算城市黑臭水体密度、重度黑臭比例，按主体功能区规划中的优化开发区域和重点开发区域设定不同的阈值(表 E.3)。

表 E.3　城市黑臭水体单项指标分级参照阈值

功能区	黑臭水体密度/(m/km^2)			重度黑臭比例/%		
	轻度	中度	重度	轻度	中度	重度
优化开发区域	<100	[100,500)	≥500	<25	[25,50)	≥50
重点开发区域	<300	[300,800)	≥800	<33	[33,66)	≥66

E.8　耕地质量变化指数

根据国家耕地质量监测点数据，分别确定期初年、期末年有机质、全氮、有效磷、速效钾、缓效钾、土壤 pH 所处等级。土壤养分和土壤 pH 等级划分标准见表 E.4、表 E.5。按式(E.17)测算各指标等级变化情况。

$$\Delta G_i = G_{ij} - G_{i0} \tag{E.17}$$

式中：

ΔG_i——指标 i 的等级变化量；

G_{ij}——期末年指标 i 的等级；

G_{i0}——期初年指标 i 的等级。

耕地质量变化指数取各单项指标等级变化量的最大值。

表 E.4　土壤养分含量分级标准

项目	单位	级别					
		1 丰富	2 较丰富	3 中等	4 较缺乏	5 缺乏	6 极缺乏
有机质	g/kg	≥30	[20,30)	[15,20)	[10,15)	[6,10)	<6
全氮	g/kg	≥1.5	[1.25,1.5)	[1,1.25)	[0.75,1)	[0.5,0.75)	<0.5
有效磷	mg/kg	≥40	[25,40)	[20,25)	[15,20)	[10,15)	<10
速效钾	mg/kg	≥150	[120,150)	[100,120)	[80,100)	[50,80)	<50
缓效钾	mg/kg	≥1 500	[1 200,1 500)	[900,1 200)	[750,900)	[500,750)	<500

表 E.5　土壤 pH 分级标准

级别	4 极酸性	3 强酸性	2 弱酸性	1 中性	2 弱碱性	3 强碱性	4 极碱性
pH	≤4.5	(4.5,5.5]	(5.5,6.5]	(6.5,7.5]	(7.5,8.5]	(8.5,9]	>9

附　录　F
（资料性附录）
土壤质地分级

土壤质地按表 F.1 分级。

表 F.1　土壤质地分级标准

质地名称	不同粒径组分含量/%			
	黏粒（<0.002 mm）	粉砂（0.02 mm～0.002 mm）	砂粒（2 mm～0.02 mm）	石砾（>2 mm）
砾石土				[30,100]
重砾石土				[70,100]
中砾石土				[50,70)
轻砾石土				[30,50)
砾质土				[1,30)
多砾质土				[10,30)
中砾质土				[5,10)
少砾质土				[1,5)
壤质砂土	[0,15)	[0,15)	[85,100)	
砂质壤土	[0,15)	[0,45)	[55,85)	
壤土	[0,15)	[30,45)	[40,55)	
粉砂质壤土	[0,15)	[45,100)	[0,55)	
砂质黏壤土	[15,25)	[0,30)	[55,85)	
黏壤土	[15,25)	[20,45)	[30,55)	
粉砂质黏壤土	[15,25)	[45,85)	[0,40)	
砂质黏土	[25,45)	[0,20)	[55,75)	
壤质黏土	[25,45)	[0,45)	[10,55)	
粉砂质黏土	[25,45)	[45,75)	[0,30)	
黏土	[45,65)	[0,55)	[0,55)	

规程编制说明

1　规程制定背景

“建立资源环境承载能力监测预警机制”是党的十八大以来党中央作出的重大决策部署。2015 年，中共中央国务院制定了生态文明体制改革总体方案，并就有关配套措施进行了细化和明确。2015 年 10 月、2016 年 4 月国土资源部相继印发了国土资源环境承载力评价和监测预警工作方案及 2016 年实施方案，对这项工作作出了具体部署。国土资源部《2017 年国土资源工作要点》明确提出“继续做好资源环境承载力评价和监测预警机制建设，完成全国大部分县级土地资源环境承载力评价”。中共中央办公厅、国务院办公厅于 2017 年 7 月 8 日印发了《关于建立资源环境承载能力监测预警长效机制的若干意见》，明确提出建立资源环境承载能力监测预警长效机制，有效规范空间开发秩序，合理控制空间开发强度，切实将各类开发活动限制在资源环境承载能力之内，为构建高效协调可持续的国土空间开发格局奠定坚实基础。

2016 年 7 月，国土资源部印发了《国土资源环境承载力评价技术要求（试行）》（国土资厅函〔2016〕1213 号），对国土资源环境承载力的评价技术要求进行了规定。该技术要求主要从国家层面考虑，评价单元、指标设置较为宏观，部分指标还需结合湖南省实际细化。如其指标体系中未考虑土壤重金属污染，而湖南省是土壤重金属污染较为严重的地区，在开展资源环境承载能力评价的时候必须要考虑土壤重金属污染。《国土资源环境承载力评价技术要求（试行）》中亦提出“各省级、市级、县级国土资源行政主管部门可依据实际需要，在不与本技术要求相抵触的前提下，制定相应的省级、市级、县级技术细则”。

我省国土资源厅高度重视并积极推进资源环境承载能力评价和监测预警工作。规划处携省国土资源规划院参考部里的组织与实施模式，结合我省实际，编制了《湖南省国土资源环境承载力评价和监测预警实施方案》，于 2016 年 9 月 29 日经国土资源厅党组会审定通过。湖南省国土资源规划院承担了湖南省国土资源厅规划处为主管处室的专项项目“湖南省国土资源环境承载力评价和监测预警”、科技与对外合作处为主管处室的标准项目“湖南省国土资源环境承载力评价和监测预警技术规程”。

2018 年 1 月，在初步完成本规程起草的基础上，向湖南省质量技术监督局申请列入地方标准制修订项目计划。2018 年 3 月 12 日，湖南省质量技术监督局公布了 2018 年度第 1 批地方标准制修订项目计划（湘质监函〔2018〕61 号），本规程列入其中。

2018－12－28 湖南省市场监督管理局发布，2019－03－28 实施。

2　规程制定目的

提出一套符合湖南省实际情况、可对比、可推广的自然资源环境承载能力评价和监测预警技术方法，为国土空间开发保护、空间治理和空间结构优化、自然资源总量管理和全面节约等服务。

3　工作简况

本规程是湖南省国土资源厅国土资源标准项目（编号 2016B02）的成果。

本规程是湖南省国土资源规划院承担的湖南省国土资源厅标准项目“湖南省资源环境承载能力评价和监测预警技术规程”（项目编号：2016B02）、“湖南省资源环境承载能力评价和监测预警”（湖南省国土资源厅专项项目）、“汨罗市资源环境承载能力评价”（湖南省国土资源厅专项项目）的成果。本规程起草过程中，参照了国土资源部印发的《国土资源环境承载力评价技术要求（试行）》（国土资厅函〔2016〕1213 号）、国家发展和改革委员会印发的《资源环境承载能力监测预警技术方法（试行）》（发改规划〔2016〕2043 号）的框架基础，充分吸收了中国土地勘测规划院承担的“国土空间承载状况评估和监测预警工程”（项目代码：DCPJ 171208—01）、中国地质环境监测院承担的“全国地质资源环境承载能力评价与监测预警”及湖南省国土资源规划院承担的“湖南省国土适宜性评价与资源环境承载能力研究”（《湖南省国土规划(2016—2030年)》专题研究之一)、“城步县国土适宜性评价与资源环境承载能力研究”等项目的研究成果。

3.1　主要工作过程

3.1.1　承载能力评价现状研究与调研

2015年下半年至今，一直跟踪国内外，尤其是我国生态文明体制改革背景下资源环境承载能力评价的思路、方法，到国土资源部、中国地质调查局及其下属单位等进行咨询和调研，参加相关培训，充分掌握了国家对承载能力评价的思路和要求。

3.1.2　起草征求意见稿

2016年9月，经过前期研究、专家咨询和湖南省国土资源厅党组会议讨论，确定了本规程的基本思路、方法和大纲;2017年1月起，结合汨罗市资源环境承载能力评价、湖南省国土适宜性评价与资源环境承载能力研究、湖南省国土规划(2016—2030年)等项目，对本规程中的各项内容进行了研究，并形成了征求意见稿及其编制说明。

3.1.3　征求各方意见

2017年10月起，征求省内外相关领域的政府人员、专家、一线技术人员等的意见。

3.2　起草单位介绍

《湖南省地方标准:自然资源环境承载能力评价和监测预警技术规程》的起草单位为湖南省国土资源规划院、国土资源评价与利用湖南省重点实验室。

湖南省国土资源规划院是一家集科研生产、技术规范研究、技术管理于一身的基础性、公益性、战略性综合科研机构，业务涵盖地学研究、地质勘查、矿产资源规划、水工环及地质灾害调查与评价、土地利用研究、土地资源规划、土地资源调查与评价、土地资源综合整治规划设计、测绘地理信息、不动产统一登记等多个领域。

湖南省国土资源规划院自2011年起就陆续开展资源环境承载能力评价研究，先后承担了“长株潭资源环境承载力综合评价与区划”(国土资源部“全国资源环境承载力评价”之工作项目)、“湖南省土地生态承载力研究”等项目，研究成果得到了国土资源部、中国地质调查局专家组的高度肯定，为开展我省资源环境承载能力评价工作积累了经验。

4　主要技术内容说明

4.1　编制依据

本规程的编制充分贯彻落实《中共中央办公厅国务院办公厅印发＜关于建立资源环境承载能力监测预警长效机制的若干意见＞的通知》(厅字〔2017〕25号)、《国土资源部关于印发＜国土资源环境承载力评价和监测预警工作方案＞等的通知》(国土资发〔2015〕138号)等文件的精神和要求，在国土资源部印发的《国土资源环境承载力评价技术要求(试行)》、国家发展和改革委员会印发的《资源环境承载能力监测预警技术方法(试行)》(发改规划〔2016〕2043号)的基础上，结合湖南省实际情况编制而成。

4.2　自然资源环境涵盖的要素

国土资源部印发的《国土资源环境承载力评价技术要求(试行)》中涵盖的要素为土地资源、地下水资源、矿产资源、地质环境。国家发展和改革委员会印发的《资源环境承载能力监测预警技术方法(试行)》(发改规划〔2016〕2043号)中涵盖的要素为土地资源、水资源、生态和环境。

机构改革后，自然资源部“三定方案”中明确自然资源包括土地、矿产、森林、草原、湿地、水、海洋。其中，森林、草原、湿地主要体现的是生态作用。根据专家意见，矿产资源承载能力对地区经济社会发展、支撑和保障的重要性远远小于土地资源、水资源。

综合以上，本规程中自然资源环境包括的要素为土地资源、水资源、生态环境、地质环境。

4.3　生态重要性和敏感性评价

据环境保护部办公厅、国家发展和改革委员会办公厅印发的《生态保护红线划定技术指南》(环办生态〔2017〕48 号)定义："重点生态功能区：指生态系统十分重要，关系全国或区域生态安全，需要在国土空间开发中限制进行大规模高强度工业化城镇化开发，以保持并提高生态产品供给能力的区域，主要类型包括水源涵养区、水土保持区、防风固沙区和生物多样性维护区。""生态环境敏感脆弱区：指生态系统稳定性差，容易受到外界活动影响而产生生态退化且难以自我修复的区域"，并且明确生态环境敏感脆弱区指"水土流失、土地沙化、石漠化、盐渍化等"。考虑到生态重要性评价中的水土保持重要性与生态敏感性评价的水土流失敏感性是一个问题的两种表现，本规程仅仅将其在水土流失敏感性中体现。湖南不存在防风固沙、盐渍化等压力。故本规程中生态重要性评价只考虑了水源涵养和生物多样性保护，生态环境敏感脆弱性只考虑水土流失和石漠化。

水源涵养功能重要性方面，《生态保护红线划定技术指南》中推荐了水量平衡模型法、定量指标评估法两种方法。其中，水量平衡模型法考虑的是降雨量、地表径流量、蒸散发、生态系统类型。定量指标评估法考虑的是多年植被净初级生产能力、土壤渗流因子、多年平均降水量因子、坡度因子。对一个市或县内的不同区域，降雨量基本没有大的差别。地表径流量、蒸散发、多年植被净初级生产能力、土壤渗流因子等数据较难获得。根据大量的水源涵养功能重要性评价成果可知，水源涵养功能重要区域主要是河流两侧一定范围内的生态系统、森林生态系统等，故本规程采用了在技术方法上更容易实现、资料更易获得、兼顾河流两岸和森林生态系统水源涵养的评价方法。

生物多样性保护重要性方面，《生态保护红线划定技术指南》中推荐的是基于物种分布的评价模型。但是就实际情况而言，各保护物种很难落实到确切的空间中，且物种多样性很大程度上依赖其生存的生态系统特征。因此本规程选择国家及省级重点保护物种和特有、珍稀、濒危物种分布带，结合自然保护区、森林公园、风景名胜区等关键生态区范围进行划分，确定研究区生物多样性保护重要性等级。

本规程中的水土流失敏感性、石漠化敏感性评价方法参照《生态保护红线划定技术指南》中推荐的方法。

4.4　农业开发适宜性评价

本规程规定农业开发适宜性评价为耕地适宜性评价。国土资源部印发的《国土资源环境承载力评价技术要求(试行)》中没有农业开发适宜性评价相关内容，而是采用现状耕地和耕地后备资源调查的成果作为耕地适宜区。耕地后备资源调查的对象是滩涂、草地、采矿用地等未利用地，未考虑实际中的"增减挂钩"等把建设用地、林地等复垦为耕地的情况。因此，本规程中规定重新做农业开发适宜性评价，扩展耕地后备资源调查的对象，在指标体系上基本与耕地后备资源调查一致。

与农业开发适宜性评价有关的指标数以百计。本规程指标体系构建总体遵循以下 4 个原则：

(1)主导性原则。从影响湖南地区耕地质量的多种因素中筛选具有代表性的主要的因子，各因子的概念简单、明晰，使评价的结果科学化、简洁化，避免使指标体系复杂化。

(2)敏感性原则，也称差异性原则。筛选的因子必须在湖南地区有较大的差异，对土地利用方式和管理的变化有比较敏感的反应。

(3)可行性原则，或实用性原则。指标因子的选取须具有实用性、可操作性，即因子的信息易于获取、定量化处理，并为许多用户理解。不管是在田间还是实验室测定，具有较高的再现性和适宜的精度水平。区域性评价侧重宏观，局部性评价侧重微观。

(4)系统性原则。以全面性、整体性、结构性、客观性，选取便于实际操作处理的指标或建立指标体系。

禁止性与限制性划分指标是相对的。在现有的生产力经营水平下，考察和综合分析土地的自然要素和社会经济要素对土地的耕地利用方式的限制作用。其中政策性禁止者为当然的禁止性指标，如重点生态功能区等生态重要性极高、敏感性极敏感的地区，禁止进行耕地开发，相应的耕地地适宜性评价结果为不适宜；水土污染严重者，以《土壤环境质量农用地土壤污染风险管控标准(试行)》(GB 15618—2018)、《农田灌溉水质标准》(GB 5084—2005)中的分类分级方案，将土壤污染风险管控指标超过农用地土壤污染风险管制值、灌溉水劣于农田灌溉用水水质基本控制项目标准值的地区评价为不适宜。

而技术性指标，在当前经济技术或生产力经营水平下，利用难度大或接近极限，利用起来得不偿失者，亦为禁止性指标。坡度是决定耕地开发难度和耕地质量的关键性指标，坡度越大，耕地开发难度越大，开发后耕地面临水土流失等损毁的风险越高。参照《全国耕地后备资源调查评价技术方案》(国土资厅发〔2014〕13 号)，把土层厚度小于 30 cm、坡度在 25°以上的区域划入禁止区，相应的耕地适宜性评价结果为不适宜。

地形指的是地物形状和地貌的总称，主要包括地貌类型、海拔、坡度、坡向等。地形起着地区水热状况再分配和物质的迁移作用，影响土壤与植被的发育，很大程度上影响土地利用方向和改造措施。人们通常把山地、丘陵、平原称为大地形；把山岭、谷地、阶地、河漫滩等称为中地形；而把洪积扇、自然堤、堤外洼地称为小地形。《湖南省农用地质量分等技术报告》将湖南地区分为 8 个地形地貌区，分别为沿江滨湖平地区、环湖低山丘岗区、中西部沿河平地区、湘中(东)低山丘岗区、湘西山地区、湘南沿河平地区、湘南低山丘岗区、南岭山地区。从大尺度的区域评价角度，这种分类是可行的。但对于地块尺度的评价，则需考虑中、小地形。湖南省农业部门通常有如下地貌类型：水田有坡田、高岸田、冲田、山间峡谷、垅田、碟形田、二排田、低洼田、河漫滩、河心滩等；旱土有山坡、坡麓、梯土、冲垅土、碟形地、台地、平地、岗坡、河流阶地等。比较研究，我们认为上述分类在实地调查时适用，但从数字高程上难以由计算机识别，并且由于微观地貌，目前尚无统一的分类标准。本规程对于山丘区采用目前基于栅格 DEM 的微观地形分类技术中最广泛应用的 Ruhe 提出的分类方案，利用纵坡面的坡度、坡长和坡宽，分类为山顶、山肩、背坡、麓坡、趾坡、冲积(平原)区，以便于由计算机自动完成。对于平原岗地区分为岗坡(与趾坡同级别)和平地台地。

海拔对土地适宜性的分布极为重要，尤其在山区直接表现为水热条件的垂直分布。土地适宜性很大程度上受海拔所支配。海拔高度是某些农作物和树种适宜种植的指标。湖南省东、南、西三面山地环绕，一般海拔在 1 000 m～1 500 m 之间。中部和北部地势低平，一般海拔在 30 m～200 m 之间。湖南农用地主要分布的洞庭湖与湘、资、沅、澧四水尾间的河湖冲积平原，地势较低，一般海拔 50 m 以下，海拔变化对农用地质量的影响较小，故本规程不考虑海拔。

坡度是指地表陡缓的程度，是对农用地质量影响很大的因素。据 1984 年中国农业区划委员会颁发的《土地利用现状调查技术规程》，对耕地坡度分为五级，即≤2°、2°～8°、8°～15°、15°～25°、>25°。地面坡度的不同级别，对土地利用的影响不同。≤2°一般无水土流失现象；2°～8°可发生轻度土壤侵蚀，需注意水土保持；8°～15°可发生中度水土流失，应采取修筑梯田、等高种植等措施，加强水土保持；15°～25°水土流失严重，必须采取工程、生物等综合措施防治水土流失；>25°为《水土保持法》规定的开荒限制坡度，即不准开荒种植农作物，已经开垦为耕地的，要逐步退耕还林还草。由此说明坡度对农用地质量影响很大。

一般来说，评价土壤质量需要土壤物理、化学和生物指标。其中生物指标具有滞后性、多样性和难获取性，其测定比较困难而且昂贵，也没有通用的标准，本规程研究认为，在湖南这种生物气候条件下，一般可以忽略土壤生物肥力，可以不考虑；化学指标中土壤养分状况难获取且一般通过土地利用改造可以改变，亦可不考虑。故本规程对土壤要素的考虑着重于土壤的物理指标。

土壤质地是土壤生产能力的重要标志。土壤质地是指组成土壤矿质颗粒，简单来说，土壤颗粒有大有小，假设它们都是球体，卡庆斯基土壤质地分类制将其分为两类——物理性砂粒(1 mm～0.01 mm)和物理性黏粒(<0.01 mm)，那么按照土壤中这两种土粒的含量，就可以将土壤分为 3 大类——砂土，

壤土，黏土。砂性土颗粒较粗，土粒之间空隙较大且较疏松，适宜根系穿插，但是土壤温度变化大，保水保肥能力较差，适宜种植生长期较短的作物；黏性土壤颗粒细、空隙小、通气不良，对根系伸长有抑制作用，但是土壤温度变化小、保肥能力强。因此本规程将此两类土壤视为同等重要，给予相同的分值。壤土砂黏适中，具有沙土和黏土的优点，又克服了两者的缺点，适合多种作物生长，本规程给予其最高的分值。

在资料可获取时，可进一步细化分值：如轻壤、中壤、重壤是壤土的进一步分类，其砂粒含量依次减少，黏粒含量依次增高，透气性依次递减，分值可依次递减。

土层厚度是决定植物生产力的重要因素。影响土壤水分、养分的总贮量和利用率，影响根系分布的空间分布范围、组成和生态稳定性，从而影响植株生长势、大小和空间利用率，影响结果迟早、经济寿命和丰产稳产及品质。一般土壤深厚有利于增加单位面积土壤水分养分供应和减少损失，提高土肥水利用率，增加根系生长的生态稳定条件，促进根系特别是垂直根生长。本规程以 30 cm 为标尺是针对水稻田而言，土层厚度小于此，则耕作层厚度更小，不宜种植水稻。

农学界一般将气候、地形、土壤、水文性质称为“立地条件”。它是指影响农作物形成与生长发育的各种自然环境因子的综合，它是由许多环境因子组合而成的。本规程将生态重要性敏感性、地质灾害易发程度作为立地条件的另一种表征形式，列入考虑。

本规程限制性指标分级评价标准综合参照了《农用地质量分等规程》(GB/T 28407—2012)、《中国耕地质量等级调查与评定(湖南卷)》《全国耕地后备资源调查评价技术方案》(国土资厅发〔2014〕13 号)中的分级评价标准赋予适宜性分值。

农业开发适宜程度划分中，以湖南全省数据为基础，采用 ArcGIS 自然断点法，得出断点为 64、85，故设定农业开发适宜性得分 $L=0$ 为不适宜，$0<L\leqslant 65$ 为低适宜，$65<L\leqslant 85$ 为中适宜，$85<L\leqslant 100$ 为高适宜。

4.5　建设开发适宜性评价

2015 年 9 月中共中央、国务院下发了《生态文明体制改革总体方案》，就生态文明制度体系建设进行了顶层设计，明确提出“构建平衡适宜的城乡建设空间体系，适当增加生活空间、生态用地，保护和扩大绿地、水域、湿地等生态空间”。

生态文明建设不再是以往单极形式的建设与发展，如为了发展经济而破坏环境不可取，其核心是社会经济、自然资源、环境复合生态系统各组分的和谐和发展，发展高效、集约、节约的生活方式。在生态文明建设背景下，要求必须摒弃以往粗犷的开发模式，城市的发展必须尊重湿地、林地、水域等生态用地和耕地的保护，构建高效有序的国土空间利用格局，促进生态文明建设。

土地资源的适宜性评价是国土空间开发利用的基础和指导性工作。大量的学者以国土空间开发格局调整、城市规划、土地利用规划等为目标开展了土地资源的适宜性评价，提出了基于生态安全、生态-经济、土地开发潜力、可持续性、生态位理论、生态敏感性等的评价思路。但以往的评价指标体系对政策制度方面的考虑不足，如未考虑基本农田、生态红线、森林保护区、风景名胜保护区等。

本规程在借鉴前人的评价思路、方法、指标体系的基础上，围绕生态文明建设，参考国土资源部《国土资源环境承载力评价技术要求(试行)》，把自然地理条件、生态环境、制度政策 3 个要素方面提取划分为禁止性指标和限制性指标，构建建设用地适宜性评价指标体系。

在评价方法上，采用“减分制”，即优先考虑建设用地、耕地的限制性因素，对生态环境等有限制性要求的，设置为限制性指标，严格加以限制，以此避免出现与生态文明建设理念不合的情况(如基本农田区域被评价为适合建设用地开发、林地保护区被评价为适合耕地开发等)。

评价指标的分级评分上，生态重要性和敏感性、农用地质量、地质灾害易发程度、蓄滞洪区无需多述。坡度方面，住建部《城乡建设用地竖向规划规范》(CJJ 83—2016)中规定城镇中心区用地自然坡度宜小于 20%、居住用地自然坡度宜小于 25%、工业物流用地自然坡度宜小于 15%，故本规程中将坡度小于 25%的分值设置为 100。《城乡建设用地竖向规划规范》(CJJ 83—2016)还规定乡村建设用地在场地安全的前提下可选择自然坡度大于 25%的用地。同时考虑到高坡度地区进行建设开发容易造成水土流失(《水土保持法》规定 25°以上地区禁止开垦为耕地)、建设成本剧增、建成后容易受地质灾害影响,故本规程中设定 25°以上区域不宜进行建设开发,降低坡度 25%到 46.63%(25°)的适宜性分值。

适宜性等级参照《国土资源环境承载力评价技术要求》划分为 4 个级别。以湖南省全省数据为基础,采用 ArcGIS 自然断点法得出自然断点为 75、85。同时,按 75、85 区分高、中、低适宜区,相应的面积也符合国土资源部门的意见。

4.6 建设用地承载能力评价

建设用地压力状态指数计算公式采用了《国土资源环境承载力评价技术要求(试行)》中的计算方法。

适宜建设开发程度的阈值设置上,充分考虑了湖南省 122 个县(市、区)的实际情况,根据不同主体功能区县域现状开发程度(图 1),针对不同的资源环境类型分区和是否为地级市辖区进行了分别设置。重点开发区的现状开发程度基本在 40%以下,农产品主产区在 30%以下,生态功能区在 15%以下。

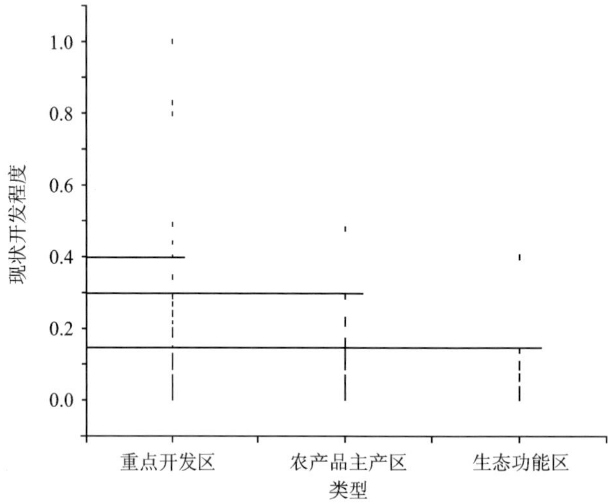

图 1 不同主体功能区县域现状开发程度散点图

建设用地承载状态判断阈值的设置上,根据湖南省 122 个县(市、区)的建设用地压力状态指数分布情况,设定−0.2、0.1 两个分界点。

4.7 耕地承载能力评价

耕地承载指数计算方法参考了《国土资源环境承载力评价技术要求(试行)》。

考虑到中心城区可以没有耕地,且耕地承载能力对中心城区没有任何意义,故对中心城区不评价耕地承载能力。根据民政部《市辖区设置标准》,设定为对非农业人口高于 70%、第二三产业产值在地区生产总值中的比重高于 75%的地区不评价耕地承载能力。

《国土资源环境承载力评价技术要求(试行)》中给出耕地开发压力状态指数计算公式如下:

$$A=\frac{PC-V_{阈}}{V_{阈}}\cdot P$$

式中,A 为耕地开发压力状态指数;PC 为人均耕地生产能力;$V_{阈}$ 为基于专家打分确定的人均耕地生产能力预警阈值;P 为耕地开发利用程度。$A>0$ 时为可载,$A<0$ 时为超载,$A=0$ 为临界。

实际上 A 的符号由 PC$-V_{阈}$ 决定,与耕地开发利用程度 P 无关,耕地开发利用程度 P 决定可载程度的高低。因此,做如下修改:

设农业开发适宜性评价中高适宜区、中适宜区、低适宜区面积之和为 S_y,现状耕地面积为 S_x,则尚未开发的适宜耕作区面积为 $S_y - S_x$，得到尚未开发的适宜耕作区人均耕地生产能力为 $\frac{(S_y - S_x)F_a}{N}$（其中 F_a 为汇总单元现状耕地面积加权平均等别对应的粮食生产当量，N 为汇总单元常住人口）。耕地承载指数为现状耕地的人均耕地生产能力、尚未开发的适宜耕作区人均耕地生产能力之和与人均耕地生产能力阈值的比较，故得到 A 的计算公式为 $A = \frac{F_P + \frac{(S_y - S_x)F_a}{N} - V}{V}$。

按照《国家粮食安全中长期规划纲要（2008—2020 年）的标准，设定农产品主产区、重点开发区、重点生态功能区人均耕地生产能力阈值分别为 600 kg/人、400 kg/人、400 kg/人。

耕地承载状态判断阈值的设置上，根据湖南省 122 个县的耕地承载指数分布情况，设定0.3、−0.1 两个分界点。

4.8 水资源承载能力评价

水资源分为地表水、地下水两部分。

地表水资源承载能力评价参照国家发展和改革委员会下发的承载力评价技术方案。

水资源利用率为河道外用水量占多年平均水资源总量的比例。河道外用水指通过提、蓄、引等不同方式而利用的河水，如工、农业用水和城市生活用水等。水资源总量是指降水所形成的地表和地下的产水量，即河川径流量（不包括区外来水量）和降水入渗补给量之和。

在国际上，水资源开发利用率是公认的表征水资源承载能力的指标，并且有充分的研究基础。一般认为，对一条河流的开发利用不能超过其水资源量的 40%。我国现状水资源开发利用率为 20%，但流域之间差异很大。北方主要河流已超过 50%，其中海河流域和黑河流域个别年份已超过 90%。而黄河、海河、辽河、淮河的水资源利用率一般都超过了这一预警线。南方个别地区如珠江三角洲水资源开发利用率超过八成。湖南省 2016 年水资源利用率为 19.6%，其中湘江、资水、沅江、澧水四大河流分别为 24.0%、17.4%、10.0%、11.5%。14 个市（州）中，湘潭市的利用率最高达 52.6%，长沙市次之，为 38.1%，张家界市的利用率最低，为 5.9%。故设定 40%、60%为临界、超载的界限。

地下水资源承载能力评价技术方法上与《国土资源环境承载力评价技术要求（试行）》基本一致。

4.9 生态环境承载能力评价

生态环境承载能力评价采用了国家发展和改革委员会下发的《资源环境承载能力监测预警技术方法（试行）》中的指标，市级评价根据城市化地区、农产品主产区、重点生态功能区，县级评价根据中心城区、非中心城区设定不同的参与评价的指标。

湖南省是以水力侵蚀为主要类型的南方红壤区，根据湖南省第三次土壤侵蚀遥感监测成果，全省水土流失面积占全域总面积的 17.63%，但多以轻度为主，其中中度及以上水土流失面积仅占全省总面积的 5.6%。据湖南省第二次石漠化调查统计数据（2015 年），全省中度及以上土地石漠化面积占全省总面积的 4.02%。据湖南省 2014 年土地沙化面积统计，全省中度及以上土地沙化面积仅占全省总面积的 0.008%。从表 1 也可以看出，湖南省土地退化方面主要的威胁是水土流失、石漠化，故没考虑盐渍化、沙漠化。

表 1　湖南省各类土地退化县（市、区）个数

土地退化类别	土地退化面积比例		
	0～2.5%	2.5%～5%	>5%
水土流失/个	16	5	101
土地沙化/个	112	9	1
土地石漠化/个	70	18	34

生态环境承载能力状态判断采用“短板理论”进行判断。

4.10 地质环境承载能力评价

指标选取方面，在中国地质调查局提出的《地质资源环境承载能力评价技术要求》（征求意见稿）基础上，根据湖南省的实际情况，结合专家意见，删除了构造稳定性、地裂缝发育程度、断裂活动性、地震动峰值加速度、地面沉降、土壤盐渍化等指标。

4.11 综合承载能力评价

综合承载能力评价分为两种方法：一种是按短板理论；一种是按综合得分。

按综合得分时，分为几种情况：①考虑建设用地承载能力、耕地承载能力、地下水资源承载能力、地质环境承载能力全部要素时；②不考虑耕地承载能力时。这类地区主要为市辖区、中心城区等城市化程度较高的地区，适当提高建设用地承载能力、地质环境承载能力的权重。

4.12 承载能力监测

监测指标包括两方面内容：一是对各要素承载能力评价中的单项动态指标进行监测跟踪，此部分主要依据已有的监测网和调查成果；二是对承载状态的监测，此部分主要依据的是历年对承载状态的更新数据。

由于当前尚未建设资源环境承载能力监测网，故只能就现有的相关部门的监测网点能获取的数据设置相关监测指标。

4.13 承载能力预警

按中共中央办公厅、国务院办公厅《关于建立资源环境承载能力监测预警长效机制的若干意见》（厅字〔2017〕25 号），进行五级预警：预警等级从高到低依次为红色、橙色、黄色、蓝色、绿色。

预警分为两个层面：一个是承载状态；一个是根据监测数据得到的各要素承载能力变化趋势。将承载能力超载的分为红色和橙色两个预警等级、临界超载的分为黄色和蓝色两个预警等级、不超载的为绿色无警等级。

5 采用国际标准和国外先进标准的程度及与国际、国外同类标准水平的对比

本标准未采用国际、国外同类标准。

6 与现有法律、法规和强制性标准的关系

本标准引用最新的国家标准或行业标准、地方标准。

7 重大分歧意见的处理经过和依据

本规程编制过程中出现的重大分歧有两点：一是本规程中的自然资源是否应包含矿产资源；二是关于资源环境类型分区相关事项。

关于本规程中的自然资源是否应包含矿产资源。国土资源部印发的《国土资源环境承载力评价技术要求（试行）》包括矿产资源。国家发展和改革委员会印发的《资源环境承载能力监测预警技术方法（试行）》（发改规划〔2016〕2043 号）中不包含矿产资源。根据专家意见，矿产资源承载能力对地区经济社会发展、支撑和保障的重要性远远小于土地资源、水资源。故本规程中未包含矿产资源。

关于资源环境类型分区，《国土资源环境承载力评价技术要求（试行）》中“土地部分”第 3.4 节规定：“结合区域经济社会发展情况和生态文明建设要求，以及主体功能定位，将评价区域划分为城市地

区、资源地区、生态地区和农业地区等不同类型地区。”在征求意见的过程中，多位专家对此提出质疑，认为城市地区、资源地区、生态地区和农业地区的划分没有采用同一标准，不适合进行这种分区。综合考虑专家意见，本规程中直接采用主体功能区划进行资源环境类型分区。

8　标准性质的建议说明

本规程为推荐性标准。

9　贯彻标准的要求和措施建议

(1)建立资源环境承载能力监测预警长效机制。在开展土地适宜性评价的基础上，积极开展全省各市县资源环境承载能力评价，规范空间开发秩序，合理控制开发强度，为国土空间开发和资源保护、国土规划编制、国土综合整治、地质环境保护提供强有力的支撑，进一步提高国土资源管理决策的科学性，助推生态文明建设。建立常态化监测预警机制。坚持定期评估与实时监测相结合。针对不同区域资源环境承载能力状况，定期开展全域和特定区域评估，实时监测重点区域动态，提高监测预警效率。坚持设施建设与制度建设相结合。结合资源环境承载能力监测预警需求，既强化相关基础设施建设，又着力完善配套政策和创新体制机制，增强监测预警能力。坚持从严管制与有效激励相结合。针对不同资源环境超载类型，坚持因地制宜制定差异化、可操作的管控制度，既限制资源环境恶化地区，又激励资源环境改善地区，提高监测预警水平。坚持政府监管与社会监督相结合。坚持统分结合、上下联动、整体推进，强化政府监管能力，鼓励社会各方积极参与，充分发挥社会监督作用，形成监测预警合力。

(2)形成一批基于资源环境承载能力的制度政策。①制定综合配套政策。针对资源环境承载能力超载、临界超载、不超载及预警等级红色、橙色、黄色、蓝色、绿色分别形成对应的奖励性政策和惩罚性政策。②制定土地资源管控政策。对土地资源超载地区、临界超载地区和不超载地区分别形成有针对性的建设用地指标控制、耕地提质保量等政策。③制定地下水资源管控政策。制定严格的节水标准和政策，对地下水资源超载地区、临界超载地区和不超载地区分别形成有针对性的用水总量控制、水资源税等政策。⑤制定领导干部考核制度。形成以资源环境承载能力为基础的领导干部绩效考核体系和自然资源资产离任审计制度。

10　废止现行有关标准的建议

本规程为首次制定。

11　其他应予说明的事项

无。

主要参考文献

白宏涛,王会芝,乔盛,等.土地资源承载能力在城市发展战略环境评价中的应用研究[C]//2010中国环境科学学会学术年会,2010.

毕明.京津冀城市群资源环境承载能力评价研究[D].北京:中国地质大学(北京),2011.

常斌,熊利亚,侯西勇,等.基于空间的生态足迹与生态承载能力预测模型——以甘肃省河西走廊地区为例[J].地理研究,2007(5):940-948.

车越,张明成,杨凯.基于SD模型的崇明岛水资源承载能力评价与预测[J].华东师范大学学报(自然科学版),2006(11):68-74.

陈百明.中国农业资源综合生产能力与人口承载能力[M].北京:气象出版社,2001.

陈成忠,林振山.生态足迹模型的争论与发展[J].生态学报,2008,28(12):6252-6263.

陈成忠.中国生态足迹和生物承载能力构成比例变化分析[J].地理学报,2009(12):117-127.

陈念平.土地资源承载力若干问题浅析[J].自然资源学报,1989,(4):371-380.

陈修谦,夏飞.中部六省资源环境综合承载能力动态评价与比较[J].湖南社会科学,2011(1):110-113.

程国栋.虚拟水——中国水资源安全战略的新思路[J].中国科学院院刊,2003,18(4):260-265.

程国栋.承载力概念的演变及西北水资源承载力的应用框架[J].冰川冻土,2002,24(4):361-367.

代富强,吕志强,周启刚.生态承载力约束下的重庆市适度人口规模情景预测[J].人口与经济,2012(5):80-86.

党安荣,阎守邕,吴宏歧,等.基于GIS的中国土地生产潜力研究[J].生态学报,2000,20(6):910-915.

邓根云,冯雪华.我国光温资源与气候生产潜力[J].自然资源,1980,2(4):11-16.

邓伟.山区资源环境承载力研究现状与关键问题[J].地理研究,2010,29(6):959-969.

樊杰,王传胜,汤青,等.鲁甸地震灾后重建的综合地理分析与对策研讨[J].地理科学进展,2014,33(8):1011-1018.

樊杰,周成虎,顾行发,等.国家汶川地域灾后重建规划资源环境承载能力评价[M].北京:科学出版社,2009.

樊杰.芦山地震灾后恢复重建资源环境承载能力评价[M].北京:科学出版社,2014.

樊杰.汶川地震灾后恢复重建资源环境承载能力评价[M].北京:科学出版社,2009.

樊杰.玉树地震灾后恢复重建资源环境承载能力评价[M].北京:科学出版社,2010.

封志明,刘登伟.京津冀地区水资源供需平衡及其水资源承载力[J].自然资源学报,2006,21(5):689-699.

封志明,杨艳昭,江东,等.自然资源资产负债表编制与资源环境承载力评价[J].生态学报,2016,36(22):7140-7145.

封志明,杨艳昭,闫慧敏,等.百年来的资源环境承载力研究:从理论到实践[J].资源科学,2017,39(3):379-395.

封志明,杨艳昭,游珍.中国人口分布的土地资源限制性和限制度研究[J].地理研究,2014,33(8):1395-1405.

封志明,杨艳昭,张晶.中国基于人粮关系的土地资源承载力研究:从分县到全国[J].自然资源学报,2008,23(5):865-875.

封志明.中国人口分布适宜度报告[M].北京:科学出版社,2014.

封志明.区域土地资源承载能力研究模式雏议——以甘肃省定西县为例[J].自然资源学报,1990,5(3):271-274.

封志明.土地承载力研究的过去、现在与未来[J].中国土地科学,1994,8(3):1-9.

冯尚友.水资源系统工程[M].武汉:湖北科学技术出版社,1991.

傅湘,纪昌明.区域水资源承载能力综合评价——主成分分析法的应用[J].长江流域资源与环境,1999,8(2):168-172.

高红丽,涂建军,杨乐.城市综合承载能力评价研究——以成渝经济区为例[J].西南大学学报(自然科学版),2010,32(10):148-152.

高吉喜.可持续发展理论探索——生态承载力理论、方法与应用[M].北京:中国环境科学出版社,2001.

高素芳.城市水资源承载能力评价指标体系研究[D].乌鲁木齐:新疆师范大学,2005.

高湘昀,安海忠,刘红红.我国资源环境承载能力的研究评述[J].资源与产业,2012(6):810-815.

高彦春,刘昌明.区域水资源开发利用的阈限分析[J].水利学报,1997(8):73-79.

郭怀成,赵智杰.我国新经济开发区水环境规划研究[J].环境科学进展,1994,2(6):14-22.

郭秀锐,毛显强.中国土地承载力计算方法研究综述[J].地球科学进展,2000,15(6):705-711.

何政伟,赵峻杉,赵银兵,等.西部矿产资源开发的地质生态环境承载能力理论与方法探讨[J].地球与环境,2011(2):237-241.

洪阳,叶文虎.可持续环境承载力的度量及其应用[J].中国人口·资源与环境,1998,8(3):55-58.

侯德劭,晏克非,成峰.城市交通环境噪声承载力分析模型及算法[J].计算机工程与应用,2008,44(18):215-220.

黄秉维.中国农业生产潜力研究——光合潜力[J].地理集刊,1985(17):15-22.

惠泱河,蒋晓辉,黄强,等.二元模式下水资源承载能力系统动态仿真模型研究[J].地理研究,2001,20(2):191-198.

贾嵘,薛惠峰,解建仓,等.区域水资源承载力研究[J].西安理工大学学报,1998,14(4):382-387.

姜忠军.GM(1,1)模型及其残差修正技术在土地承载能力研究中的应用[J].系统工程理论与实践,1995(5):73-78.

焦雯君,闵庆文,李文华,等.基于 ESEF 的水生态承载力:理论、模型与应用[J].应用生态学报,2015,26(4):1041-1048.

靳利飞,刘天科,周璞.新形势下我国国土资源环境承载能力研究进展[J].国土资源情报,2018(6):18-23.

蓝盛芳,钦佩,陆宏芳.生态经济系统能值分析[M].北京:化学工业出版社,2002.

蓝盛芳,钦佩.生态系统的能值分析[J].应用生态学报,2001,12(1):129-131.

类淑霞,郝晋珉,杨立,等.煤炭型城市土地生态环境及资源承载能力定量研究——基于土地利用总体规划视角[J].国土资源情报.2010(11):51-55.

李广.黑龙江省国有林区人口承载力问题研究[D].哈尔滨:东北林业大学,2002.

李磊,贾磊,赵晓雪.层次分析-熵值定权法在城市水环境承载能力评价中的应用[J].长江流域资源与环境,2014,23(4):456-460.

李丽娟,郭怀成,陈冰,等.柴达木盆地水资源承载力研究[J].环境科学,2000,21(2):20-24.

李明月.生态足迹分析模型假设条件的缺陷浅析[J].中国人口·资源与环境,2005,15(2):129-131.

李树文,康敏娟.生态-地质环境承载能力评价指标体系的探讨[J].地球与环境,2010,38(1):85-90.

刘宝勤,封志明,姚治君.虚拟水研究的理论、方法及其主要进展[J].资源科学,2006,28(1):120-127.

刘殿生.资源与环境综合承载力分析[J].环境科学研究,1995,8(5):7-12.

刘东,封志明,杨艳昭.基于生态足迹的中国生态承载力供需平衡分析[J].自然资源学报,2012,27(4):614-624.

刘文政,朱瑾.资源环境承载能力研究进展:基于地理学综合研究的视角[J].中国人口·资源与环境,2017,27(6):77.

刘晓丽,方创琳.城市群资源环境承载力研究进展及展望[J].地理科学进展,2008,27(5):35-42.

刘晓丽.城市群地区资源环境承载力理论与实践[M].北京:中国经济出版社,2013.

刘叶志.矿产资源承载能力评价及其环境约束分析——以福建省煤炭资源为例[J].闽江学院学报,2012(3):49-54.

龙斯玉.江苏省农业气候资源生产潜力及区划的研究[J].地理科学,1985,5(3):218-226.

龙腾锐,姜文超,何强.水资源承载力内涵的新认识[J].水利学报,2004,35(1):38-46.

龙志和,任通先,李敏,等.广州市城市综合承载能力研究[J].科技管理研究,2010,30(5):204-207.

陆宏芳,蓝盛芳,陈飞鹏,等.农业生态系统能量分析[J].应用生态学报,2004,15(1):159-162.

陆宏芳,蓝盛芳,李谋召,等.农业生态系统能值分析方法研究[J].韶关大学学报(自然科学版),2000,21(4):74-78.

陆宏芳,沈善瑞,陈洁,等.生态经济系统的一种整合评价方法:能值理论与分析方法[J].生态环境,2005,14(1):121-126.

吕斌,孙莉,谭文垦,等.中原城市群城市承载能力评价研究[J].中国人口·资源与环境,2018(5):53-58.

毛汉英,余丹林.环渤海地区区域承载力研究[J].地理学报,2001,56(3):363-371.

倪师军,魏伦武,张成江,等.城市地质环境风险性分区评价体系[J].地质通报,2006,25(11):1279-1286.

宁佳,刘纪远,邵全琴,等.中国西部地区环境承载力多情景模拟分析[J].中国人口·资源与环境,2014,24(11):136-146.

齐亚彬.资源环境承载力研究进展及其主要问题剖析[J].中国国土资源经济,2005,18(5):7-11.

强真.新时代国土空间规划职能设计与路径建议[J].中国土地,2019(2):22-25.

任高珊,李援农,蒋耿民.基于模糊综合评判法的榆林水资源承载力评价[J].人民黄河,2010,32(5):56-57.

任家强,孔凡文,孙萍.城镇化进程中的城市建设用地承载能力测算研究——以辽宁省为例[J].资源开发和市场,2014,30(3):295-320.

任美锷.四川省农作物生产力的地理分布[J].地理学报,1950,1(1):1-22.

申元村.土地人口承载力研究理论与方法探讨[J].资源科学,1990,(1):21-26.

施雅风,曲耀光.乌鲁木齐河流域水资源承载力及其合理利用[M].北京:科学出版社,1992.

石玉林.中国土地资源的人口承载能力研究[M].北京:中国科学技术出版社,1992.

宋健,孙以萍.从食品资源看我国现代化后所能养育的最高人口数量[J].人口与经济,1981(2):2-10.

宋旭光.生态占用测度问题研究[J].统计研究,2003,20(2):44-47.

宋子成,孙以萍.从我国淡水资源看我国现代化后能养育的最高人口数量[J].人口与经济,1981(4):3-7.

唐剑武,郭怀成,叶文虎.环境承载力及其在环境规划中的初步应用[J].中国环境科学,1997,17(1):6-9.

万树文,钦佩,朱洪光,等.盐城自然保护区两种人工湿地模式评价[J].生态学报,2000,20(5):759-765.

王传艺,林征.未来地球计划战略研究议程2014——全球可持续发展研究战略优先领域[M].北京:气象出版社,2015.

王丹,陈爽,高群,等.城市承载能力空间差异分析方法——以常州市为例[J].生态学报,2011(5):227-237.

王浩,陈建敏.西北地区水资源合理配置和承载能力研究[M].郑州:黄河水利出版社,2003.

王浩,秦大庸,王建华,等.西北内陆干旱区水资源承载能力研究[J].自然资源学报,2004,19(2):151-160.

王家骥,姚小红,李京荣,等.黑河流域生态承载力估测[J].环境科学研究,2000,13(2):44-48.

王开运,邹春表,张桂莲,等.生态承载力复合模型系统与应用[M].北京:科学出版社,2007.

王宁,刘平,黄锡欢.生态承载力研究进展[J].生态农业科学,2004,20(6):278-281.

王淑莹,高春娣.环境导论[M].北京:中国建筑工业出版社,2004.

王学军.地理环境人口承载潜力及其区际差异[J].地理科学,1992,12(4):322-327.

威廉·福格特.生存之路[M].张子美,译.北京:商务印书馆,1981.

魏胜文,陈先江,张岩,等.能值方法与存在问题分析[J].草业学报,2011,20(2):270-277.

邬彬.基于主成分分析法的深圳市资源环境承载能力评价[J].中国人口·资源与环境,2010(20):133-136.

夏军,朱一军.水资源安全的度量:水资源承载力的研究与挑战[J].自然资源学报,2002,17(3):262-269.

夏军,王中根,左其亭,等.生态环境承载能力的一种量化方法研究——以海河流域为例[J].自然资源学报,2004(6):99-107.

夏增禄.土壤环境容量及其应用[M].北京:气象出版社,1988.

项学敏,周笑白,周集体.工业产品虚拟水含量计算方法研究[J].大连理工大学学报,2006,46(2):179-184.

肖炳成.试论城市地质环境承载能力[J].中国地质,1990(11):19-21.

谢高地,周海林,甄霖,等.中国水资源对发展的承载能力研究[J].资源科学,2005,27(4):2-7.

谢俊奇,蔡玉梅,郑振源,等.基于改进的农业生态区法的中国耕地粮食生产潜力评价[J].中国土地科学,2004,18(4):31-37.

谢俊奇.中国土地资源的食物生产潜力和人口承载潜力研究[J].浙江学刊,1997(2):41-44.

熊鹰,杨雪白.城市山岳型旅游地旅游资源空间承载力分析——以岳麓山风景区为例[J].中国人口·资源与环境,2014,24(3):301-304.

徐大海,王郁.确定大气环境承载力的烟云足迹法[J].环境科学学报,2013,33(6):1734-1740.

徐琳瑜,杨志峰,李巍.城市生态系统承载能力理论与评价方法[J].生态学报,2005,25(4):

771－777.

徐中民，程国栋，张志强．生态足迹方法的理论解析[J]．中国人口·资源与环境，2006，16(6)：69－78.

徐中民，程国栋．运用多目标决策分析技术研究黑河流域中游水资源承载力[J]．兰州大学学报(自然科学版)，2000，36(2)：122－132.

徐中民，宋晓谕，程国栋．虚拟水战略新论[J]．冰川冻土，2013，35(2)：490－495.

徐中民，张志强，程国栋．甘肃省1998年生态足迹计算与分析[J]．地理学报，2000，55(5)：607－616.

许新宜，王浩，甘泓，等．华北地区宏观经济水资源规划理论与方法[M]．郑州：黄河水利出版社，1997.

许有鹏．干旱区水资源承载能力综合评价研究——以新疆和田河流域为例[J]．自然资源学报，1993，8(3)：229－237.

薛冰，李春荣，任婉侠，等．能值理论在农业生态经济的应用与展望[J]．生态科学，2013，32(1)：126－132.

闫满存，王光谦，李保生，等．基于模糊数学的广东沿海陆地地质环境区划[J]．地理学与国土研究，2000，16(4)：41－48.

姚治君，刘宝勤，高迎春．基于区域发展目标下的水资源承载能力研究[J]．水科学进展，2005，16(1)：109－113.

叶龙浩，周丰，郭怀成，等．基于水环境承载力的沁河流域系统优化调控[J]．地理研究，2013，32(6)：1007－1016.

余丹林，毛汉英，高群．状态空间衡量区域承载状况初探——以环渤海地区为例[J]．地理研究，2003，22(2)：201－210.

余卫东，闵庆文，李湘阁．水资源承载能力研究的进展与展望[J]．干旱区研究，2003，20(1)：60－66.

岳文泽，王田雨．资源环境承载力评价与国土空间规划的逻辑问题[J]．中国土地科学，2019，33(3)：1－8.

曾维华，王华东，薛纪渝．人口·资源与环境协调发展关键问题之一——环境承载力研究[J]．中国人口·资源与环境，1991，1(2)：33－37.

曾维华，杨月梅，陈荣昌，等．环境承载力理论在区域规划环境影响评价中的应用[J]．中国人口·资源与环境，2007，17(6)：27－31.

张传国，方创琳，全华．干旱区绿洲承载力研究的全新审视与展望[J]．资源科学，2002，24(2)：181－187.

张传国．干旱区绿洲系统生态-生产-生活承载能力评价指标体系构建思路[J]．干旱区研究，2001，18(3)：7－12.

张芳怡，濮励杰，张健．基于能值分析理论的生态足迹模型及应用——以江苏省为例[J]．自然资源学报，2006，21(4)：653－660.

张建新，邢旭东，符金豪，等．长株潭资源环境承载力综合评价与区划[M]．长沙：湖南地图出版社，2015.

张林波，李文华，刘孝富，等．承载力理论的源起、发展与展望[J]．生态学报，2009，29(2)：878－888.

张燕，徐建华，曾刚，等．中国区域发展潜力与资源环境承载力的空间关系分析[J]．资源科学，2009，31(8)：1328－1334.

张耀辉，蓝盛芳．自然资源评价的多角度透视[J]．农业现代化研究，1997，18(6)：349－351.

张志良，睦金娥，原华荣．河西地区土地人口承载力研究[J]．西北人口，1990(2)：19－25.

张志强，徐中民，程国栋. 生态足迹的概念及计算模型[J]. 生态经济，2000(10)：8－10.

赵兵. 资源环境承载能力研究进展及发展趋势[J]. 西安财经学院学报，2008，3(115).

赵楠. 北京市水资源承载能力与承压状态实证研究[J]. 城市发展研究，2009(8)：148－152.

赵鑫霈. 长三角城市群核心区域资源环境承载能力研究[D]. 北京：中国地质大学(北京)，2011.

郑振源. 中国土地的人口承载潜力研究[J]. 中国土地科学，1996，10(5)：32－35.

中国大百科全书编委会. 中国大百科全书·环境科学[M]. 北京：中国环境科学出版社，2002.

周侃，樊杰. 中国欠发达地区资源环境承载力特征与影响因素——以宁夏西海固地区和云南怒江州为例[J]. 地理研究，2015，34(1)：39－52.

朱启荣，袁其刚. 中国工业出口贸易中的灰色虚拟水及其政策含义[J]. 世界经济研究，2014(8)：42－53.

朱一中，夏军，王纲胜. 西北地区水资源承载力宏观多目标情景分析与评价[J]. 中山大学学报(自然科学版)，2004，43(3)：103－106.

朱一中，夏军，王纲胜. 张掖地区水资源承载能力多目标情景决策[J]. 地理研究，2005，24(5)：732－740.

竺可桢. 论我国气候的几个特点及其与粮食作物生产的关系[J]. 地理学报，1964，30(1)：1－13.

左其亭，马军霞，高传昌. 城市水环境承载能力研究[J]. 水科学进展，2005，16(1)：103－108.

《中国土地资源生产能力及人口承载量研究》课题组. 中国土地资源生产能力及人口承载量研究[M]. 北京：中国人民大学出版社，1991.

Allan J A. Fortunately There Are Substitutes for Water Otherwise Our Hydro-Political Futures Would Be Impossible[C]. Southampton: Proceedings of the Conference on Priorities for Water Resources Allocation and Management, 1993.

Allan J A. Moving Water to Satisfy Uneven Global Needs: Trading Water as an Alternative to Engineering it[J]. ICID Journal, 1998, 47(2): 1－8.

Allan J A. Virtual Water: A Strategic Resource Global Solutions to Regional Deficits[J]. Groundwater, 1998, 36(4): 545－546.

Allan J A. Water Deficits and Management Options in Arid Regions with Special Reference to the Middle East and North Africa[C]. Ruwi: Sultanate of Oman International Conference on Water Resources Management in Arid Countries, 1995.

Arrow K, Bolin B, Costanza R, et al. Economic Growth, Carrying Capacity and the Environment[J]. Science, 1995, 268(1): 89－90.

Assessment M E. Ecosystems and Human Well-being: Biodiversity Synthesis[J]. World Resources Institute, 2005, 42(1): 77－101.

Australian UNESCO Seminar, Australian UNESCO Committee for Man and the Biosphere. Energy and How We Live: Flinders University of South Australia, 16－18 May 1973[M]. Canberra: Australian-UNESCO Committee, 1973.

Barrett G W, Odum E P. The Twenty-first Century: The world at Carrying Capacity[J]. Bio Science, 2000, 50(4): 363－368.

Bernard F E, Thom D J. Population Pressure and Human Carrying Capacity in Selected Locations of Machakos and Kitui Districts[J]. Journal of Developing Areas, 1981, 15(3): 381－406.

Bishop A B. Carrying Capacity in Regional Environment Management[M]. Washington: Government Printing Office, 1974.

Brown M T, Odem H T, Tiley D R, et al. Emergy Synthesis 2: Theory and Applications of the

Emergy Methodology[M]. Gainesville:University of Florida,2003.

Cairns Jr J, Gallagher B J. Matching Heated Waste Water Discharges to Environmental Assimilative Capacity[R]. Blacksburg:Virginia Polytechnic Inst,1974.

Clarke A L. Assessing the Carrying Capacity of the Florida Keys [J]. Population & Environment,2002,23(4):405－418.

Cohen J E. How Many People Can the Earth Support? [M]. New York:W. W. Norton & Co. , 1995.

Cohen J E. Population, Economics, Environmental and Culture: An Introduction to Human Carrying Capacity[J]. Journal of Applied Ecology,1997,34(6):1325－1333.

Daily G C,Ehrlich P R. Socioeconomic Equity,Sustainability, and Earth's Carrying Capacity[J]. Ecological Applications,1996, 6(4):991－1001.

Dhondt A A. Carrying Capacity:A Confusing Concept[J]. Acta Oecologica /Oceologia Generalis, 1988,9(4):337－346.

Falkenmark M, Lundqvist J. Towards Water Security: Political Determination and Human Adaptation Crucial[J]. Natural Resources Forum,1998,21(1):37－51.

FAO. Potential Population Supporting Capacities of Lands in Developing World[R]. Rome:Food and Agriculture Organization of the United Nations,1982.

Graymore M. Journey to Sustainability:Small Regions,Sustainable Carrying Capacity and Sustainability Assessment Methods[D]. Brisbane:Griffith University,2005.

Hadwen I A S,Palmer L J. Reindeer in Alaska[M]. Washington: US Department of Agriculture, 1922.

Hardin G. Cultural Carrying Capacity: A Biological Approach to Human Problems[J]. Bio Science,1986,36(9):599－604.

Harris J M, Kennedy S. Carrying Capacity in Agriculture: Globe and Regional Issue[J]. Ecological Economics,1999,29(3):443－461.

Hoekstra A Y,Hung P Q. Virtual Water Trade:A Quantification of Virtual Water Flows between Nations in Relation to International Crop Trade[R]. IHE Delft: Value of Water Research Report Series(No. 11),2002.

Huang S L,Lai H Y,Lee C L. Emergy Hierarchy and Urban Landscape System[J]. Landscape and Urban Planning,2001,5(1－4):145－161.

Imhoff M L, Bounoua L, Ricketts T, et al. Global Patterns in Human Consumption of Net Primary Production[J]. Nature,2004, 429(24):870－873.

Joardar S D. Carrying Capacities and Standards as Bases Towards Urban Infrastructure Planning in India:A Case of Urban Water Supply and Sanitation[J]. Urban Infrastructure Planning in India, 1998,22(3):327－337.

Leopold A. Wilderness as a land laboratory. In Nelson M P, Callicott J B. The Wilderness Debate Rages on:Continuing the Great New Wilderness Debate[M]. Athens: University of Georgia Press,2008.

Lu H F,Lan S F,Chen F P,et al. Emergy study on Dike-pond Eco－agricultural Engineering Modes[J]. Transactions of the CSAE,2002,18(5):145－150.

Lu H F,Ye Z,Zhao X F,et al. A New Emergy Index for Urban Sustainable Development[J]. Acta Ecologic Sinica,2003,23(7): 1363－1368.

Maltus T R. An Essay on the Principle of Population [M]. London: St Paul's Church-Yard,1798.

Meadows D H,Meadows D L,Randers J,et al. The limits to Growth:A Report for the Club of Rome's Project on the Predicament of Mankind[M]. New York:Universe Books,1972.

Meier R L. Urban Carrying Capacity and Steady State Considerations in Planning for the Mekong Valley Region[J]. Urban Ecology,1978,3(1):1 - 27.

Monte-Luna P D,Brook B W,Zetina-rejo M J,et al. The Carrying Capacity of Ecosystems[J]. Global Ecology and Biogeography,2004,13(6):485 - 495.

Odum H T,Doherty S J,Scatena F N,et al. Emergy Evaluation of Reforestation Alternatives in Puerto Rico[J]. Forest Science, 2000,46(4):521 - 530.

Odum H T,Odum E C,Blissett M. Ecology and Economy: Emergy Analysis and Public Policy in Texas[J]. Policy Research Project Report,1987,78:1 - 178.

Odum H T,Odum E C. Emergy Basis for Man and Nature[M]. New York:McGraw-Hill,1981.

Odum H T. Self-organization,Transformity and Information[J]. Science,1983,242(4882):1132 - 1139.

OECD. Sustainable Consumption and Production: Clarifying the Concepts [M]. Paris: OECD Proceedings,1997.

Park R F, Burgoss E W. An Introduction to the Science of Sociology [M]. Chicago: The University of Chicago Press,1921.

Pfaundler L. The World Economy in Light of Physics (Die Weltwirtschaft im Liche der Physik) [J]. Deutsche Revue, 1902, 22(2): 29 - 38, 171 - 182.

Price D. Carrying Capacity Reconsidered[J]. Population and Environment,1999,21(1):5 - 26.

Rees W E. Ecological Footprints and Appropriated Carrying Capacity: What Urban Economics Leaves out[J]. Environment and Urbanization,1992,4(2):121 - 130.

Rees W E. Eco-footprint Analysis:Merits and Brickbats[J]. Ecological Economics,2000,32(3): 371 - 374.

Rijisberman M A,Frans H M, Van de Ven. Different Approaches to Assessment of Design and Management of Sustainable Urban Water System[J]. Environment Impact Assessment Review,2000, 20(3):333 - 345.

Running S W. A measurable Planetary Boundary for the Biosphere [J]. Science, 2012, 337 (6101):1458 - 1459.

Scherer C R. On the Efficient Allocation of Environmental Assimilative Capacity: The Case of Thermal Emissions to a Large Body Water[J]. Water Research,1975,11(1):180 - 181.

Schneider D,Godschalk D R,Axler N. The Carrying Capacity Concept as a Planning Tool[M]. Chicago:American Planning Association,1978.

Seidl I, Tisdell C A. Carrying Capacity Reconsidered: From Malthus' Population Theory to Cultural Carrying Capacity[J]. Ecological Economics,1999,31(3):395 - 348.

Sui C H, Lan S F. Principle and Measure of Urban Ecosystem EMA [J]. Chongqing Environmental Sciences,1999,21(2):13 - 15.

Tilley D R,Swank W T. Emergy-based Environmental Systems Assessment of a Multi-purpose Temperate Mixed-forest Watershed of the Southern Appalachian Mountains, USA [J]. Journal of Environmental Management,2003,69(3):213 - 227.

UNESCO, FAO. Carrying Capacity Assessment with a Pilot Study of Kenya: A Resource

Accounting Methodology for Exploring National Options for Sustainable Development[R]. Rome: Food and Agriculture Organization of the United Nations, 1985.

USDA. Yearbook of the United States Department of Agriculture 190 [M]. Washington: Government Printing Office, 1907.

Varis O, Vakkilainen P. China's 8 Challenges to Water Resources Management in the First Quarter of the 21st Century[J]. Geomorphology, 2001, 41(2-3): 93-108.

Wackernagel M, Rees W. Our Ecological Footprint: Reducing Human Impact on the Earth[M]. Gabriola Island, BC: New Society Publishers, 1998.

William A. The African Husbandman[M]. Edinburg: Oliver and Boyd, 1965.